KB232606

SCIENCE 101

WEATHER 기상학

SCIENCE 101

WEATHER 기상학

Trudy E. Bell 지음

손영운 옮김

BooksHill
이치사이언스

최근 뉴스에서 가장 중요하게 다루는 것 중의 하나가 날씨이다. 텔레비전이나 라디오에서 뉴스가 끝날 무렵에 별도의 시간을 할애해서 우리나라의 날씨뿐만 아니라 세계 곳곳의 날씨를 실시간으로 알려 준다. 그리고 며칠 후의 날씨까지도 예보해 준다. 그러다가 예보가 빗나가기라도 하면 나라 전체가 시끄러워지기도 한다. 이처럼 사람들이 날씨에 민감하게 반응하는 이유는 날씨가 우리 개인의 삶에 매우 중요한 변수가 되기 때문이다.

그런데 정작 우리들은 날씨에 대해 아는 것이 별로 없다. 우리는 날씨의 결과만 알면 되고, 나머지는 기상청이나 관련 연구 기관에서 알아서 해줄 일이라고 생각한다. 실제로 날씨 예보에 가장 기본이 되는 일기도를 보면 도대체 이것이 무엇을 나타내고 있는지 머리가 지끈거린다. 하지만 일기도가 기상학의 전부는 아니다. 기상학은 생각보다 쉽고 재미있다. 왜냐하면 우리가 매일 눈으로 직접 보는 현상을 다루는 과학이기 때문이다.

사이언스 101 : 기상학은 기상 현상 전반에 대한 정보를 매우 체계적으로 다룬 책이다. 지나치게 이론적이지도 않고, 지나치게 현상적이지도 않아 기상 변화가 일어나는 원인과 결과를 균형 있게 이해할 수 있도록 만들어졌다. 직접 옷을 디자인하는 디자이너가 아니더라도, 패션을 선도하는 멋쟁이가 되려면 패션에 대해 어느 정도 공부해야 하는 것처럼, 자신이 기상학자가 아니더라도 기상의 변화가 일어나는 메커니즘에 대해 어느 정도 안다면 날씨 때문에 고생하는 일이 훨씬 줄어들 것이다.

따라서 현대인이라면 기상 변화가 일어나는 원인과 다양한 기상 현상을 다룬 책을 한 권 정도는 읽어야 한다고 생각을 한다. 특히 기상학에 관심이 있는 청소년들은 꼭 읽어야 한다. 이때 사이언스 101 : 기상학이 가장 좋은 책이 되어 줄 것이다. 조금 아쉬운 것은 이 책이 미국에서 만들어졌으므로 우리나라 날씨보다는 미국의 날씨를 더 많이 다루고 있다는 점이다.

사이언스 101 : 기상학은 기상에 대한 시야를 넓혀 주고, 자연 현상을 보는 사고의 전환을 불러일으키는 책이기도 하다. 책 전체적으로 지구의 날씨 변화가 단순히 지구의 것들로만 이루어지지 않다는 것을 가르쳐 주고 있다. 실제로 지구의 날씨는 태양의 흑점 주기와 지구 자전축의 기울기, 지구 궤도 타원율의 변화 등이 기상 변화에 큰 역할을 하기 때문이다. 또한 기상 변화에 대한 통합적인 사고를 하게 한다. 어떤 지역의 날씨 변화와 기후가 단순히 그 지역의 것만으로 이루어지지 않고, 전 지구적인 변화의 영향을 받고 있다는 것을 구체적으로 알려 주고 있다.

이 책은 미국 국립 자연사 박물관으로 유명한 스미스소니언 협회의 풍부한 자료를 바탕으로 만들었다. 따라서 스미스소니언에서 출간된 책이라면 그 권위와 자료, 정보의 신뢰도는 세계 최고라고 말할 수 있을 것이다. 이 책을 번역하면서 그동안 잘 알지 못했던 새로운 기상 정보를 많이 얻었다. 번역자도 읽고 많은 공부가 된 책이라면 독자들은 더 많은 공부가 될 것이다.

옮긴이 **손 영 운**

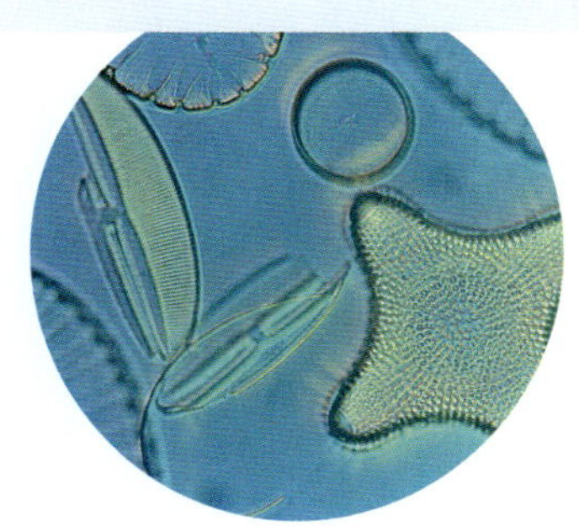

차 례

기상학의 세계에 오신 것을 환영합니다!

왼쪽 벼락이 애리조나 주의 투손(Tucson) 시 밤하늘을 밝히고 있다.

위 캐나다 온타리오(Ontario) 보솔레이(Beausoleil) 섬에서 본 일몰 광경이다. 날씨 변화에 따른 다양한 모양의 구름은 일몰 때 장관을 이룬다.

아래 워싱턴의 퓨젓 사운드(Puget Sound)에 있는 어떤 섬에서 찍은 사진으로 잎사귀에 서리가 맺혀 있다.

동이 틀 무렵이나 해가 질 무렵, 그리고 낮이나 밤에 밖으로 나가 날씨를 살펴보자. 날씨가 맑은가? 흐린가? 따뜻한가? 추운가? 바람이 거센가? 잔잔한가? 잔디에 이슬이나 서리가 맺혀 있는가? 달무리가 있는가 하늘에 무지개가 펼쳐져 있는가?

우리는 차를 타고 일하러 나가기 전에 우산을 준비해서 나가야 할지를 결정하기 위해 창밖을 가끔 내다보는 것이 고작이다. 그리고 어떤 사람들은 주말에 골프를 치러 나가기 위해서, 뱃놀이, 스키를 즐기기 위해, 즉 필요할 때만 날씨가 어떤지 확인한다. 또한 텔레비전이나 라디오에서 우박을 동반한 토네이도 tornado 주의보가 발령되면 날씨 예보에 주의를 기울인다.

우리는 대부분의 날씨를 있는 그대로 받아들이지 말고 날씨 변화에 주목해야 한다. 앞으로는 주차장에서 사무실로 걸어가는 동안이라도 잠시 멈춰서 하늘을 보고 날씨에 관심을 가져 보자.

날씨 감상 언제, 어디서 누구든지 아무런 장비 없이 날씨를 살펴볼 수 있다. 그저 마음과 눈을 열어 두기만 하면 된다. 이와 같은 일은 17세기~20세기까지 기상학을 개척한 사람들이 흔히 사용했던 방법이기도 하다.

우리들의 감각 기관을 이용해서 일기도에 나타난 것들을 경험해 보자. 방송에서 기상 캐스터가 지금 한랭 전선이 이곳으로 다가온다고 예보하면 실제로 밖으로 나가보자. 쌀쌀한 기운의 약한 바람이 불고 있는지 살펴보고, 온도와 습도가 떨어졌는지 알아보자. 또 고개를 들어 위를 보고 하늘의 반이 구름으로 짙게 덮였는지 살펴보자. 나머지 반쪽 하늘에서는 맑고 푸른 하늘이 앞에 있는 구름들을 밀어내고 있는지 관찰해 보자.

비가 오지 않았는데도 구름들이 군데군데 무지개 색을 띠고 있는 것을 본 적이 있는가? 또는 머리 위의 무지개가 원을 그리고 있는 것을 본 적이 있는가? 이것은 빙정氷晶으로 이루어진 구름이 햇빛을 분산시켜 만든 것이다. 이와 같이 구름의 빙정이 만드는 무지개는 비가 온 후 생기는 무지개보다 더 흔하게 볼 수 있다.

흐린 날씨도 매혹적이다. 특히 공기의 밀도가 높고, 안개가 많아 대기가 습할 때 더욱 매혹적인 날씨를 접할 수 있다. 안개를 이루고 있는 작은 물방울이 잎사귀에 맺혔다가 지면에 똑똑 떨어지는 것을 관찰해 보자. 실제로 캘리포니아 해변의 미국삼나무redwood 숲에서는 안개의 수분이 연간 강수량의 대부분을 차지한다.

이제 우리가 관찰한 날씨 변화에 대해 의문을 가져보자. 하늘에 있는 구름은 종류에 따라 각각 다른 높이로 떠 있는가? 일반적으로 구름은 3가지 고도에서 형성되는데, 운이 좋으면 3가지 층에서 형성된 구름을 한꺼번에 관찰할 수도 있다.

한편 적은 비용으로도 집 앞에 간단한 기상 관측소를 만들 수 있다. 그곳에서 강우량과 기압, 그리고 습도를 측정해서 날씨를 예보해 보자. 그리고 방송에서 예보하는 해당 지역의 단기 일기 예보와 비교해 보자.

기상을 연구하는 과학자들 오늘날 기상학은 관측 자료, 기상학 이론, 그리고 초고속으로 연산이 가능한 슈퍼컴퓨터를 이용한 분석, 이 세 가지로 운용되는 첨단 과학이다.

지상의 기상 레이더radar는 뇌우 및 구름의 움직임과 성질들을 추적한

일리노이 주의 넓은 벌판에 반원을 그리며 떠 있는 무지개 사진이다. 이와 같은 무지개들은 격렬한 뇌우 후에 자주 나타난다.

캐나다의 숲 위로 북극광(aurora borealis)이 발달해 있다. 장관을 이루는 이 북극광은 태양풍에 실려 온 하전 입자(charged particle)들이 지구의 자기장이나 고층 대기권의 공기 분자들과 충돌하여 형성된 것이다.

다. 수천 개의 자동화된 기상 관측소들은 관측 결과들을 정기적으로 중앙 수신기에 무선으로 보고한다. 기상 관측소에서는 정밀 기계들을 실은 기구들을 높은 대기권으로 날려 보내고, 기상 위성들은 전 지구적인 기상 패턴을 모니터하고 있다.

기상학은 모험적인 과학이라 할 수 있다. 기상 과학자들은 매우 난폭한 기상을 쫓아다닌다. 폭풍 추격자 storm chaser 들이나 허리케인 헌터 hurricane hunter 들은 사진을 찍고 자료를 얻기 위해 목숨을 걸고 폭풍 전선 안으로 비행기나 자동차를 타고 들어간다. 이렇게 다양한 방법으로 얻은 측정 결과들은 대기 대순환 모형 거대한 수를 연산하는 슈퍼컴퓨터 시뮬레이션에 입력한다. 이 작업의 궁극적인 목표는 장기적인 일기 예보를 정확히 하기 위해서이다.

이와 같은 노력으로 기상 과학자들은 다음과 같은 질문에 답을 할 수 있다. 올 겨울의 날씨는 스키장을 운영하는 업자들에게 긍정적으로 작용할 것인가? 또 이번 여름 날씨는 옥수수를 재배하기에 적절할까? 이번 계절에 올 허리케인은 큰 피해를 입힐 것인가? 아니면 그저 위험하기만

할 것인가?

날씨와 기후 날씨와 기후는 서로 다른 의미를 지니고 있다. 예를 들어, 날씨는 오늘과 내일이 다를 수 있다. 하지만 기후는 오늘과 내일이 다를 수 없다. 왜냐하면 기후는 어떤 특정한 지역 또는 매우 넓은 지역의 장기적인 날씨 경향을 의미하기 때문이다. 오늘 비가 오고, 내일 맑은 것은 날씨지만, 적도 지역이 일 년 내내 무더운 것은 기후이다.

산업화로 인해 늘어난 삼림 벌채는 강수량의 지역적 패턴을 변화시켜 날씨에 큰 영향을 끼친다. 또 발전소나 공장, 자동차들로 인한 중위도 지역의 공기 오염은 북극 또는 남극의 성층권까지 산성화시켜 산성비를 내리게 한다. 온실 효과를 일으키는 기체의 방출량이 증가함에 따라 지구의 기후는 변화하고 있는데, 우리는 아직 그 변화의 경향을 정확하게 짚어 내지 못하고 있다. 인류 사회가 직면한 가장 큰 문제는 지구의 기후 변화가 인간 활동으로 인한 것인지 아닌지를 밝혀내는 것이다. 만약에 기후 변화가 인간의 활동으로 인한 것이라면 인간이 앞으로 취해야 할 행동들은 무엇이고 또 어떻게 행동해야 옳은지를 알아내는 일일 것이다.

기상과학자가 지구 온난화를 일으키는 온실 기체들의 변화 과정을 알아내기 위해 남극에서 고대 빙하 샘플을 수집하고 있다.

공기로 채워진 바다

왼쪽 스페인의 에스테포나(Estepona) 산악 지방의 하늘에 발달한 적운 사진이다. 지구에 사는 모든 생명체들은 날씨 변화에 큰 영향을 받는다.
위 알고도네스 사막(Algodones dunes)이다. 애리조나 주와 캘리포니아 주가 접하는 지역에 있다.
아래 아프리카 열대 지방의 하늘에서 번개가 치고 있다. 지구의 다양한 기후는 지구에 사는 동식물에게 큰 영향을 끼친다.

나이, 직위, 재산에 상관없이 모든 사람은 같은 공기로 호흡하며 살아가고 있다. 사람은 음식을 먹지 않고 한 달 정도를 살 수 있으며, 물을 마시지 않고는 며칠 정도를 살 수 있다. 하지만 공기를 마시지 않고는 3분 이상을 견디기 힘들다. 그래서 사람들은 깊은 바닷속으로 다이빙을 하거나 높은 산에 오르거나 우주를 탐험하러 갈 때는 반드시 공기를 담아 간다.

지구에 사는 모든 생물, 즉 인간과 동식물은 대기권이라 불리는 공기의 바다에서 살고 있다. 대기권은 물이 아닌 기체로 이루어진 바다지만 실제 바다처럼 여러 층으로 나눌 수 있다. 대기권 바다에는 제트 기류나 탁월풍과 같은 독특한 공기의 흐름이 존재한다. 그리고 대기권은 바다, 육지와 매우 복합적으로 상호 작용하고 있다.

지구의 반지름은 약 6,378 km이다. 이에 비하면 대기권은 매우 얇은 편이다. 하지만 이 얇은 층이 아주 빠른 속도로 지구에 떨어지는 유성을 마찰시켜 태워 없애고 또 외계에서 오는 해로운 방사선으로부터 우리를 보호해 준다. 또한 산소를 공급하여 사람과 동물이 숨을 쉬고, 이산화탄소를 공급하여 식물이 광합성을 한다.

대기는 기상 현상의 보금자리이다. 사나우면서도 장엄한 날씨 변화는 지구의 다양성을 유지시켜 준다. 오늘날 우리는 날씨 변화가 일어나는 이유와 과정을 이해하고 어느 정도 예측을 하기도 한다. 그렇지만 여전히 우리는 날씨를 길들이거나 통제하지 못한다.

여러 층으로 나누어진 대기권

사람들은 일반적으로 육지와 바다 위로 부는 바람을 보고 대기권의 공기가 모두 골고루 섞여 있을 것이라 생각한다. 하지만 이 생각은 틀렸다. 대기권은 수십 킬로미터 두께로 이루어진 5층 케이크와 같은 구조이다. 각 층은 각각 독특한 기체 분자들의 움직임과 온도 변화를 가진다. 그리고 이들 층은 물리적인 변화가 급격하게 일어나는 '경계면pauses'으로 구분된다.

대기권에 분포하는 공기의 질량과 수분의 99%는 지표에서 가까운 대류권과 성층권 등 두 개의 층에 몰려 있다. 이 두 층을 합친 두께는 고작 48 km이다. 또한 지구 대기권과 우주의 경계는 일반적으로 지표면에서 약 80–100 km 사이의 구간이다. 이 경계 구간은 외계로부터 오는 유성들이 대기권의 기체 분자와 마찰을 일으켜 연소되는 곳이다.

지표면에서 240–480 km의 높이에서 공전하는 우주 비행선들은 기체 분자들과의 마찰로 속도가 느려진다. 그리고 이 구간에서는 북극과 남극을 중심으로 오로라가 형성된다.

온도와 열 온도와 열은 서로 깊이 연관되어 있지만 같은 것은 아니다. 불타는 성냥은 증기 난방기보다 온도가 높지만 성냥불로는 거실 전체를 데울 수 없다. 또한 주전자로 물을 끓인 후 찻잔에 담았을 때 주전자 안과 찻잔 안의 물의 온도는 같다. 하지만 얼음을 녹이는 능력은 주전자 안의 물이 더 크다. 이는 주전자가 찻잔보다 뜨거운 물을 더 많이 담고 있기 때문이다. 즉, 온도가 높다고 하더라도 물의 양이 적으면 열을 많이 낼 수 없으며, 반대로 온도는 좀 낮더라도 물의 양이 많으면 오히려 더 많은 양의 열을 낼 수 있는 것이다. 다시 말해 100 ℃ 물 10 g보다 50 ℃ 물 100 g이 더 많은 열을 낼 수 있다는 뜻이다.

일반적으로 온도란 어떤 물체가 다른 물체로 열을 전달하거나 또는 다른 물체로부터 열을 흡수할 수 있는 능력의 정도를 말한다. 뜨거운 차에 얼음 조각을 떨어뜨리면 두 가지 현상이 일어난다. 뜨거운 차가 얼음에 열을 전하고 얼음은 뜨거운 차로부터 열을 흡수한다. 두 물질 사이에는 온도 차이가 존재한다. 시간이 지나 얼음이 녹고 차가 식으면 얼음과 차

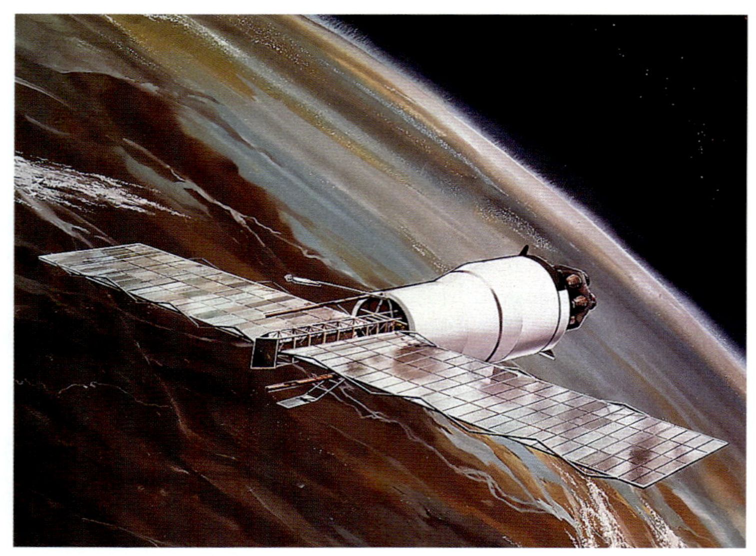

위 코로나 현상이다. 코로나는 개기 일식 때 관측할 수 있다.
아래 1965년 지구 주위의 낮은 궤도상에서 공전하고 있는 운석 탐지 위성인 페가수스(Pegasus)를 화가가 그림으로 그린 것이다.

왼쪽 큰 주전자 안에 가득 차 있는 끓는 물은 같은 온도의 작은 찻잔에 들어있는 물보다 많은 열을 낸다.
오른쪽 얼음을 이루고 있는 물 분자들은 제자리에서 진동을 하고 있다. 그런데 얼음에 열을 가하면 진동이 빨라지고 얼음은 액체 상태로 상태 변화를 한다.

의 혼합물은 중간 온도인 열평형에 도달한다.

어떤 물체로부터 느낄 수 있는 따뜻함이나 차가움의 실체는 열에너지이다. 좀 더 구체적으로 말한다면 물체를 이루고 있는 구성 원자와 분자들의 지속적인 움직임에 의해 생기는 운동 에너지라 할 수 있다. 단단한 얼음 결정으로 고정된 상태에서도 물 분자들은 제자리에서 진동하고 있다. 그리고 그런 움직임은 얼음에 가해지는 열의 양이 증가할수록 더욱 거세지고 빨라진다. 결국에는 물 분자의 운동 에너지가 너무 높아져서 결정격자로 유지되는 분자 결합을 파괴한다. 이때가 얼음이 녹기 시작하는 시점이다. 액체인 물이 가열되면 분자들은 끓는점^{비등점}에 도달할 때까지 움직임이 빨라지며 물은 수증기가 되어 새어 나가기 시작한다.

열은 물체의 밀도^{질량과 부피}와 관련이 깊지만 온도는 그렇지 않다. 개기 일식 때 볼 수 있는 은색 빛의 아름다운 코로나의 온도는 태양의 표면 온도인 약 5,500 ℃보다도 훨씬 높은 약 1,000,000 ℃이다. 그러나 코로나의 밀도는 1 cm³당 1원자 정도로 매우 낮다. 이 밀도는 우주에서 행성 사이 공간의 밀도와 비슷하다. 따라서 그 안에 손을 넣어도 뜨겁게 느껴지지 않을 것이다. 열에 대한 감각은 개별 원자의 운동 에너지뿐만 아니라 우리의 피부에 닿는 분자들의 밀도에도 의존하기 때문이다. 이것은 목욕탕에서도 경험할 수 있다. 사우나 안의 공기 온도는 거의 100 ℃가 넘는다. 반면에 상대적으로 뜨거운 온탕 물의 온도는 약 42–44 ℃에 불과하다. 그런데 우리는 사우나 안보다 온탕 안에 있을 때 훨씬 뜨거움을 느낀다. 사우나 안의 공기 밀도보다 온탕 속의 물의 밀도가 훨씬 크기 때문이다.

팽창과 수축 날씨와 기후를 이해하기 위해서는 온도와 관련하여 '팽창과 수축' 두 가지 개념을 이해해야 한다. 첫째, 대부분의 경우 고체와 액체 상태의 물질은 가열하면 부피가 팽창하고 냉각하면 부피가 수축한다. 이때 팽창되는 정도와 수축되는 정도는 물질의 종류에 따라 다르다. 열에 의해 팽창되는 현상을 열팽창이라고 한다. 열팽창은 구성 원자와 분자를 결속시키는 분자 결합이 더해 주는 열의 양에 따라 스프링처럼 거리가 늘어나는 현상이다. 열팽창은 체온계나 수은 온도계에서 수은 기둥이 늘어나는 이유를 설명해 준다. 수은 온도계의 눈금은 팽창되는 정도에 따라 다른 온도값을 나타낸다.

둘째, 기체 상태의 물질 역시 열을 더하면 팽창하고 빼면 수축한다. 기체 입자들은 뜨거울수록 빨리 움직인다. 기체를 용기 안에 가두고 열을 더해 주면 용기 안의 기체의 압력 또는 단위 면적당 힘은 늘어날 것이다. 왜냐하면 매초마다 더 많은 입자들이 용기의 벽에 부딪히고 반사되기 때문이다. 하지만 만약 기체가 용기에 갇히지 않고 자유롭게 움직일 수 있다면 빠르게 움직이는 입자들은 서로 멀어지려는 경향을 보일 것이고, 그 결과 기체의 밀도는 감소한다. 이것이 대기권에서 위층에 있는 공기 분자들의 밀도가 아래층에 있는 공기 분자들의 밀도보다 낮은 이유이다.

대류권과 성층권 그리고 중간권

대기권에서 가장 낮은 2개의 층은 밑에서 차례로 대류권tropposphere과 성층권stratosphere이다. 질량으로 따졌을 때 대기권 전체의 99 %에 해당하는 기체와 수증기가 이 두 층에 분포한다. 그 위로 3개 층이 더 있지만, 기상 현상의 대부분은 대류권에서 일어난다.

대류권 대류권은 지표면에서 가장 가까운 대기층이다. 대류권의 고도는 지역에 따라 조금씩 차이가 있다. 북극과 남극 지방은 약 6 km 높이까지가 대류권이고, 적도 지역에서는 약 20 km 높이까지가 대류권이다. 그 외 중위도 지방의 경우는 북위 50°의 런던에서 남위 50°의 파타고니아 Patagonia까지 평균 약 11 km의 높이까지 대류권이다.

대류권에는 대기권 질량의 80 %에 해당하는 기체가 모여 있으며, 우리가 숨을 쉬는 공기가 있는 곳이다. 대류권을 구성하는 기체로는 질소 78 %, 산소 21 %로 대부분을 차지하고 나머지는 수증기와 아르곤, 그리고 이산화탄소 등의 기체와 먼지, 몇 가지 종류의 입자들로 이루어져 있다.

지면이 태양 복사 에너지를 흡수하기 때문에 지면과 가까운 곳에 있는 공기는 보다 더 위에 있는 공기보다 높은 열을 가진다. 지면이 가지는 열에너지는 공기가 상승할 때 위쪽으로 전달된다.

대류권은 대부분의 기상 현상이 일어나는 곳이다. 공기의 수직적 순환으로 구름이 형성되고, 수평적인 순환은 바람을 일으킨다. 대류권은 고도가 높을수록 공기 분자가 희박해진다. 이는 기체의 밀도가 높은 곳보다 낮은 곳에서 더 높기 때문이다. 온도는 지표면이 약 15 ℃이고, 대류권의 꼭대기에서는 −57 ℃이다. 대류권과 성층권의 경계는 대류권에서 고도에 따라 온도가 증가하다가 낮아지는 지점이다. 이 경계면을 대류권 계면이라고 하는데, 과학자들은 대류권과 대류권 계면을 합쳐서 대기권의 하층으로 분류한다.

성층권 성층권을 질량으로 따져 보면 대기권을 이루는 공기의 약 19 %가 모여 있는 곳이다. 성층권은 대류권 계면 위로 약 50 km까지 뻗어 있다. 성층권에서는 기온이 고도 약 25 km까지는 상대적으로 일정하게 유지된다. 그러다가 평균 기온이 −57 ℃에서부터 −15 ℃까지 고도가 높아짐에 따라 증가한다. 이처럼

위 대부분의 민간 항공사들은 성층권 계면 바로 아래로 비행한다.
아래 대기권의 구조이다.

성층권은 아래쪽보다 위쪽 온도가 높으므로 공기의 대류가 활발하게 일어나지 못해 매우 안정되어 있다. 따라서 대형 여객기들은 대부분 성층권으로 비행한다.

성층권에서 고도가 높아짐에 따라 대류권과는 반대로 기온이 상승하는 까닭은 산소O_2 분자들 때문이다. 성층권에서 산소 분자들은 두 가지 활동을 한다. 첫째, 지구로 들어오는 태양 복사 에너지의 자외선 영역에 해당하는 광자들은 산소 분자들을 빠르게 운동하도록 자극한다. 그러면 산소 분자는 활발한 분자 운동을 하게 되는데 그 결과 산소 분자가 분포하는 구간의 기온이 높아진다. 둘째, 산소 분자들은 자외선의 대부분을 흡수하고 화학적 변화를 거쳐 오존O_3 분자를 만든다. 실제로 대기권에 있는 오존 분자의 90 %가 성층권에 분포하여 오존층을 형성한다. 성층권의 오존층은 태양으로부터 오는 해로운 자외선을 차단해 주므로 지구에 살고 있는 식물과 동물 그리고 사람을 보호해 준다. 만약에 성층권에 오존층이 형성되지 않았다면 현재 지구의 생물들은 여전히 자외선이 닿지 않는 바다 밑에서 살고 있을 것이며 육지로의 진화는 이루어지지 않았을 것이다. 성층권은 성층권 계면에서 끝난다.

중간권 대기권에서 중간 정도에 위치하는 중간권은 지면에서 위로 80 km까지 뻗어있다. 중간권은 기체 전체의 양이 대기권 질량의 0.1 %를 차지할 정도로 작다. 그럼에도 불구하고 중간권은 유성들의 속도를 줄일 만큼 두텁다. 그래서 대기권에 진입하는 유성들이 다 타버려 밤하늘에 화염 꼬리만을 남기는 것이다. 중간권은 지구 대기권에 매일 진입하는 유성들로부터 지구를 보호해 주는 보호막 역할을 하는 셈이다. 중간권은 산소 분자의 양이 매우 부족하기 때문에 태양 자

외선을 흡수하여 온도를 높일 수 없다. 그러므로 중간권에서는 고도에 비례하여 온도가 낮아진다. 성층권 계면에서 −15 ℃로 시작하여 중간권 계면mesopause에서는 −85 ℃까지 떨어진다. 그러므로 중간권은 지구 대기권 중에서 가장 추운 곳이다.

대기권과 우주의 경계를 정의하는 데 결정적인 역할을 한 테오도르 폰 카르만의 사진이다. 그는 헝가리의 항공 기사 겸 물리학자였다.

우주는 어디에서부터 시작하는가?

지구의 대기권은 정해진 고도에서 갑자기 끝나지 않는다. 그래서 대기권과 우주 공간의 경계선을 어디로 할 것인가에 대한 논의는 아직 진행 중이다. 결론은 어떤 권위자의 말을 따를 것인지 우리의 선택에 달려 있다.

1950년대 후반, 미국의 과학자들은 우주의 끝자락을 중간권의 끝에 해당하는 해수면 위약 80 km 높이로 정의했다. 하지만 이 정의는 국제 사회에서 인정하지 않았다. 국제 항공 스포츠 집단인 국제 항공 연맹(Fédération Aéronautique Internationale, FAI)은 대기권과 우주 공간의 경계면을 해수면 위 100 km의 고도에서 시작되는 것으로 정의한다. 이 고도는 헝가리 출신 항공 기사 겸 물리학자인 테오도르 폰 카르만(Theodore von Kármán, 1881-1963)의 이름을 따서 카르만 선(Kármán line)이라 불린다. 원래 그가 제시한 고도는 정확히 100 km가 아니었다. 하지만 카르만은 비행을 할 때 지구의 대기권이지만 대기권이 제 역할을 하지 못하는 고도로, 사람들이 쉽게 기억할 수 있는 100 km를 제안한 것이었다.

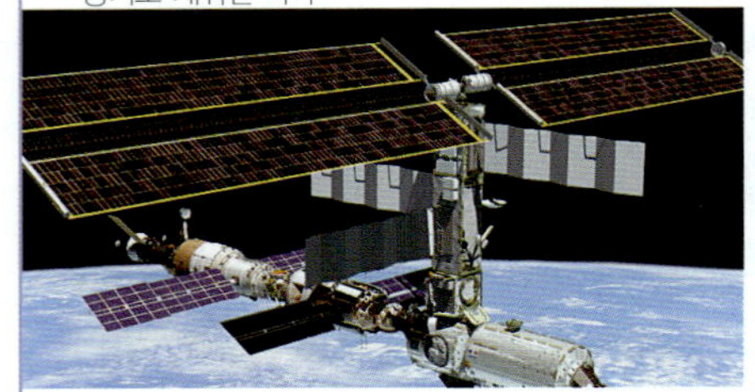

열권과 외기권

지구 밖 우주 공간으로 간주되기는 하지만, 열권과 외기권은 대기권의 상층으로 지구를 위해 중요한 역할을 한다. 그중 낮은 층인 열권thermosphere은 오로라로 불리는 북극광과 남극광이 아름다운 색을 띠면서 반짝이는 곳이며, 밤에 AM 라디오 방송의 전파가 지면으로 다시 반사되는 지점이기도 하다. 또한 가장 높은 층인 외기권exosphere은 수성이나 달의 대기권과 본질적으로 같다.

열권 대기권에서 온도가 가장 낮은 층중간권 바로 위에는 가장 온도가 높은 층인 열권이 있다. 열권은 중간권 계면 바로 위80 km에서 약 600 km까지의 구간에 해당한다. 열권의 윗부분으로 올라갈수록 온도가 높아지는데 최고 약 2,000 ℃까지 증가한다. 열권의 온도가 높이에 따라 상승하는 것은 희박하게 분포하는 산소 분자가 태양에서 나오는 강력한 에너지인 자외선과 X선을 흡수하기 때문이다.

또한 열권은 전하를 띠고 이온화된electrically charged, Ionized 기체 입자들로 이루어진 이온권ionosphere이 있는 곳이기도 하다. 이온권은 고도 60 km에서 300 km의 구간에 분포한다. 이온권은 라디오가 처음 사용되던 20세기 초에 발견되었다. 이 발견은 시기상으로 매우 큰 의미를 가진다. 이온권이 라디오 전자파를 반사시키기 때문에 특정 라디오 방송을 수천 킬로미터나 떨어진 지구 반대편에서도 들을 수 있다보조 글 '라디오 전파를 반사해 주는 이온권' 참고.

북극과 남극에서 오로라를 관측할 수 있는 곳도 열권이다. 오로라는 태양으로부터 날아온 하전 입자대부분 전자들들이 지구의 자기장에 도달한

위 열권에서 지구 궤도를 선회하는 국제 우주 정거장의 모습을 그린 것이다.
아래 북극광 또는 오로라 보레알리스(aurora borealis)라 불리는 현상은 태양의 하전 입자들이 지구의 대기권에 진입하면서 생긴다.

후, 지구의 양극을 향해 밑으로 빠르게 운동하기 때문에 생기는 현상이다. 하전 입자들은 열권의 원자와 분자들과 격렬하게 충돌하여 네온사인의 기체들처럼 다양한 색을 나타낸다. 오로라의 영롱한 빛깔은 서로 다른 종류의 원자들에 의해 일어난다. 예를 들어 황-청yellow-green 색 빛은 산소에 의해 발생하고, 적색red 은 주로 질소에 의해 발생한다.

우주 왕복선이나 국제 우주 정거장, 그리고 허블 우주망원경 등은 지구 궤도를 공전할 때 열권 안에서 움직인다. 열권은 열권 계면thermopause에 의해 외기권과 구분된다.

외기권 외기권은 대기권의 가장 바깥층이다. 외기권의 고도는 아직 정의가 불명확하여 사용하는 대기권 모델이나 정의에 따라서 높이가 다르다. 또한 외기권의 높이는 태양 활동과 그 외 물리적인 환경에 따라 조금씩 달라진다. 몇몇 과학자들은 외기권은 열권 계면에서부터 시작하여 대기권 분자들이 지구 궤도를 선회할 수 있는 가장 높은 고도인 약 10,000 km까지로 정의하기도 한다. 외기권에서는 원자와 분자들이 우주로 새어 나간다. 또한 지구 대기권의 기체들이 행성 사이에 분포하는 기체 분자와 태양으로부터 오는 하전 입자와 섞인다. 외기권을 이루는 기체는 주로 수소와 헬륨이며 이것도 아주 낮은 밀도로 존재한다.

1901년 굴리엘모 마르코니는 라디오 전파가 이온권의 중간층인 E층(E-layer)으로부터 반사되어 전송된다는 것을 발견했다.

라디오 전파를 반사해 주는 이온권

열권에 이온권이 존재할 수 있는 까닭은 태양에서 온 강력한 자외선과 X선이 지구 대기권 상층의 원자와 분자들을 이온화시키기 때문이다. 이온권은 물질의 밀도와 전기적인 속성, 그리고 낮과 밤 또 여름과 겨울에 따라서 이온화의 정도가 달라지는 몇 개의 층으로 구분할 수 있다. 이러한 이온권은 특히 태양 활동의 정도와 태양의 흑점 주기에 큰 영향을 받는다.

이온권 중에서 가장 낮은 층은 50–90 km 높이 구간에 있는 D층(D-layer)이다. 이 층은 낮에 형성되었다가 밤에는 사라진다. 그래서 낮에 AM 라디오 전파를 흡수하여 라디오 전파가 더 높은 층에서 반사되는 현상을 막아 준다. 이온권에서 중간층은 굴리엘모 마르코니(Guglielmo Marconi)가 1901년 자신의 초창기 라디오 전파 발신과 수신 실험을 통해 발견한 E층이다. 당시 그는 유럽에서 북아메리카로 라디오 전파를 전송했는데, 그 전파는 고도 100 km에 있는 층으로부터 반사될 것으로 계산했다. 실제로 E층은 낮에는 90 km 높이에서, 밤에는 120 km 높이에서 형성된다. 그러므로 E층으로부터 반사되는 라디오 전파는 밤에 더 멀리 전송될 수 있다. E층은 10 MHz 이하의 라디오 주파수를 가장 잘 반사시킨다. 때로는 낮에 더 낮은 고도에서 E층이 형성되기도 하는데, 이러한 층을 E_S층('S'는 우발성을 의미)이라고 한다. 이와 같은 현상은 특히 여름에 더 자주 발생하며 더 높은 라디오 주파수(25–225 MHz)를 반사시킬 수 있다. 이것은 세계 어떤 곳에서도 통신이 가능한지를 알아보는 아마추어 무선사들에게 매우 흥미로운 현상이다. 이온권의 상층은 120–400 km 사이에서 형성되는데 이를 F층(F-layer)이라 부른다. 낮에는 태양의 강력한 광선들이 F층을 두 개의 층으로 분리시키는데 F_1층과 F_2층이라 한다. 이 두 층은 해가 진 후에 다시 재결합한다.

대기권의 구성 성분

지구에 사는 생물들에게 필수적인 공기는 색이 없고 형태도 없고 냄새도 나지 않지만 항상 우리 주위에 있다. 이러한 공기는 여러 원소의 혼합물이다. 대류권과 성층권을 이루는 공기의 성분을 분석해 보면 질소78 %, 산소21 %, 아르곤 0.9 % 순서로 많고, 나머지 0.1 %는 이산화탄소, 오존, 메테인, 네온과 헬륨 등으로 구성된다. 이들은 지구 대기권을 이루는 공기의 전체적인 질량에 비하면 아주 낮은 비율이지만 대부분 대류권에 분포하여 생물들의 생명 활동과 기상, 기후 변화에 매우 큰 역할을 하고 있다. 건조한 대기 상태에서 기체 성분을 분석했으므로 수증기는 포함시키지 않았다. 수증기는 일반적으로 대류권에서 1–4 % 사이의 비율로 존재한다.

수증기 대류권에 풍부하게 분포하는 수증기H_2O는 기상과 기후 변화에 매우 중요한 역할을 한다. 수증기가 없다면 기상 현상은 일어나지 않는다. 대류권에서 수증기는 지구 표면으로부터 복사되는 열에너지를 흡수하고 다시 복사하는 일을 한다. 또 수증기는 성층권에서 에어로졸aerosol의 형성에 중추적인 역할을 한다. 에어로졸이란 오랜 시간이 지나도 대기권에 떠 있는 아주 작은 크기의 액체 방울이나 고체 입자들을 말한다.

또한 수증기는 아주 낮은 온도에서 남극 상공에 극 성층권 구름polar stratospheric cloud을 형성하기도 한다. 오존층의 파괴와 관련이 깊은 이 구름은 지구 생물들에게 안 좋은 영향을 미친다. 성층권에서 수증기는 고작 0.0004–0.0006 % 정도 분포한다. 과학자들은 이처럼 비율이 낮은 경우에 4–6 ppmv부피로 100만분의 1, parts per million of volume로 분포한다고 단위를 바꾸어 말하기도 한다. 성층권에서 수증기는 이처럼 낮은 비율로 분포하고 있지만 대기권의 에너지 수지energy budget에서 큰 역할을 한다.

오존 오존은 성층권에서 10 ppmv0.001 % 정도의 농도로 분포한다. 이들은 성층권에서

위 농사지을 땅을 넓히기 위해 삼림을 태우는 행위는 지표면 가까이에 위험 수치가 넘는 양의 오존을 발생시킨다.
아래 매우 낮은 온도에서 수증기로부터 형성되는 극 성층권 구름은 주로 겨울에 남극 지역 상공에서 형성된다.

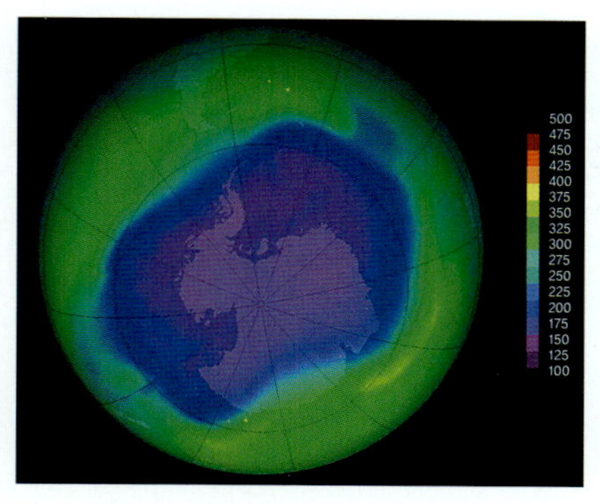

가장 큰 오존 구멍이 확인된 것은 지난 2006년 9월 21~30일 사이이다. 미국 국립 항공 우주국(NASA)의 오로라 위성에 의해 거대한 오존 구멍이 관측되었다.

층을 이루고 있는데, 이를 오존층이라 한다. 오존층은 지구에 사는 다양한 생물들을 보호하는 특별한 임무를 지니고 있다. 사람이나 동식물에 극히 해로운 강력한 태양 자외선들을 흡수하고 있기 때문이다.

오존층이 생물을 보호해 준다고 해서 오존이 사람이나 동식물에게 유익하기만 한 물질은 아니다. 오존을 직접 들이마시면 건강에 매우 해롭다. 그럼에도 불구하고 지표면에 분포하는 오존의 양이 점점 늘어나는 것은 사람 때문이다.

개발도상국 국민들은 농사지을 땅을 확보하기 위해 정글이나 사바나savanna •를 태운다. 이때 많은 양의 오존이 방출된다. 산업이 발달한 나라에서는 산업공해 때문에 생긴 광화학 스모그photochemical smog와 자동차 배기가스가 햇빛에 반응하여 오존을 발생시킨다. 이와 같은 현상들은 기후 변화에 주요한 요소가 될 수 있다.

반면에 성층권의 오존은 해로운 자외선을 차단해 주기 때문에 지구에 살고 있는 생물들에게는 필수적이다. 그런데 남극과 남극 주변의 지역 상공에서 지난 수십 년 동안 오존층에 큰 구멍이 형성되어 과학자들을 긴장시키고 있다.

메테인

지상에서 메테인CH₄의 주된 공급원은 논과 밭, 그리고 소의 트림과 방귀다. 그리고 바다에서 메테인의 주된 공급원은 해저 냉용수cold seeps이다. 메테인은 충분히 잘 혼합되어 있는 대기권의 하층에 주로 집중되어 있는데 평균 수치로 1.7 ppmv0.00017 % 정도로 분포한다. 메테인은 주로 공급원 근처에 집중적으로 분포한다. 북극과 남극에서 채취한 얼음 기둥에서 기포의 화학적 구성을 분석한 결과 지난 수천 년 동안 대기 중 메테인의 농도가 0.7 ppmv 정도로 유지되어 오다가 비교적 최근에 1.7 ppmv로 증가했다는 사실이 밝혀졌다. 이것은 메테인이 아주 낮은 농도에서도 기후 변화에 강력한 요소로 작용한다는 뜻이다.

에어로졸과 이온

대기권에는 기체 분자와 함께 고체나 액체 상태의 아주 작은 알갱이들, 즉 미립자들particulate이 존재한다. 이 미립자들을 에어로졸이라고 하며 그 크기도 마이크로미터에서부터 밀리미터까지 다양하다. 자연 상태에서 에어로졸은 먼지와 바다 소금, 그리고 아주 작은 황산 방울 등으로 이루어져 있다. 여기서 황산 방울은 화산에서 방출되는 이산화황sulfur dioxide이 수증기와 화학 반응을 하여 형성된 것이다. 사람이 만든 인공적인 에어로졸은 보통 발전소에서 배출되는 이산화황과 같은 오염 물질들이다. 에어로졸은 태양 복사 에너지를 흡수하고 반사시키는 능력을 가지고 있으며, 비와 우박을 내리는 구름을 형성하는 데 중요한 응결핵의 구실을 한다. 그리고 성층권의 오존층을 파괴할 때 중요한 역할을 하여 기후 변화에 막대한 영향을 끼친다.

대기권에는 다양한 이온들이 여러 층에 분포하고 있다. 대류권에서 이온은 번개나 우주선cosmic ray 그리고 지각crust에 포함되어 있는 방사성 물질에서 생성된다. 반면에 대기권의 중간과 상층에 분포하는 이온들은 태양에서 온 고속의 하전 입자들에 의해 화학 물질들이 이온화되면서 형성된 것들이다.

논과 밭에서 방출되는 메테인은 기후 변화의 중요한 변수로 작용한다.

• 사바나(savanna) : 남북 양반구의 열대 우림과 사막 중간에 분포하는 열대 초원

다양한 관점

우리는 대화를 할 때 흔히 '날씨'와 '기후'를 혼용해서 사용한다. 하지만 날씨와 기후는 다른 의미를 가진 용어다. 날씨란 오늘과 내일 또는 다음 주의 대기 상태를 말한다. 반면에 기후는 특정 지역이나 세계 전체를 수십 년에서부터 십만 년 동안 형성된 날씨의 패턴을 말한다.

기상 연구 기상과학자들은 지역 날씨를 관측하기 위해 전국적으로 수천 개의 조그만 관측소들을 운영하고 있다. 이 관측소에는 자동화된 관측 기계를 담은 약 60 cm의 작은 상자가 들어 있다. 관측소는 지방 공항이나 천문대, 그리고 산꼭대기 등에 설치된다. 관측소에 있는 관측기구들은 그 지역의 일일 최고 온도와 최저 온도를 기록하며, 강우량, 풍속, 풍향과 기압을 측정하기도 한다. 측정된 결과들은 기상과학자들에게 전송된다.

기상과학자들은 강설량이 중요한 산악 지대나, 지역 급수에서 용천수의 유출량spring runoff이 큰 영향을 끼치는 곳에는 전문가를 파견하고 좀 더 전문적인 관측기구들을 사용하여 강설량과 강우량을 측정한다. 공항들이나 주요 기상대에서는 도플러 레이더 시스템Doppler radar system을 사용하여 수 킬로미터 떨어진 곳의 구름이나 뇌우 등을 관측하여 해당 지역에 큰 비나 강풍이

위 도플러 레이더 돔
아래 왼쪽 스위스의 어느 산 꼭대기에 있는 기상 관측소이다.
아래 오른쪽 2004년 9월 국립 허리케인 연구 센터(National Hurricane Center)의 소장 맥스 메이필드(Max Mayfield)가 허리케인 프란시스(Frances)의 레이더 이미지를 보고 있다.

오는 것을 감지한다. 이러한 관측 결과는 영구적으로 보관되어 해당 지역의 날씨 변화와 장기간에 걸친 기후 변화를 이해하는 데 큰 도움을 준다. 또한 이런 결과들은 잘 정리되어 라디오나 텔레비전 그리고 인터넷을 통해 일반인들에게 제공된다.

기상과학자들은 하루 이틀 동안의 단기 일기 예보와 일주일 이상의 장기 일기 예보를 하기 위해 지역 관측 결과 외에 다음과 같은 중요한 두 가지 도구를 활용한다.

첫째, 기상과학자들은 적도 위 정지 궤도geostationary orbit에서 기상 위성들이 촬영한 기상 사진을 분석한다. 기상 위성들은 지구의 자전 속도와 같은 속도로 공전하고 있기 때문에 늘 지구 위의 한곳에 고정되어 있는 것과 같다. 기상 위성은 가시광선으로 구름의 발달 과정을 촬영하고, 적외선이나 자외선을 통해 지열 등 원하는 자료를 얻는다. 또한 기상과

학자들은 뇌우의 발달과 강도, 그리고 이동 방향을 추적한다. 이를 위해 전국적으로 발생하는 번개들의 발생 시각과 장소를 기록하는 자동 네트워크 시스템을 구축하고 있다. 특히 폭풍 추격자로 알려진 용감한 기상과학자들은 목숨을 걸고 뇌우와 허리케인에 아주 가까이 다가가 다양한 정보를 얻는다.

둘째, 기상과학자들은 지난 수십 년 동안 개발한 기상 시스템의 수학적 모델을 이용한다. 이 수학적 모델이 기상 연구에 활용될 수 있는 것은 슈퍼컴퓨터가 있기 때문이다. 수학적 모델 연구와 이를 이용한 기상 시스템의 시뮬레이션은 막대한 양의 자료를 처리하고 실제 기상 변화보다 더 빨리 계산하여 정확한 기상 예보를 할 수 있도록 도와준다.

기후 연구

기후 연구를 하기 위해서는 역사서에 적힌 기상 기록을 분석하고 다른 학문의 도움을 받아야 한다. 예를 들면 화산의 경우를 들 수 있다.

1815년 4월 인도네시아의 탐보라Tambora 산에서 대규모 화산이 폭발했다. 그리고 바로 다음 해 7월에는 미국 전역에 눈이 내렸다. 그래서 과학자들은 1816년을 '여름이 없던 한 해'라고 부른다. 이와 비슷한 일이 1883년에도 있었다. 1883년 인도네시아 크라카타우Krakatau 화산이 폭발했다. 크라카타우 화산 폭발은 19세기에 일어났던 화산 폭발 중에서 탐보라 화산 폭발 다음으로 난폭했다. 크라카타우 화산 폭발 이후 유럽과

과학자들은 기후 변화에 대한 실마리를 찾기 위해 나이테를 연구하기도 한다. 상대적으로 넓은 나이테들은 강우량이 높았던 때와 잘 맞아떨어진다.

미국에서는 수많은 사람들이 눈부시게 아름다운 붉은색과 주황색의 일몰 장면을 감상할 수 있었다. 이와 같은 현상을 여러 가지 기록물로 접한 기상과학자들은 화산 먼지volcanic ash와 에어로졸 등이 어떻게 지구 반대편까지 날아갈 수 있었는지에 대해 탐구했다. 또한 천문학자들은 1645년과 1715년 사이 태양에 흑점이 거의 없었다는 것을 알게 되었고, 그 기간이 르네상스Renaissance부터 19세기 중반까지 유럽과 북아메리카를 덮쳤던 70년간의 소빙기little ice age와 유사하다는 점을 발견했다.

기후학자들은 지난 수천 년 동안의 화산 폭발과 여러 가지 기후 변화에 대한 정보를 보존하고 있는 그린란드Greenland나 남극의 고대 빙상ice sheet에서 샘플을 채취하여 필요한 정보를 얻는다. 또한 시대별 태양 활동의 강약을 측정하기 위해 2,000살이 넘는 나무들의 나이테에 포함되어 있는 탄소-14carbon-14, 탄소의 방사성 동위 원소의 농도를 측정한다. 그리고 자전축의 기울기에 대한 변화나 태양을 도는 지구 궤도의 변화가 10,000에서 100,000년을 주기로 기후 변화를 일으켰다는 천문학적인 증거에 대해서도 연구한다.

네덜란드 화가 헨드리크 아베르캄프(Hendrick Avercamp, 1585-1634)가 그린 '얼음 위의 풍경(scene on the ice)'이다. 화가가 이 그림을 그렸던 시기는 소빙기로 알려진 매우 추운 기간이었으며, 그 기간은 태양에 흑점이 거의 없었던 시기와 일치한다. 당시 유럽 화가들의 그림에는 이와 같은 광경이 많이 묘사되었다.

인간과 기후

대기권은 고립되어 있지 않다. 공기는 나라와 도시 등 사람들이 인위적으로 만든 경계선을 자유롭게 넘나든다. 또한 태평양이나 대서양 등 자연의 거대한 장애물을 넘어서 결국에는 지구를 일주한다. 공기는 극 지역와 성층권으로도 간다. 또한 지구 생태계에 어떤 영향을 미칠지 모르지만 다양한 형태로 육지 및 바다와 상호 작용을 한다.

지구 한 구석에서 발생한 오염된 공기는 가까운 곳의 사람이나 동식물만 들이쉬는 것이 아니라 지구 반대편에 있는 사람과 동식물들도 들이쉰다. 중국의 수도 베이징에서 발생한 자동차 스모그는 미국의 캘리포니아까지 이동한다.

대기와 바다 그리고 육지와의 상호 작용 중에 일어나는 중요한 현상은 온실 효과이다제5장 참고. 수증기와 이산화탄소, 그리고 메테인은 비록 전체 대기 질량과 비교했을 때 매우 낮은 비율을 차지하지만 이들 덕분에 지구의 평균 기온은 어느점 이상으로 유지될 수 있었다. 만약에 온실 효과가 일어나지 않았다면 지구의 바다는 오래 전에 딱딱하게 얼어붙었을 것이며 생명체의 다양한 진화는 일어나지 못했을 것이다.

19세기 중반까지 지구에서 일어난 기상이나 기후 변화는 화산 폭발, 태양의 복사 에너지 변화, 지구 자전이나 궤도의 격변, 운석의 충돌과 같은 자연적인 현상이 그 원인이었다. 그러나 지난 한 세기 반 동안에는 인간의 다양한 활동으로 지구 환경이 크게 달라졌는데, 대표적으로 대기권의 변화를 들 수 있다. 이것은 아주 중대한 문제를 일으켰다.

인간이 기후에 미치는 영향

위 대만의 심각한 교통 체증을 보여 주는 사진이다. 개발도상국에서는 인력이나 동물을 교통수단으로 사용했었는데 이제는 자동차로 급격하게 대체되고 있다. 이로 인해 발생되는 탄소는 기후 변화의 주된 요소이다.
아래 인도 콜커타(Calcutta)에서 흔히 볼 수 있는 인력거이다.

유럽과 미국은 산업 혁명 이후 많은 양의 석탄과 석유를 태워 에너지로 사용했다. 그 결과 지구 온난화에 직접적인 영향을 주는 이산화탄소와 같은 온실 기체들이 대량으로 대기권에 배출되었다. 그리고 사람들이 교통수단으로 자동차를 사용한 이후 그 양은 급증했다.

1970년대에 제정된 대기 오염 방지 규정clean air regulation은 공장과 자동차에서 배출되는 오염 물질을 억제하는 데 크게 기여했지만 한계가 있었다. 미국의 인구는 지속적으로 증가했고 대부분의 사람들이 자동차를 이용하기 때문이다. 또한 1980년대와 1990년대에는 미국식의 물질주의 생활 양식을 따르고 싶어 하는 개발도상국들이 우차oxcart와 자전거를 버리고 자동차를 선택했다. 결과적으로 그 이전에 소모된 석유, 석탄의 양보다 20세기 한 세기 동안에 소모된 양이 더 많다.

개발도상국에 사는 사람들은 대기 오염을 방지하려는 정부의 법적인 규제를 반기지 않는다. 당장 생활에 여러 가지 불편을 주기 때문이다. 따라서 석유와 석탄이 소모되는 속도는 점점 더 빨라지고 있다.

　　산업화로 세계 곳곳에 공기를 오염
시키는 수많은 공장이 세워졌다. 또 산
업화에 따른 도시의 발달은 아마존 밀
림과 같은 열대 우림 지역의 무분별한
개발과 파괴를 의미한다. 이로 인해 그
동안 광합성을 하면서 지구의 공기를
정화시키고 산소를 공급했던 아마존 밀
림의 나무가 점점 사라지고 있다. 또한
무분별한 벌목과 개벌은 전 세계 곳곳
에서 일어나고 있다.

지구 온난화 1970년대와 1980년대에
는 지구 온난화에 대한 과학적인 증거
가 명확하지 않았다. 그러나 21세기 초
반에는 인간 활동으로 인해 배출된 온
실 기체들이 지구의 기상과 기후에 큰
영향을 끼치고, 이로 인해 지구 온난화
가 일어나고 있다는 여러 가지 증거를
얻게 되었다.

　　2006년 NASA는 기상 관측 기록 후
전 세계적으로 가장 더웠던 5년은 1995
년에서 2005년 사이에 일어났었다는
연구 결과를 발표했다. 산업 혁명 이후
대기권의 이산화탄소는 약 30 % 증가
했다. 그리고 평균 세계 기온은 100년
당 1 ℃ 증가하고 있다. 이러한 사실로
미루어 볼 때 지구의 기온은 대기권에
분포하는 이산화탄소의 양에 비례한다

위 그린란드 빙상의 한 부분이다. 지구 온난화는 이런 고대 빙하들을 녹이고 있다. 그 결과 현재 세계적으로 해수면의 상승이 일어나고 있다.
아래 북극해의 스발바르(Svalbard) 군도에서 촬영된 다 자란 북극곰이다. 최근 지구 온난화로 북극 얼음이 녹으면서 사냥터가 크게 줄어들었다. 그 결과 북극곰은 먹을 것을 구하지 못해 생존에 큰 어려움을 겪고 있다.

는 사실을 알 수 있다. 그러므로 이산화탄소 배출량이 늘어나면 지구 온난화는 점점 심해질 것이다. 지구 온난화로 전 세계의 빙하들이 녹아내리고 있다. 그린란드와 남극의 고대 빙상들이 모체에서 떨어져 나와 바다에 떠돌아다닌다. 그리고 세계적으로 바다의 전체적인 온도가 약 1 ℃ 상승했다. 바다에 있는 엄청난 양의 물의 질량과 부피를 고려하면 바닷물이 가지고 있는 열에너지는 막대하다. 그러므로 바닷물의 평균 수온이

1 ℃ 상승했다는 것은 매우 충격적인 일이다.

　　바닷물이 가지고 있는 열에너지로 태풍이나 허리케인이 발생한다. 이렇게 열에너지가 증가하면 이들의 위력이 더욱 강해져서 그로 인한 큰 피해가 우려된다.

기상학의 기원

옛날 사람들은 어떤 징조나 신호에 의지하여 날씨를 예측했다. 예를 들어 몸의 관절이 쑤시면 폭풍우가 올 징조라고 생각했다. 이처럼 징조와 신호에 근거를 둔 일기 예보는 생각보다 그럴듯했기 때문에 17세기에 출판된 농부들의 연감 almanac을 보면 이와 같은 내용이 자세하게 기록되어 있다.

갈릴레이 이전의 천문학은 하늘의 완벽함과 불변성을 주장한 아리스토텔레스의 우주론이 지배적이었다. 그러나 17세기부터 일부 천문학자들에 의해 아리스토텔레스의 우주론은 의심을 받기 시작했다. 혜성을 비롯한 여러 천문학적 현상들은 끊임없이 변화하는 지구가 '숨을 내쉬기 때문에 생기는 것'이라고 설명하는 아리스토텔레스 주의자들의 주장에 과학적인 근거가 없었기 때문이었다.

17–18세기 계몽 시대에 놀랄 만한 과학적인 발견들이 이루어졌다. 사람들은 온도의 개념을 이해했고, 온도계를 발명했다. 또한 기압이 생기는 이유와 바람이 부는 이유를 연관시켜 생각했고 기압계를 발명했다. 그리고 습도에 대한 이해는 습도계 hygrometer의 발명으로 이어졌다. 더불어 기상 관측 기술에도 놀라운 발전들이 있었다. 이와 같은 중대한 발견과 발명은 20세기 기상과학 분야에서 계속 이어졌다.

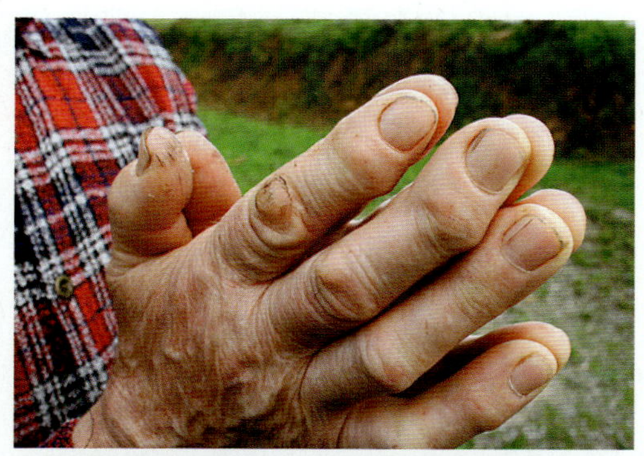

왼쪽 르네상스 시대의 우주관을 보여주는 목판화이다. 하늘의 천장에 있는 경계선을 보면 당시 사람들이 생각한 우주의 범위는 그리 크지 않았음을 알 수 있다. 그 경계선을 넘어 펼쳐진 우주는 신의 영역으로 여겨졌다. 이 목판화는 19세기 프랑스의 천문학자 카밀 플라마리옹(Camille Flammarion)의 작품으로 알려져 있지만 어떤 사람들은 16세기에 제작되었다고 주장하기도 한다.
위 날씨는 농부들의 생계에 결정적인 요소들이다. 정확한 일기 예보가 가능하기 전에는 날씨를 예측하기 위해 신체에 나타나는 징조에 의존했다.
아래 혜성이 어디에서 오고, 어떻게 운동하는지를 알지 못했던 옛날 사람들은 혜성의 출현에 큰 외경심을 가졌다. 어떤 사람들은 혜성을 지구가 숨을 내쉬는 흔적으로 생각했다.

온도계의 발달

지난 세기 동안 활발하게 연구해 왔던 몇몇 과학자들이 정교한 온도계를 발명했다. 그중에 대표적으로 천문학자 갈릴레이와 뢰머Olaus Roemer가 만든 온도계가 있다. 하지만 이들이 만든 온도계는 온도계의 눈금을 정확하게 나타내는 데 문제점이 있었다. 각각의 온도계들은 꽤 정교해지고 디자인 면에서도 많은 발전을 했다. 하지만 과학자들은 다른 지역의 사람들도 동일한 단위로 온도를 측정할 수 있는 공통적인 척도를 가진 온도계를 필요로 했다.

화씨온도계 오늘날 미국에서 가장 널리 사용되

위 순순한 물의 끓는점은 변하지 않는다. 그러므로 물의 끓는점을 이용하여 열의 변화량을 측정한다.
아래 이탈리아 출신의 물리학자이자 천문학자인 갈릴레이(Galileo Galilei, 1564-1642)다. 그는 초창기에 온도계를 발명하였다.

고 있는 온도 단위는 화씨이다. 이 온도 단위는 암스테르담과 헤이그에서 활동했던 독일의 물리학자 가브리엘 파렌하이트Daniel Gabriel Fahrenheit, 1686-1736가 만든 것이다. 원래 유리를 부는 직공이었던 그는 나중에 정밀한 과학 기계들을 만드는 전문 기술자가 되었다. 파렌하이트는 고도계와 기압계, 그리고 온도계를 비롯한 여러 종류의 기상 관측기구들을 발명했다. 하지만 그중에서도 가장 중요한 업적은 화씨온도계에 사용하는 온도의 척도를 정한 것이었다. 그러나 아쉽게도 이 일은 그가 죽은 후에 인정받았다. 파렌하이트는 물의 끓는점을 212°에 맞추었고 물의 어는점을 32°에 맞추었다. 화씨온도계는 19세기에 셀시우스에 의해 섭씨온도계가 발명되기 전까지 유럽에서도 널리 사용되었다.

섭씨온도계 오늘날 과학계에서 가장 많이 사용되는 온도계는 섭씨온도계이다. 온도를 섭씨 단위로 나타내

갈릴레이의 온도계는 물과 유색 액체로 채운 기포들로 이루어져 있다. 기포들은 물이 식거나 데워지면서 변화하는 밀도에 반응하여 움직인다.

는, 섭씨온도계를 발명한 사람은 스웨덴 출신의 천문학자 안데르스 셀시우스Anders Celsius, 1701-1744이다. 그는 온도계의 기준 척도로 물의 어는점을 0°, 끓는점을 100°로 할 것을 제안했다. 당시 미국에서는 두 개의 불변 온도인 어는점과 끓는점 사이를 100등분 하였다고 이 온도계를 백분도centigrade라고 불렀다. 그러나 오늘날에는 셀시우스의 이름을 기려 공식적으로 섭씨온도계라 불린다. 미국 외 유럽을 포함한 대부분의 국가에서 이 온도계로 온도를 측정한다.

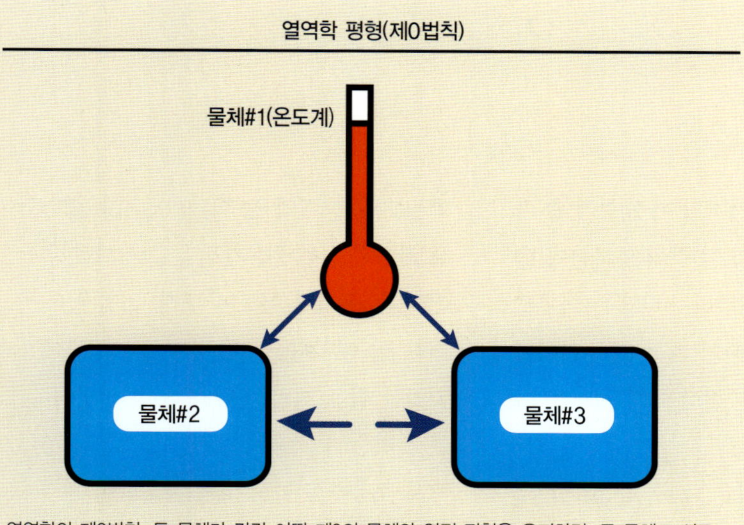

열역학의 제0법칙. 두 물체가 각각 어떤 제3의 물체와 열적 평형을 유지하면, 두 물체도 서로 열적 평형 상태여야 한다. 이 법칙이 바로 온도계에 적용되는 원리이다.

열역학 제0법칙

아그네스가 카터를 알고, 비아트리스가 카터를 안다면, 아그네스와 비아트리스는 서로를 알까? 이것은 반드시 그렇지만은 않다. 쇳조각 A가 자석 C에 의해 끌어당겨지고, 또 다른 쇳조각 B도 역시 자석 C에 의해 끌어당겨지면 쇳조각 A와 B는 서로를 끌어당길까? 절대 그렇지 않다.

그렇다면 온도계가 작동하는 원리는 무엇일까? 기상학에서의 온도에 대한 논의는 모든 물리학에 근본이 되는 중요한 원리가 포함되어 있다. 우리는 이것을 열역학 법칙이라 부른다. 열역학 법칙은 열에너지와 다른 형태를 가진 에너지 사이의 관계, 온도와 기압 그리고 부피와의 관계를 다루는 법칙이다. 열역학 법칙은 태풍 또는 허리케인의 형성과 발달에 적용되고, 마찬가지로 증기 기관에게도 적용되는 매우 기본적인 물리 법칙이다. 이 법칙은 기상과학자들이 기상과 기후를 연구하는 수학 모델에도 적용된다.

공식적으로 3가지의 열역학 법칙들이 있다. 그러나 이 세 법칙에 전제가 되는 4번째 법칙이 있는데, 과학자들은 이를 '열역학 제0법칙'이라고 부른다. 열역학 제0법칙의 내용은 다음과 같다.

두 물체 A와 B가 각각 어떤 물체 C와 열적 평형을 유지하면, A와

B는 서로 열적 평형을 유지한다.

열역학 제0법칙은 온도라는 척도가 존재하며, 이것은 온도계로 측정할 수 있다는 근거가 된다. 자연적으로 열에너지는 열이 높은 물체로부터 낮은 물체로 전도와 대류 그리고 복사를 통해 이동한다(제3장 참고). 처음에 물체 A와 C 사이의 온도 차가 나중에 두 물체의 온도를 같게 한다. 즉, 열적 평형 상태에 도달해서 두 물체 사이에는 온도 차이가 존재하지 않게 된다는 말이다. 물체 A, B, C 중에서 물체 C는 물체 A와 B보다 크기나 질량이 훨씬 작은 온도계라고 가정해 보자. 온도계 C로 측정한 온도는 물체 A의 온도라고 할 수 있다. 이 원리로 몸에 열이 나는 아이의 체온을 온도계로 재는 것이다. 체온계가 아이의 몸에 비해 훨씬 작으므로 아이의 몸에서 열을 빼앗지 않고 정확하게 아이의 체온을 측정할 수 있다.

이와 같은 개념이 오늘날 과학자들에게는 당연하게 받아들여지고 있지만 다른 직업에 종사하는 사람들에게는 낯선 개념일 수 있다. 마찬가지로 온도에 대한 개념이나 열역학 법칙을 잘 몰랐던 18세기 이전의 사람들에게도 낯선 개념이었을 것이다.

기압의 측정

우리는 수백 킬로미터 두께를 가진 공기 층 아래에 살고 있지만 공기에도 질량이 있다는 것을 실감하지 못하고 산다. 왜냐하면 우리는 너무도 쉽게 공기를 통과하면서 살기 때문이다. 하지만 공기도 질량을 갖고 있다. 질량을 가진 모든 물체는 지구 중력의 영향을 받아 지구 중심으로 향하는 무게를 가진다. 그러므로 우리 몸은 공기가 누르는 무게, 기압을 느껴야 할 것이다. 그러나 우리는 평소에 기압을 잘 느끼지 못하고 산다. 그 이유는 우리 몸에 작용하는 기압은 모든 방향으로 작용하고 있고 그에 상응하여 우리 몸 안에서 밖으로 향하는 체압이 작용하고 있기 때문이다. 하지만 태풍^{허리케인}이 나뭇가지들을 부러뜨리거나 집의 지붕들을 벗기는 장면을 보면 공기의 압력이 가지는 힘의 위력을 실감할 수 있다.

최초로 수은 기압계를 만든 토리첼리의 조각상이다.

토리첼리와 기압계 공기의 압력을 처음으로 측정한 사람은 이탈리아의 출신의 수학자이며 물리학자였던 토리첼리^{Evangelista Torricelli, 1608–1647}였다. 그는 갈릴레이의 제자로 한때 그의 집에 머물기도 했다.

1643년 우물을 파는 인부들이 왜 해수면보다 약 10 m 깊은 곳에 있는 물은 사이펀[*]으로 빨아올리지 못하는지 질문을 했을 때, 토리첼리는 그 원인을 기압이라 대답했다. 사이펀은 빨대와 같은 원리로 작용한다. 만약 가느다란 빨대를 물웅덩이에 넣은 후 입이나 펌프를 이용하여 물을 빨아들이면 빨대를 타고 물이 저절로 올라간다. 이때 물을 위로 올리는 힘은 공기가 물웅덩이의 표면을 누르는 힘, 즉 기압 때문이다.

토리첼리는 이와 같은 생각을 해보았다. 만약에 자신의 생각이 옳다면 해수면을 기준으로 액체 금속인 수은^{수은은 물보다 13.6배 높은 밀도를 가진 물질}은 물이 올라오는 높이의 13.6분의 1의 높이로만 올라올 것이라 생각했

위 아네로이드(aneroid) 기압계는 유연한 금속 실(chamber)과 스프링을 이용하여 기압을 측정하는 기구이다.
아래 1728년에 그린 그림으로 공기의 압력을 측정하는 데 사용하는 여러 기구들이다.

다. 그래서 그는 길이 약 0.914 m 유리관의 한쪽을 막고 수
은으로 채웠다. 그리고 막혀 있지 않은 쪽은 손가락으로 막
은 채 수은으로 채워진 사발 위로 뒤집어 세우고 손가락을
뺐다. 과연 관 안의 수은은 얼마나 밑으로 내려왔을까? 관
에서 수은은 조금밖에 흘러나오지 않았고, 수은이 담긴 사
발 위로 높이 약 0.762 m의 수은 기둥을 발견했다. 수은이
담겨 있는 사발의 표면을 누르는 대기압이 관 안에 있는 수
은이 밖으로 흘러나오는 것을 막아준 것이다.

이 실험을 통해 토리첼리는 해수면 위의 기압은 높이
76 cm의 수은 기둥이 밑으로 누르는 무게와 같다는 사실을
입증했다. 그러나 실제로 정밀하게 실험해 보면 구름이 없
는 맑은 날에는 그 높이가 좀 더 높아진다는 것을 알 수 있
다. 구름이 없는 날은 고기압인데 그 날은 평소보다 밑으로
누르는 대기압이 상대적으로 크기 때문이다. 반대로 비가
오는 날은 수은 기둥의 높이가 좀 낮아지는데 그 이유는 비
오는 날은 저기압이기 때문이다.

파스칼의 증명 토리첼리의 기압에 대한 실험과 이론은 프
랑스 수학자 겸 물리학자인 파스칼Blaise Pascal, 1623–1662에
의해 검증되었다. 파스칼은 토리첼리의 실험을 여러 종류
의 액체로 재현했다. 그는 수은 기둥의 높이가 기압에 의해
유지된다면 기압이 낮은 산 위에서는 그 높이가 줄어들 것
이라고 가정하였다. 그래서 파스칼은 토리첼리의 실험기구
를 914.4 m인 산 위로 가져갔다. 실제로 산 정상에서 수은
기둥의 높이가 산기슭보다 7.62 cm 정도 더 낮다는 실험 결
과를 얻었다.

그 후 수은 외에 다른 종류의 액체를 사용하는 기압계가
많이 발명되었다. 그러나 오늘날까지 실험실에서 사용되는
것은 토리첼리의 수은 기압계barometer, 접두사 baro– 또는 bar–는
무게를 의미하는 그리스 어에서 유래이다.

2003년 필리핀 마닐라의 청소부들이 태풍 임부도(Imbudo)의 강력한 바람에
맞서 일하고 있다. 태풍의 중심 기압이 매우 낮아 강력한 바람이 형성된다.

기압의 여러 가지 단위

우리는 토리첼리와 파스칼의 이름을 딴 토르(torr)와 파스칼(Pa)이라
는 기압 단위를 사용한다. 이 외에도 수은 기압계에서 사용하는 인
치나 밀리미터 단위(inHg와 mmHg, Hg는 수은의 화학적 기호이다)
로 기압을 나타내기도 한다. 이들은 모두 같은 기준점에서 시작하는
데 그 기준점은 해수면에서의 기압이다. 현재 다양한 기압 단위를
사용하는데 그들 사이의 관계를 숫자로 나타내면 다음과 같다.

1기압(atm) = 1토르(torr) = 760밀리미터수은주(mmHg) = 29.9인
치수은주(inHg) = 1.01325바(bar) = 1013.25밀리바(mbar) =
101.325파스칼(Pa) = 101.325킬로파스칼(kPa) = 14.7(14.695)

국제 미터법 단위계(SI)를 사용하는 대부분의 국가에서는 파스칼이
사용된다. 그러나 미터법 과학 측량을 반기지 않는 미국은 여전히
밀리바나 인치 등을 사용해 수은 기압계의 높이를 측정하여 라디오
나 텔레비전 일기 예보를 하고 있다.

기상과 기후 차이로 인해 기압의 차이가 생기기도 한다. 지금까지 측
정된 최고 기압은 2001년 12월 19일 몽골 토손첸겔(Tosontsengel)
에서 기록된 108.6 kPa(1086 mbar 또는 32.06 inHg)이다. 토네
이도가 일어났을 때를 제외하고 가장 낮은 기압은 1979년 10월 12
일 서태평양에서 발생한 태풍 팁(Tip)이 형성되었을 때 측정한 87.0
kPa(870 mbar 또는 25.69 inHg)였다.

• 사이펀(siphon) : 물을 빨아올리는 데 사용하는 가느다란 관이나 빨대이다(옮긴이).

바람의 측정

쥐 죽은 듯이 고요한 날에도 기압은 존재한다. 바람은 공기의 수평적인 운동이다. 바람은 풍속계anemometer, 바람이라는 뜻을 가진 anemos라는 그리스 어 어원을 사용로 세기를 측정한다. 라디오나 텔레비전에서 방송되는 일기 예보의 풍속은 풍속계velocity anemometer로 측정한 것으로 시간당 킬로미터의 단위로 나타낸다.

어떤 지역의 기상 상태를 이해하고 예보하기 위해서 가장 중요하게 관측하는 것은 바람의 방향, 즉 풍향이다. 풍향은 바람이 불어오는 방향이다. 그러므로 북풍은 북쪽에서 불어오는 바람이다. 대부분의 풍속계는 바람의 방향을 표시하기 위해 자유롭게 돌아가는 바람개비 장치를 달고 있다.

초기의 풍속계 고대의 여러 문명권에서 바람의 세기와 방향을 측정하기 위해 장치들을 개발해서 사용했지만 최초의 풍속계로 인정받는 것은 1450년 무렵 이탈리아의 건축가 알베르티Leone Battista Alberti, 1404-1472가 발명한 흔들이 판swinging plate 풍속계이다. 이 장치는 약 200년이 지난 후 영국의 수학자 겸 물리학자인 로버트

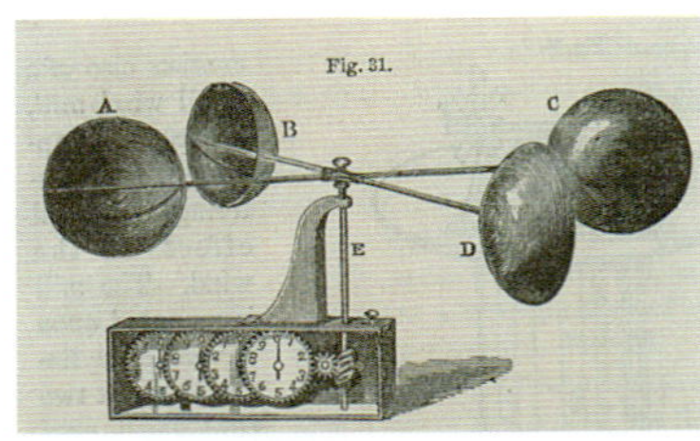

위 바람개비로 만든 풍향계가 바람의 방향을 가리키고 있다.
가운데 1846년 아일랜드 천문학자 토마스 롬니 로빈슨이 발명한 회전 컵 풍속계 그림이다.
아래 알베르티의 조각상이다. 그는 바람을 측량하는 장치인 풍속계를 최초로 발명했다.

훅Robert Hooke, 1635-1702이 독립적으로 만든 압력판 풍속계와 구조가 매우 닮았다. 이 두 장치 모두 풍향을 가리키기 위해 회전하는 바람개비가 달려 있다. 원반이나 직사각형 모양의 접시들은 바람과 수직 방향을 이루었고, 바람에 의해 틀어진 접시들의 각도가 풍속을 나타냈다. 마치 바람 부는 날 빨랫줄에 매달린 천의 각도가 풍속을 대충 알려 주는 것과 같은 원리로, 각도가 가파를수록 풍속이 높은 것이다.

소규모의 기상 관측소에서는 주로 회전컵rotating cup 풍속계를 사용하는데, 이것은 1846년, 더블린Dublin의 아마 관측소armagh observatory 3대 소장 천문학자 토마스 롬니 로빈슨Thomas Romney Robinson, 1792-1882이 개발한 것이다. 이 풍속계는 풍차의 원리를 사용했는데, 로빈슨은 회전수를 세는 장치로 전동 장치를 사용하였으며, 수평의 막대기 위에 탑재된 4개의 반구 모양 컵을 이용하였다. 그가 만든 풍속계의 막대기들은 회전하는 축에 고정되어 있으며, 회전하는 속도는 풍속과 비례한다. 요즘에는 3컵짜리 풍속계도 있다. 20세기에 회전컵 풍속계는 이

풍속계를 생산하는 회사의 창설자 이름을 따서 프리즈 Friez 풍속계로 불리기도 한다.

바람 측정하기

측정한 풍속들은 어떻게 분류할까? 예를 들어 풍속이 어느 정도 되면 열대 폭풍이 태풍으로 분류 될까? 이런 문제를 조직적으로 해결한 최초의 사람은 아 일랜드 출신의 영국 해군 대위 보퍼트 Francis Beaufort, 1774– 1857였다. 그는 오늘날 우리가 보퍼트 풍력 계급 Beaufort wind scale for wind force 으로 부르는 풍력 계급표를 처음으로 만들었다. 북극권 Arctic Circle에 있는 보퍼트 해 Beaufort Sea 도 그의 이름을 딴 것이다.

돛을 완전히 세우고 항해 중인 스쿠너선(schooner)을 재현했다. 보퍼트는 영국 해군으로 근무할 때 바람을 관찰했던 경험으로 보퍼트 풍력 계급을 개발했다.

보퍼트는 14살 때 처음 항해를 했다. 1년 후, 부정확한 해도 때문에 많 은 사람이 굶어 죽을 지경에 이르자 보퍼트는 정확한 해도를 개발하는 것이 얼마나 중요한 일인가를 몸으로 깨달았다. 그 후 보퍼트는 세계 곳 곳을 탐사하면서 지도 제작에 앞장섰다. 1829년 보퍼트는 영국 해군 본 부에서 근무하게 되었는데, 이후 25년 동안 작은 지도 창고였던 곳을 세 계 최고의 측량 및 해도 제작 기관으로 변화시켰다.

해군 사관들은 함선에서 다른 업무를 하면서 기상 관측 결과도 기록했 다. 그런데 보퍼트는 이들이 기록하는 바람의 세기가 각각 다른 것을 알 게 되었다. 어떤 사람에게는 '잔잔한 바람' 으로 느껴지는 것이 어떤 사 람에게는 '거센 바람' 으로 느껴질 수 있었기 때문이었다. 보퍼트는 표 준화된 풍력 척도가 필요하다고 생각했다. 1805년 보퍼트는 등급 0 force 0 에서 등급 12 force 12까지 구분한 풍력의 척도를 만들었다. 이 계급표는 바람이 군함의 돛 rigging에 연결된 줄 의 팽팽한 정도에 미치는 영향을 기 초로 만들어진 것으로, 1830년대부 터 영국 해군의 항해 일지에 사용되 었다.

1850년대부터는 일반인들도 이 풍력 계급을 사용했다. 20세기에 들 어와서 증기선이나 육지의 관측소에 서 일하는 사람들의 요구에 따라 보 퍼트 풍력 계급을 좀 더 세밀하게 다듬었고, 그 후 풍력 계급의 표준으로 정착했다. 또한 토네이 도와 태풍* 급 풍력을 평가하기 위해 등급 13에 서 17이 추가되었다. 오늘날 보퍼트 풍력 계급에 서 태풍의 등급은 12에서 16까지에 해당한다.

국립 해양 대기청(NOAA) 소속의 함선 델 라웨어 II(Delaware II)가 공해를 항해 중이 다. 흰 물결이 이는 것은 풍속이 높음을 의미한다.

보퍼트 풍력 계급표

등급 0	고요(Calm)
등급 1	실바람(Light Air)
등급 2	남실바람(Slight Breeze)
등급 3	산들바람(Gentle Breeze)
등급 4	건들바람(Moderate Breeze)
등급 5	흔들바람(Fresh Breeze)
등급 6	된 바람(Strong Breeze)
등급 7	센 바람(Near Gale)
등급 8	큰 바람(Gale)
등급 9	큰센바람(Strong Gale)
등급 10	노대바람(Strom)
등급 11	왕바람(Violent Strom)
등급 12	싹쓸바람(Hurricane)

보퍼트 풍력 계급은 오늘날에도 사용된다. 나중에 이 계급표를 태풍을 포함시키기 위해 확장되었다.

습도의 측정

수증기는 대기권 전체의 질량에 비해 그 양이 매우 적으며 그것도 대부분 대류권, 특히 지표 가까이 고도가 낮은 곳에 집중되어 있다. 지상에 안개가 발생할 때 해당 지역을 덮고 있는 기단air mass에서 수증기가 차지하는 양은 3–4 %에 이른다.

또한 수증기는 매우 중요한 온실 기체이다. 수증기는 지구가 복사하는 열을 가두어 지표를 따뜻하게 하는 데 큰 역할을 한다. 이것은 누구나 쉽게 경험할 수 있다. 일반적으로 구름이 많은 날이 맑은 날보다 더 포근하며, 같은 온도에서도 건조한 날보다 습한 날이 더욱 덥게 느껴진다.

뿐만 아니라 수증기는 물로 상태 변화를 할 때 기화열을 내놓고, 그 반대일 때는 열을 흡수하여 기상 변화를 일으키는 데 큰 역할을 한다.

모발과 습도계에 관하여 로버트 훅이나 레오나르도 다 빈치를 비롯한 여러 과학자들이 공기의 습도를 측정하는 실험을 하였다. 그러나 실제로 사용이 가능한 습도계를 발명한 사람은 스위스의 지질학자 겸 식물학자 겸 기상과학자였던 드 소쉬르Horace Bénédict de Saussure, 1740–1799였다. 그는 사람의 머리카락이 수분을 잘 흡수한다는 사실을 알게 되었다. 뿐만 아니라 사람의 머리카락은 수분을 흡수하면 길이가 늘어나고 마르면 줄

위 자욱한 안개는 육안으로 대기의 습도 상태를 알게 해주는 지표가 된다.
가운데 18세기에 공기의 습도를 측정하기 위해 발명된 휘돌이 건습계(sling psychrometer)이다.
아래 모발은 젖으면 길이가 늘어난다. 드 소쉬르는 이 점에 착안하여 모발 습도계를 발명했다.

어드는데 그 비율이 일정했다. 드 소쉬르는 기름기가 제거된 머리카락으로 길이에 따라 습도를 표시하는 모발 습도계hair hygrometer를 발명했다. 모발 습도계는 지금도 유용하게 사용되고 있으며, 집에서 간단한 형태로 만들어 사용할 수도 있다.

19세기부터 기상과학자들은 건습계 psychrometer, 접두사 psychro- 는 춥다라는 의미를 가진 그리스 어에서 유래를 주로 사용했다. 그리고 오늘날 가정에서 간편하게 사용하는 건습구 습도계 wet and dry bulb thermometer도 가끔 사용한다.

수영장에 들어갔다가 나와 본 사람들은 습도가 낮은 곳에서 몸이 빨리 마르고, 이에 따라 체온이 내려가는 정도도 빠르다는 것을 몸으로 경험해 보았다. 습도계는 이러한 원리를 이용하여 만든다. 집이나 학교에서 흔히 사용하는 건습구 습도계가 대표적이다. 건습구 습도계는 나무나 플라스틱으로 만든 얇은 판에 두 개의 수은이나 알코올 온도계가 장착된 것이다. 한 온도계의 구 bulb, 끝부분에 동그란 부분는 물기를 머금은 천이나 종이로 감싼다. 그리고 나머지 한 온도계의 구는 그대로 둔다. 시간이 지나면 천에 감싼 온도계의 구는 물이 기화하면서 열을 빼앗기므로 나머지 온도계의 온도값보다 낮아지는데, 건조할수록 물이 많이 증발하므로 그 온도 차이가 커진다. 이와 같이 두 온도계의 온도 차이를 이용하여 습도를 나타낸 것이 건습구 습도계이다.

반면에 휘돌이 건습계를 사용하기 위해서는 판의 한쪽에 있는 체인과 손잡이를 잡고 장치를 빙글빙글 돌려야 한다. 증발 현상 때문에 습구 wet bulb가 장착된 온도계는 건구 dry bulb가 장착되어 있는 온도계보다 빨리 온도가 내려간다. 두 온

도계 사이의 온도 차이는 주위 공기의 상대 습도 relative humidity로 나타낼 수 있다. 차이가 큰 것은 빠른 증발 속도를 의미하며 낮은 상대 습도에 해당한다. 반면에 온도 차이가 나지 않는 것은 공기가 습기로 가득 차 포화 상태에 있음을 의미한다.

사막의 공기는 무척 덥고 매우 건조하다. 기온이 비슷한 사막의 습도와 열대 우림 지역의 습도를 비교해 보자.

습도란 무엇인가?

라디오나 텔레비전에서 일기 예보를 할 때 '상대 습도'가 얼마인지 말해 준다. 상대 습도란 정확히 무엇을 의미할까? 무엇에 빗대어 상대적이라는 걸까? 그렇다면 '절대 습도'는 존재하고 그 의미는 무엇일까?

절대 습도는 주어진 부피에서 공기 속에 들어 있는 실질적인 수증기의 양을 말한다. 일반적으로 세제곱미터당 그램(grams per cubic meter) 단위로 표시된다. 하지만 이 수치 자체는 큰 의미가 없다. 왜냐하면 공기를 포화시키는 데 드는 수분(물 또는 수증기)의 양은 온도에 따라 큰 차이를 보이기 때문이다. 따뜻한 공기는 차가운 공기보다 훨씬 많은 양의 수분을 담을 수 있다. 이것이 바로 겨울 날씨가 건조해지는 이유이다. 하지만 따뜻한 공기라고 모두 많은 양의 수분을 포함할 수 있는 것은 아니다. 예를 들어 사막을 생각해 보면 알 수 있다.

상대 습도는 주어진 온도에서 공기에 실제로 들어 있는 수증기의 양을 그 온도에서 공기가 완전히 포화 상태에 이르렀을 때 담을 수 있는 수증기의 양으로 나눈 것이다. 그러므로 상대 습도는 공기에 들어 있는 수증기의 양이 같더라도 온도에 따라 습도가 달라지는 것이다.

일반적으로 사람들은 상대 습도가 대략 50–70 %일 때 편안함을 느낀다. 상대 습도가 80–90 %에 이르면 불쾌감을 느끼게 되는데 장마철의 무더운 날씨가 이에 해당한다. 5–10 %밖에 안 되는 상대 습도도 사람을 불편하게 만든다. 이런 습도에 오래 노출되어 있으면 점막이나 피부가 건조하여 갈라지기 때문이다.

강우량이 매우 적고 습도가 낮은 지역의 땅은 건조하여 사진처럼 갈라진다.

기상의 전산화

1900년에 들어서 기온을 측정하는 온도계, 기압을 측정하는 기압계, 풍속과 풍향을 측정하는 풍속계 그리고 습도를 측정하는 습도계 등이 표준화되었다. 게다가 19세기 말에 주요 국가들이 정보들을 서로 비교하고 공유할 수 있도록 장치들의 눈금을 정하는 것과 측정 절차들에 대해 국제적 합의를 했다.

하지만 개별적인 기상 관측 결과들은 극히 지역적이었다. 다가올 기상 변화나 기상과 기후의 전체적인 패턴에 대해서는 파악하기 어려웠다. 그런데 기상과학자들이 기상에도 큰 패턴과 움직임이 있다는 것을 곧 알게 되었는데 그것은 전보 통신의 발달과 컴퓨터의 등장 때문이었다.

전보와 기상
1844년 5월 24일, 사무엘 모스 Samuel F. B. Morse는 볼티모어 Baltimore와 워싱턴 D.C. 사이에 연결된 최초의 전선을 보고 '하느님이 얼마나 위대한 일을 하셨는가?' 라는 글을 보냈다. 그 후 5년이 지난 1849년 스미스소니언 협회 Smithsonian Institution의 창립자이며 물리학자이기도 했던 조셉 헨리 Joseph Henry는 전보 회사들에게 지역의 기상 정보를 무료로 전송하도록 설득했다. 스스로 전보 통신의 선구자라고 말했던 헨리는 뉴욕 주 알바니에 위치한 알바니 아카데미 Albany academy에서 물리학 교수로 활동하던 시기부터 기상학에 많은 관심을 가지고 있었다. 헨리는 뉴욕 주 전체의 기상 관측 보고를 수집했다. 또한 미국의 폭풍우들이 대체로 서에서 동쪽으로 이동한다는 사실을 알아냈다. 그는 전보를 이용해 사람들에게 다가올 폭풍을 미리 알려 줄 수 있을 것이라고 생각했다.

비슷한 시기에 헨리는 미국 전역에 기상 관측소 네트워크를 만들기 시작했다. 1850년대 말

위 캘리포니아 멘도시노 곶(Cape Mendocino)에 있는 군 통신 기관의 사진이다. 1888년에 촬영한 것이다.
가운데 1879년에 촬영한 스미스소니언 협회의 창립자 조셉 헨리의 사진이다. 그는 기상학의 개척자이기도 하다.
아래 왼쪽 대규모 디지털 방식으로 프로그래밍이 가능한 최초의 컴퓨터였던 에니악(ENIAC, electronic numerical integrator and computer)의 사진이다. 컴퓨터의 출현은 정확한 일기 예보를 향한 길을 닦아 주었다.
아래 오른쪽 1930년에 촬영한 유타(Utah) 주의 그랜저(Granger)에 위치한 합동 기상 관측소의 사진이다.

에는 뉴올리언스New Orleans에서 뉴욕까지 약 500개의 기상 관측소들이 생겼다. 기상 관측소에서는 매일 전보를 이용하여 해당 지역의 기상 상태를 보고했다. 헨리는 그 정보를 모아 미국 전 지역의 대기 상태를 한눈에 볼 수 있는 기상도를 제작했다. 헨리가 제작한 기상도는 지역의 기상 상태를 다양한 색의 기호로 표시하였다. 흰색은 따뜻한 날씨, 파란색은 눈, 검은색은 비, 갈색은 흐린 날씨를 의미했다. 또한 바람의 방향은 화살표로 표기했다. 현재 이 지도는 스미스소니언 협회에 보관되어 있다.

헨리는 1857년 5월부터 20개 도시의 신문에 일기 예보들을 싣기 시작했다. 헨리의 일기 예보를 실은 신문은 〈워싱턴 이브닝 스타 Washington Evening Star〉였다. 이 신문은 일기 예보를 실은 최초의 신문이 되었다.

1965년 기상과학자가 IBM 7090 전자 컴퓨터실에서 일하고 있다. 이 컴퓨터들은 기상 예측, 분석 및 연구에 필요한 기상 자료를 빠른 속도로 처리했다.

스미스소니언 협회의 기상 연구는 남북 전쟁으로 잠시 중지되었다. 1870년 미 국회에서는 기상과 폭풍에 대한 예보의 책임을 미국 군 통신 기관U.S. army signal service으로 넘겼다. 4년 후 군 통신 기관은 자원 관측소의 시스템마저 넘겨받았다. 그러나 1891년 군 통신 기관에서 담당했던 기상 관측과 연구 기능은 새로 설립된 미국 기상 관청U.S. weather bureau으로 이전되었다. 이 기관은 나중에 미국 국립 기상국이 되었다.

기상의 전산화 1903년 노르웨이 물리학자 겸 기상과학자 빌헬름 비에르크네스Vilhelm Bjerknes, 1862-1951는 일기 예보를 하기 위해 계산기를 적극 활용하기 시작했다. 그는 계산기를 잘 활용하면 관측 결과를 기상 예측 이론에 반영하는 일이 가능할 것이라고 믿었다.

비에르크네스의 기상 분석 방법을 적극적으로 반영하고 실험을 한 최초의 과학자는 영국의 수리 물리학자 루이스 리처드슨Lewis Fry Richardson, 1881-1950이었다. 제1차 세계 대전 이후 리처드슨은 날씨를 예측하기 위한 연산화 기법algorithmic scheme을 창안하여 오늘날 수치 해석으로 알려진 기상 분석의 기반을 다졌다. 하지만 한 가지 큰 문제점이 있었다. 그것은 당시의 계산기들이 너무 느려서 거의 쓸모가 없었다. 실제로 리처드슨이

이 기법을 적용하려고 했을 때 6시간 후의 날씨를 계산하기 위해서는 약 6주의 시간이 걸렸다. 그래서 다른 기상과학자들은 전산 기법을 활용하여 날씨 예보를 하는 일은 매우 비현실적이라는 생각을 하게 되었다.

제2차 세계 대전 당시 정확한 기상 정보는 군사적으로 매우 가치가 큰 것으로 간주되었다. 이 무렵 천공카드punched-card를 이용한 컴퓨터들이 기상 예측에 실용적인 도구로 활용되었다. 그래서 이전에 비해 컴퓨터의 연산 속도가 매우 빨라졌다. 실제로 헝가리 출신의 수학자 존 폰 노이만John von Neumann, 1903-1957은 프린스턴 고등 연구소에서 고성능 전자 컴퓨터를 이용하여 대기권에서 일어나는 공기의 운동을 정확하게 예측할 수 있음을 증명하였다. 1960년대 이후 컴퓨터는 기상학에서 없어서는 안 될 중요한 도구가 되었다.

위에서 내려다본 지구

1960년대 기상 위성의 출현은 기상학과 기후학의 비약적인 발전을 가능하게 했다. 과학자들은 전 지구적인 기상의 변화를 실제로 관측할 수 있었다. 이 일은 실제적인 일기 예보를 가능하게 했고, 대기 역학에 대한 이론적 이해를 향상시켰다.

위성으로 본 날씨 미국 국립 항공 우주국NASA

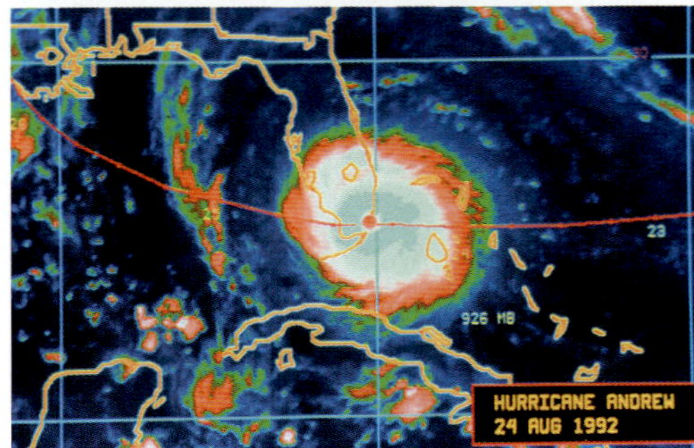

위 2005년에 발사된 극궤도 환경 위성 NOAA-18의 그림이다. **아래** 기상 위성에서 적외선을 이용하여 찍은 사진이다. 1992년 8월 23일 플로리다 남부를 강타한 허리케인 앤드류(Andrew)의 접근을 보여 주고 있다.

이 최초로 띄우는 데 성공한 기상 위성은 1960년에 발사한 타이로스-1 TIROS-1이었다. 타이로스-1은 78일 동안 작동하였으며 그 후에 추진된 님버스Nimbus 프로그램의 초석이 되었다.

오늘날 미국의 기상 위성들은 미국 국립 해양 대기청NOAA에 의해서 운영되고 있다. 그리고 중국, 인도, 일본, 러시아 및 유럽 국가들은 스스로의 기상 위성들을 띄우고 운영한다. 또한 기상 위성으로 얻은 이미지 정보를 다른 나라와 교환하고 있다. 이와 같은 기상학적인 국제 협력 체제는 기상을 더 완벽하게 이해할 수 있도록 해준다. 기상 위성은 구름에 대한 정보만 다루는 것이 아니다. 기상 위성들은 산불, 모래 폭풍, 적설량, 유빙, 해류 경계선, 홍수, 화산재 구름, 석유 유출, 초목의 변화 등 기상에 영향을 미치는 수많은 환경 요인들을 관측하고 측정한다. 기상 위성들은 가시광선을 통해서만 지구를 관측하는 것이 아니라, 열적외선 및 기타 파장 영역을 통해서도 관측을 한다. 과학자들은 기상 위성을 통해 얻은 이와 같은 정보들을 분석한다. 그래서 구름 높이와 유형, 지면 및 해수면의 온도 등을 파악하여 기상 변화를 분석하고 예보한다.

1960년에 발사된 최초의 성공적인 기상 위성 타이로스-1의 사진이다.

기타 목적들 기상 위성은 2가지 궤도 중 임무의 목적에 따라 나누어서 띄워진다. 먼저 태양 동주기 궤도 sun-synchronous orbit는 지표에서 약 850 km의 높이로 상대적으로 낮은 고도이다. 이 궤도를 도는 위성은 북극과 남극을 잇는 극궤도 circular polar orbit에서 공전한다. 지구는 자전하므로 이 위성들은 지구의 어디든 하루에 두 번 지나가게 된다. 극궤도를 도는 기상 위성은 지구의 전체적인 표면을 섬세하게 관찰할 수 있어 매우 유용하다. 극궤도를 선회하는 위성들은 대기권의 온도와 습도를 측정한다.

나머지 하나는 지구 정지 궤도 geosynchronous orbit이다. 이 궤도는 지표에서 약 35,000 km 떨어진 아주 높은 곳에 위치하고 적도와 나란하다. 이곳에 띄워진 기상 위성은 하루에 한 번씩 자전하는 지구를 따라 같은 속도로 공전하므로 지구의 한 지점 위에 거의 일직선으로 위치한다. 이 궤도에 있는 위성은 지구의 3분의 1밖에 보지 못하므로 지구 전체를 관측하기 위해서는 3대의 정지 궤도 위성이 필요하다.

눈에 보이지 않는 것의 관측 기상 위성들은 관측하기 어렵거나 매우 넓은 범위의 기상 현상들을 모니터 할 수 있다. 예를 들어 기상 위성들은 전 세계의 다양한 기상 변화에 깊이 관여하고 있는 엘니뇨 El Niño와 라니냐 La Niña 현상을 모니터 할 수 있다.

최초로 남극 상공의 오존층이 얇아져서 형성된 오존 구멍의 존재를 파악한 것도 기상 위성이었다. 오존 구멍은 남반구의 동물들에게 발생하는 기형의 원인으로 밝혀졌고, 인간에게는 피부암과 같은 질환을 일으키는 잠재적인 위험 요소로 부각되었다.

오늘날 과학자들은 오존층 파괴의 원인으로 인간이 공장에서 생산한 화합물인 클로로플루오로카본 chlorofluorocarbon, CFC, 프레온 가스라고도 함을 지목하였다. 이 물질은 1980년대까지 캔이나 냉장고의 냉매로 전 세계에서 사용했던 화합물이다.

1991년 쿠웨이트에서 철수하던 이라크 병사들이 700개 이상의 유정 oil well에 불을 붙였다. 이 화재는 몇 달 동안 지속되면서 수백만 갤런의 기름을 태웠고, 페르시아 만 해안에서부터 사우디아라비아까지 연기를 뻗쳤다. 과학자들은 이런 연기가 지역 기후에

1980년대 에어로졸 캔들에서부터 제거되기 시작한 클로로플루오로카본은 오존층 구멍의 형성에 기여한 것으로 추정된다.

미칠 영향에 대해 깊이 걱정했다. 그래서 랜드샛-5 TM Landsat-5 thematic mapper으로 사진을 촬영했고, CAR Cloud Absorption Radiometer라는 기계가 탑재된 C-131A 항공기는 직접 연기 속으로 들어가 정보 수집 활동을 했다. 위성 사진과 항공기가 얻은 정보를 분석한 결과 해당 지역의 공기 오염이 심하다는 것을 알 수 있었다. 이 연구는 대규모 화재가 기상에 어떤 영향을 주는지를 연구하는 데 토대가 되었다.

1991년 이라크 병사들이 저지른 쿠웨이트 유정의 화재를 찍은 랜드샛-5 TM 기상 위성 사진이다. 화염이 사우디아라비아까지 뻗쳤다.

기상 데이터 구축

지금은 기온, 기압, 습도, 강우량, 풍향, 풍속 등의 기상 관측 자료들이 주로 무인 기상 관측소와 해양 관측 부이ocean buoy, 부표 등에 의해 자동으로 기록된다. 또 기상 현상들을 관측하고 탐지하는 새로운 첨단 기계들 덕분에 더욱 많은 자료들을 얻게 되었다. 덕분에 기상과학자들은 지구에서 일어나고 있는 기상 변화를 더욱 정확하게 파악할 수 있게 되었다.

위 기적 소리는 기차가 멀어질 때보다 다가올 때 더욱 크다. 이런 현상을 도플러 효과라고 하며 기상 관측의 원리로 이용된다. **아래** 라디오존데를 띄우는 장면을 찍은 오래된 사진이다.

라디오존데 헬륨이나 수소 기체를 가득 채운 라디오존데는 기상 관측기구weather balloon로 널리 이용되고 있다. 과학자들은 라디오존데radiosonde에 대기권의 풍속, 풍향, 습도, 온도와 기타 기상 현상을 측정하는 기계를 매달아 하늘 높이 띄운다. 라디오존데는 대기권으로 서서히 상승하면서 극궤도 위성들보다 더욱 상세한 기상 정보들을 측정하여 송신한다.

라디오존데는 기압이 너무 낮아 기구가 터지게 되는 높이에 도달하면, 관측 기계들은 낙하산을 타고 지표면으로 떨어진다. 관측 기계에 부착되어 있는 안내서에는 이 기계들을 발견하면 그것을 띄운 기상 관측소로 보내달라는 부탁의 글이 담겨 있다. 또한 관측 기계가 떨어진 지점의 위도나 경도를 파악하는 일도 중요하다. 이 위도와 경도는 대기권 높은 곳에서 부는 바람에 대한 중요한 정보를 제공하는 단서가 되기 때문이다.

남극의 기상학 연구소에서는 라디오존데를 정기적으로 띄운다. 그리고 로켓을 발사하기 전 발사 지점 위의 난기류를 파악하기 위해서 라디오존데를 띄우기도 한다.

기상 레이더 제2차 세계 대전 무렵에 레이더가 발명되었다. 레이더는 어두운 밤이나 구름이 가득 낀 날에도 독일군 전투기가 접근하는 것을 탐지하여 연합군이 전쟁에서 승리하는 데 크게 기여했다.

기상 레이더의 원리는 매우 단순하다. 관측소에서 전파를 보내고, 반사되어 돌아오는 전파를 분석하면 되기 때문이다.

레이더 기술의 발달로 사진에 보이는 메서슈미트(Messerschmitt Bf 109E4) 독일 전투기들의 접근을 탐지할 수 있게 되었다. 덕분에 제2차 세계 대전에서 연합군이 승리할 수 있었다.

레이더를 이용한 기상 관측에서 가장 중요한 것은 적절한 주파수를 사용하는 것이다. 적절한 주파수를 사용해야 빗방울이나 우박과 같은 강수의 크기와 성질을 정확하게 파악할 수 있기 때문이다. 회전하는 안테나로 반사의 방향을 알아내면 구름이 앞으로 어느 쪽으로 이동하는지를 알 수 있다. 또한 전파를 발사하고 그 전파가 구름에 반사되어 돌아오기까지의 경과 시간을 알면 구름이 있는 위치와 관측소와의 거리를 알 수 있다. 반사되어 돌아오는 시간이 길수록 구름의 위치는 멀다. 그리고 반사되어 오는 전파의 폭을 알면 전선의 범위를 알 수 있다. 또 반사된 전파의 강도는 구름의 밀도와 양을 알려 주어 앞으로 비나 눈이 얼마나 올지 알게 해준다.

도플러 레이더를 이용하면 관측소에서 보낸 전파와 반사되어 돌아오는 전파의 속도 차이를 판단할 수 있다. 반사되어 돌아오는 전파의 주파수가 원래 보낸 전파의 주파수보다 높으면 구름이 접근하고 있음을 의미하고, 만약에 주파수가 낮으면 구름이 멀어지고 있음을 의미한다. 이런 원리는 멈춰 있거나 멀어지는 기차의 기적 소리보다 다가오는 기적 소리가 더 크게 들리는 원리와 같다.

기상 수치 예측 기상과학자들은 기상 관측 자료들이 모이면 이를 수학적 모델에 대입하여 계산한다. 이때 과학자들은 기상 컴퓨터 시뮬레이션인 기상 수치 예측 모델을 사용한다. 확보된 기상 관측 자료를 열역학과 유체 역학이 밝혀낸 원리에 적용하여 앞으로 대기권의 상태에 대해 예상을 한다. 이런 과정은 아이가 어른이 되었을 때 얼굴 모습이 어떻게 변하게 되는지를 컴퓨터가 계산해서 알려 주는 원리와 비슷하다.

유체의 움직임을 나타내는 방정식은 매우 복잡하다. 이렇게 복잡한 방정식에 수치를 대입하여 계산하는 일을 하기 위해서는 연산 속도가 빠른 슈퍼컴퓨터가 필요하다. 슈퍼컴퓨터를 이용하여 기상 수치 예측 모델을 산출해 기상 예보의 기초 자료로 활용하고, 기상과학자들은 이것을 바탕으로 예상 일기도를 작성하여 텔레비전이나 인터넷을 통해 일반인들에게 일기 예보를 한다.

하지만 이 모든 일을 슈퍼컴퓨터에만 의지하는 것은 아니다. 인간은 슈퍼컴퓨터의 산출 결과를 해석하고 단기 기상 예보를 한다. 또한 인간은 컴퓨터에 입력되지 않은 지역의 기상 정보를 활용한다. 보다 정확한 일기 예보가 가능하게 된 것은 분명히 관측 기술의 놀라운 발전이 있었지만 여전히 인간의 직관과 해석이 중요한 역할을 한다.

1831~1836년 다윈이 탔던 비글호의 그림이다. 이 배의 선장이며 기상과학자이기도 했던 피츠로이는 '일기 예보'라는 표현을 처음으로 사용했다.

일기 예보의 아버지

'일기 예보'라는 표현을 처음으로 사용한 사람은 다윈(Charles Darwin)과 탐사선을 타고 전 세계를 돌아다녔던 영국 해군 함정 비글호의 함장 피츠로이(Robert FitzRoy, 1805~1865)였다. 보퍼트 밑에서 기상학을 배웠던 피츠로이는 최초의 휴대용 기상 관측기를 발명하기도 했고, 다윈을 태운 항해에서 보퍼트의 풍력 계급을 처음 사용한 것으로 보인다.

피츠로이는 육지에 있을 때는 전보 통신을 활용하여 영국 전역의 기상 관측 결과들을 모았고, 기상도를 개발하여 기상 예보에 크게 기여했다. 실제로 피츠로이는 '일기 예보'라는 용어를 최초로 사용했다.

1860년 〈런던 타임스〉에 최초로 일일 일기 예보도 실었다. 그 이듬해 피츠로이는 큰 바람이 예상될 때 폭풍우 경보용 원뿔형 표지를 주요 항구에 표시하는 시스템을 도입하기도 했다.

미국 동부에 사는 어떤 사람은 바람이 세게 불고, 하늘색이 짙은 황색으로 변하면 폭풍이 곧 다가올 것임을 예상한다. 또 샌프란시스코의 어떤 관측자는 공기 중의 습기를 느끼면 오후에 안개가 형성될 것을 예상한다.

관절이 쑤시는 현상 등을 이용해 날씨를 예측하는 등 꾸준히 발전해 왔지만, 여전히 인간의 다섯 가지 감각이 중요한 역할을 하고 있는 것이다.

우주와 지구의 날씨

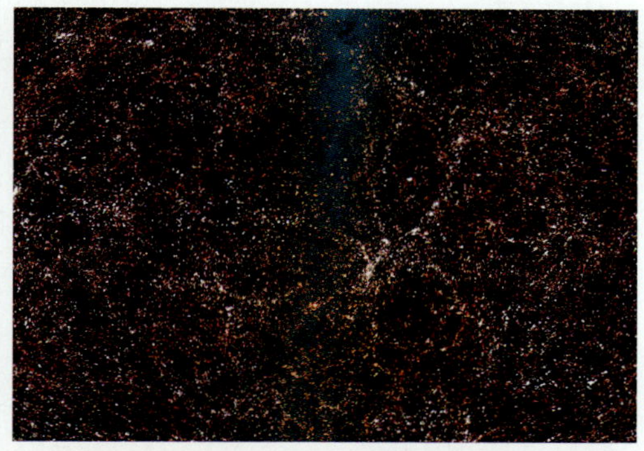

왼쪽 우주에서 본 지구이다. NASA에서 만든 이 이미지는 두 개의 위성에서 받은 데이터를 조합하여 만든 것이다.
위 은하수 너머에 분포하는 은하들의 천체 사진을 합성한 것이다.
아래 버지니아의 단풍나무들은 가을에 화려한 색으로 변한다. 계절의 변화는 지구가 기울어진 채로 태양을 공전하기 때문에 생긴다.

지구의 다양한 날씨 변화는 태양에서 쏟아져 나오는 복사 에너지와 관련이 매우 깊다. 만약에 지구가 지금보다 태양으로부터 더욱 멀거나 가까웠다면 또는 태양이 지금보다 더욱 고온이나 저온의 별이었다면, 지구는 금성이나 화성처럼 사람이나 동식물이 살 수 없는 환경이 되었을 것이다.

지구의 대기권은 단열판과 같은 작용을 하여 해로운 고에너지 자외선과 X선은 막아 준다. 반면에 가시광선이나 적외선은 통과시켜 주고 일정 부분 가두는 역할을 하여 지구를 따뜻하게 해준다. 이와 같은 대기권의 단열 효과는 지구의 기온을 일정하게 유지시켜서 인간과 동식물이 지구에서 생존할 수 있도록 해준다. 대기권이 거의 발달하지 않은 달의 낮과 밤의 기온 차이가 매우 심한 것을 보면 지구 대기권의 단열 작용이 얼마나 중요한지 알 수 있다.

어떤 기상 현상들은 지구의 독특한 천문학적 특성 때문에 생긴다. 예를 들어 제트 기류와 탁월풍은 지구의 자전으로 인해 발생한다. 그리고 계절의 변화는 지구가 기울어진 채로 태양을 공전하기 때문에 생긴다.

지구의 평균 기온과 기후 변화를 수천 년 단위로 나누어 생각해 보면 이들은 지구의 천문학적 위치 변화와 깊이 관련되어 있음을 알 수 있다. 과학자들은 소행성이 적어도 한 번은 지구와 충돌했으며, 그 충돌로 발생한 기후 변화가 중생대 말기에 공룡과 많은 종류의 생물을 멸종하게 만들었을 것으로 짐작한다. 이 멸종 사건은 지구에서 일어나는 크고 작은 사건들이 모두 우주와 관련되어 있음을 상징적으로 보여 준다.

태양과의 관계

지구는 태양으로부터 에너지를 받기도 하고 우주로 에너지를 방출하기도 한다. 이러한 에너지의 교환과 균형은 가계 예산에 비유할 수 있다. 월급태양 에너지을 받으면 이것은 비용지구의 복사 에너지으로 지출된다. 대부분의 가계에서 안정된 소득이 중요하듯이, 안정된 태양 에너지는 지구의 안정된 기후에 필수적이다. 그런데 태양은 얼마나 안정적일까?

천문학적으로 태양은 매우 안정된 상태에 있는 중년의 왜성이다. 태양은 크지도 작지도 않고, 늙었거나 젊지도 않고, 또 밝거나 어둡지도

미국 화가 에마뉴엘 고틀립 로이체(Emanuel Gottlieb Leutze)가 1851년에 그린 것으로 '조지 워싱턴(George Washington)이 델라웨어(Delaware) 강을 건너는 모습'이다. 이 그림은 1776년 델라웨어 강이 얼어붙었던 모습을 담고 있다. 그러나 오늘날 델라웨어 강은 잘 얼지 않는다.

위 태양의 표면을 자외선으로 촬영한 사진이다. 흑점 주변을 볼 수 있다.
아래 태양의 흑점 활동은 약 11년 주기이며 지구의 기후에 큰 영향을 미친다.

않은 별이다. 이와 같은 태양의 상태는 우리가 사는 지구에 매우 유리하게 작용한다. 만약에 태양이 지금보다 작거나 어둡거나 덜 뜨거웠다면 지구는 인간이 살기에 너무 어둡고 추웠을지도 모른다. 반대로 태양이 지금보다 조금 더 크고 밝고 뜨거웠다면 태양은 자신이 가지고 있는 핵 연료를 이미 다 사용하고 우주에서 사라졌을지도 모른다. 그러나 다행스럽게도 태양은 수명의 중간 단계에 있으며 앞으로 약 50억 년을 더 살아갈 것이다.

그러나 이와 같이 태양이 안정되어 있다는 것은 태양에 변화가 없다는 것이 아니다. 태양은 여전히 수소를 융합시켜 헬륨을 만드는 펄펄 끓는 뜨거운 기체 덩어리이다. 또한 태양의 표면은 언제나 소용돌이치고 폭발하여 지구로 엄청난 양의 하전 입자를 보내고 있다. 지난 수백 년 동안

수많은 과학자들이 태양의 정체를 연구했으나 아직 우리는 태양을 완전히 이해하지 못한다. 하지만 태양이 지구의 기상에 가장 큰 영향을 끼친다는 사실은 분명하게 알게 되었다.

태양 흑점 주기 태양에서 일어나는 변화 중에서 우리가 가장 잘 알고 있는 것은 대략 11년의 주기로 활동하는 흑점이다. 태양 극소기solar minimum에는 흑점이 거의 생기지 않아 태양 표면은 비어 있는 것처럼 보인다. 그러나 태양 극대기 solar maximum는 검은 점들이 흩뿌려진 것처럼 보일 수 있으며, 어떤 점들은 너무 커서 육안으로도 관찰이 가능하다.

오늘날 천문학자들은 태양 흑점들이 거대한 자기 폭풍 magnetic storm이라는 사실을 알고 있다. 자기 폭풍이란 전하를 띤 기체들이 만든 거대한 태풍과 같은 것이다. 규모는 여러 개의 지구를 삼킬 만큼 크며, 지름이 약 50,000 km에 이른다. 이것은 지구 반지름의 약 8배에 해당하는 크기다.

태양 흑점 주기는 지구에 막대한 영향을 끼친다. 태양 극대기에 위도가 높은 지역의 밤하늘을 보면 희미한 청색, 적색의 오로라가 춤을 추는 것을 볼 수 있다. 태양의 활동이 매우 강력하여 흑점이 많이 생길 때는 오로라가 적도 가까운 지역까지 내려오기도 한다. 오로라는 태양에서 온 하전 입자들이 지구의 자기권에 들어오면서 대기권의 기체 분자들과 충돌하여 발광하는 현상이다. 오로라 현상이 크게 일어날 때는 라디오나 텔레비전의 방송, 그리고 위성의 통신이 중단될 수 있다.

태양 극대기 중의 태양은 태양 극소기 때보다 0.1 % 더 밝게 빛난다. 이런 비율이 그리 높지는 않지만, 지구의 기후에 영향을 미치기에는 충분하다. 태양 극소기도 마찬가지이다.

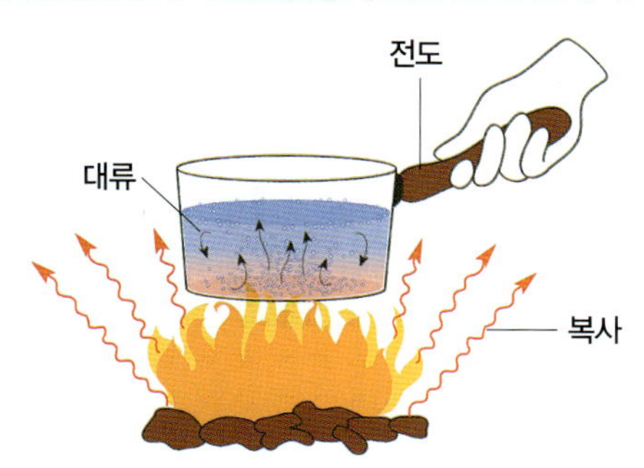

열이 전달되는 3가지 방법을 간단히 나타낸 그림이다. 열원(불)으로부터의 복사, 물 안에서 일어나는 대류 그리고 뜨거운 냄비에서 손잡이로 열을 전달하는 전도이다.

복사, 대류 그리고 전도

열은 복사, 대류 그리고 전도 등 3가지 방법으로 전달된다. 이것들은 모두 기상에서 주요한 요소들이다.

복사는 열을 전달할 때 중간 매질을 필요로 하지 않는다. 복사는 태양 복사 에너지가 우주의 진공을 거쳐 지구까지 전달되는 열전달 방법이다. 지구에서 관찰할 수 있는 복사 에너지의 예는 백열전구에서 나오는 열과 빛이다. 전구는 진공 상태에서도 열과 빛을 전달한다.

복사와 달리 전도와 대류는 열을 전달하는 매질이 필요하다. 전도는 접촉으로 열을 전달한다. 화로 위의 냄비 안에 수저를 한참 두었다가 꺼내면 수저의 손잡이는 만질 수 없을 만큼 뜨거워진다. 전도체로 공기는 좋지 않으며, 물과 바위는 중간에 해당한다.

대류는 끓는 물 안에서 쉽게 관찰할 수 있는 열전달 방법이다. 예를 들어 태양 복사 에너지는 바위를 데우고, 바위는 주위의 공기를 데운다. 따뜻한 공기는 차가운 공기보다 밀도가 작으므로 위로 상승하고, 차가운 공기는 따뜻한 공기보다 밀도가 상대적으로 크므로 밑으로 내려온다. 이와 같은 대류 현상으로 생기는 기류는 대류권의 국지풍에서 대규모 순환까지 다양한 기상 변화의 원인이 된다.

태양의 밝기가 줄어들면 태양 표면에서 흑점이 사라지고, 지구에서는 오로라가 없어졌던 1645년과 1715년 사이의 몹시 추웠던 날씨가 다시 찾아올 수 있다. 태양을 연구하는 과학자들은 태양의 활동과 밝기가 감소했던 이 70년 동안의 기간을 마운더 극소기Maunder minimum라 부른다. 마운더 극소기는 르네상스부터 19세기 중반까지 지속되었던 소빙기 시기와 맞아떨어진다. 이 기간 동안 유럽과 미국의 강들이 꽁꽁 얼어붙었으며, 저위도 지역에서는 눈밭을 한 해 동안 내내 볼 수 있었다. 그리고 농업과 질병의 패턴에 큰 변화가 생기기도 했다. 태양 극소기는 지구의 기온 급강하와 밀접한 관계가 있다. 과학자들은 태양 흑점이 주기적으로 확대되고 축소되는 원인에 대해서 궁금해 하고, 또 태양 흑점 주기가 태양의 에너지 복사와 어떤 관련이 있을까를 연구하고 있지만 아직 정확한 답을 얻지 못하고 있다.

지구 규모로 나타나는 대기 순환

햇빛이 수직으로 내리쬐는 곳의 공기가 가장 많은 열을 받아 빨리 가열된다. 만약에 지구의 자전축이 지금처럼 기울어지지 않았더라면, 또 지구가 자전하지 않는다면 적도 위의 한 점이 가장 많은 열을 받았을 것이다. 그러면 지표 중에서 적도가 가장 더운 곳이 될 것이다. 적도에서 가열되어 밀도가 낮아진 공기는 계속 높이 상승하게 되고, 공기가 상승함에 따라 그 자리는 비게 된다. 이 빈 곳을 채우기 위해 차갑고 밀도가 큰 공기가 이동하고 다시 그 공기가 데워져 위로 상승한다. 이와 같은 공기의 운동으로 지구에는 북반구와 남반구에 각각 1개씩 거대하고 안정된 대류 세포가 형성될 것이다. 각각의 대류 세포 안에서 더운 공기는 적도에서 상승하여 극 지역으로 이동하여 가라앉고, 대신 차가운 공기는 적도로 이동할 것이다.

그러나 지구는 자전축이 기울어진 채로 자전을 하고 있다. 또한 지구는 단단한 고체이므로 위도가 낮은 곳보다 높은 곳에서 회전 속도가 느려 수평력이라는 가상의 힘이 생긴다. 보조 글 '코리올리 효과' 참고 그 결과 지구의 북반구와 남반구에는 각각 3종류의 주요 대류 세포가 형성된다.

해들리 세포 열대와 아열대의 날씨는 적도에서 대류권계면으로 상승하여 극 지역으로 이동하는 고온다습한 공기 덩어리에 의해 조절되는데, 이를 해들리 세포라 한다. 해들리 세포 중 일부는 지표면을 따라 적도로 이동하는데, 이를 무역풍이라 한다.

해들리 순환의 증거는 지구의 위성 사진을 통해 쉽게 확인할 수 있다. 위성 사진을 보면 적도 가까이에서 발달한 따뜻하고 습한 공기가 만드는 적운 무리가 어느 지점에서 상승하는지를 알 수 있다. 아열대 지역 상공의 맑은 하늘은 온도가 낮고 건조한 공기가 어디서 하강하는지를 보여 준다.

실제로 세계의 거대 사막은 대부분 해들리 세포에서 건조한 공기가 내려오는 아열대 위도에 위치한다. 북반구에는 미국 남서 지방의 사막과 사하라 사막이 있고, 남반구에는 대호주 사막과 칠레의 아타카마 사막이 있다.

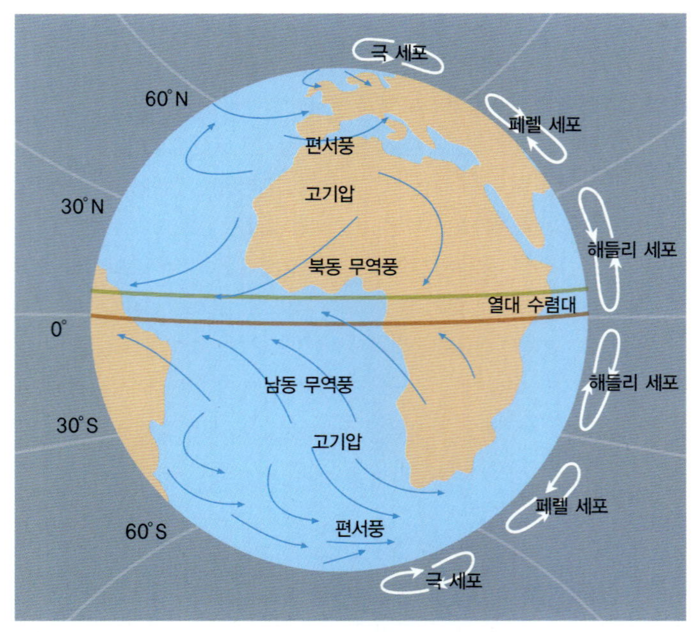

위 아이슬란드 상공에 형성된 저기압 주변의 구름에서 볼 수 있는 이 나선형 무늬는 지구가 자전하기 때문에 생기는 코리올리 힘의 결과이다.
아래 북반구와 남반구에 발달한 해들리 세포, 극 세포, 페렐 세포 등 3종류의 대류 세포를 간단히 그린 것이다.

적도 지역은 양쪽에 해들리 세포를 하나씩 가지고 있는 것이 아니라, 시간이 지나면서 복잡한 방식으로 변화하며 병합하고 분리되는 여러 개의 작은 대류 세포를 갖는다.

극 세포 고위도 지역의 날씨는 극 세포에 의해 조절된다. 비록 열대 지역의 공기보다는 상대적으로 건조하지만, 그래도 대류권 계면으로 상승하여 극으로 이동할 만큼 따뜻하고 습하다. 이 공기가 극 지역에 도달하면 공기는 차고 습한 공기로 변해 밀도가 높아진다. 따라서 아래로 하강하여 극 지역의 지표면을 따라 퍼진다.

극 세포는 코리올리 효과의 영향을 받아 공기는 서쪽으로 휘어져 극동풍polar easterlies을 형성한다. 차고 밀도가 높은 극동풍은 제트 기류의 진로를 결정하는 로스비파Rossby waves를 생성한다.

페렐 세포 해들리 세포와 극 세포는 폐쇄된 순환 세포이지만 중간 위도에 위치한 페렐 세포는 그렇지 않다.

표면 공기의 순운동net movement은 남반구와 북반구 모두 위도 $30-60°$ 사이에서 이루어지는 반면에, 고층에 있는 공기의 이동은 명확하게 정의되어 있지 않다. 이에 대한 부분적인 원인은 그곳에는 대류 현상을 추진할 만한 강력한 열의 근원예컨대 열적도가 해들리 세포에 그런 역할을 하듯이나 강력한 냉기운의 근원예컨대 극 지역들이 극 세포에게 그런 역할을 하듯이 없기 때문이다.

그리고 페렐 세포는 코리올리 효과가 가장 강력하게 일어나는 위도에 위치하고 지표면으로 편서풍prevailing westerlies이 불게 한다. 그 외 여러 가지 바람이 불어 페렐 세포는 종종 '혼합 지대 zone of mixing' 라 불리기도 한다.

돌고 있는 회전 놀이기구 위에서 굴린 공은 놀이기구의 회전 속도에 따라 각도를 달리하며 휘어진다. 이것은 코리올리 효과를 알 수 있는 좋은 예이다.

코리올리 효과

운동 중인 모든 물체는 그 상태를 바꿀 만한 외부의 힘이 주어지지 않으면 진행 방향으로 계속 움직이는 성질이 있는데, 이를 관성이라고 한다. 평평한 바닥에서 공을 굴려보면 쉽게 경험할 수 있다.

그러나 놀이터의 회전 놀이기구 위에서 공을 굴리면 다른 결과를 얻는다. 공의 진로는 휠 것이며 결국 공은 비스듬히 날아간다. 이것은 회전 놀이기구가 하나의 고체로 회전을 하기 때문이다. 회전 놀이기구의 모든 부분은 매초 같은 각도로 회전하지만, 회전의 중심에서 멀어질수록 거리, 즉 각거리는 길어진다.

지구 표면에서도 같은 일이 일어난다. 북극 상공에서 지구를 내려다본다고 상상해 보자. 지표면의 모든 지점들은 24시간에 한 번씩 회전을 한다. 하지만 원주는 적도 근처가 가장 길다. 그 거리는 약 38,600 km에 해당한다. 그러므로 적도의 한 지점은 1,600 km/h보다 조금 더 빠르게 이동한다. 반면에 원주가 상대적으로 짧은 고위도 지방의 한 지점은 이보다 느리게 이동한다. 뉴욕이나 보스턴과 같은 중위도 지점은 약 960 km/h로 이동을 한다. 그리고 위도 $90°$에 해당하는 지점은 그 자리에서 회전할 뿐이다.

이제 뉴욕에서 적도 방향의 남쪽으로 대포를 발사한다고 상상해 보자. 대포와 발사된 대포알은 시간당 960 km 속도로 동쪽으로 이동하게 될 것이다. 하지만 그보다 남쪽의 지점들은 그들의 위도에 따라 더욱 빠른 속도로 동쪽으로 이동할 것이다. 그러므로 대포알이 적도까지 한 시간 안에 날아간다면 뉴욕 남쪽의 적도에 떨어지지 않고 약 640 km 서쪽 지점에 떨어질 것이다. 뉴욕 남쪽의 표적을 정확하게 맞추기 위해서는 실제로 대포알을 발사할 때 의도적으로 동쪽으로 겨냥해야 할 것이다. 이러한 문제 때문에 포병들은 탄도학을 공부한다.

대포를 발사하는 사람의 눈으로 볼 때 대포알이 마치 옆에서 미는 힘을 받아 오른쪽(북반구에서 시계 방향)으로 휘는 것처럼 보인다. 이 힘은 실제로 작용하는 힘처럼 보이지만 가상의 힘이다. 이 힘을 발견한 19세기 프랑스 과학자의 이름을 따서 코리올리 힘이라 불린다. 코리올리 힘은 태풍과 같은 대규모 기상 현상에서 이동 경로와 회전 방향을 정하는 중요한 변수가 된다.

세계의 바람

대류 세포는 지구의 자전 효과로 지구 규모의 큰 바람을 만든다. 극동풍, 편서풍, 무역풍 그리고 제트 기류 등이 바로 그것들이다. 극동풍, 편서풍, 무역풍 등 세 바람은 바다를 항해하는 선원들에게 매우 중요했던 지상풍surface winds들이다. 그리고 마지막에 그 존재가 알려진 제트 기류는 고층에서 부는 바람으로 현재 항공기 조종사들에게 매우 중요하다.

극동풍 기온이 낮은 극동풍은 극 지역에서 바깥쪽으로 불어 나가는 지상풍으로, 남반구나 북반구의 고위도 지방에서 형성되는 바람이다. 극동풍이 멕시코 만류를 따라 북쪽으로 이동하는 고온다습한 바람을 만나면 강력한 폭풍우를 동반하는 뇌우를 형성한다. 심지어 어떤 경우에는 북

위 조용한 바다 위에 떠 있는 요트의 사진이다. 이런 상태를 종종 '정체 상태(the doldrums)'라고도 한다. 남반구와 북반구에서 마주 보고 부는 무역풍이 수렴되는 곳에 요트가 들어가면 이런 일이 일어난다.
아래 가을이 다가오면 극 제트 기류는 남쪽으로 이동하여 미국 상공까지 내려온다.

위 60°에 위치한 북미 지역에서 토네이도를 발생시키기도 한다.

제트 기류 제트 기류는 대류권 계면 바로 아래 구간에서 형성되는 좁은 폭의 강력한 바람의 흐름이다. 일반적으로 제트 기류는 고온의 바

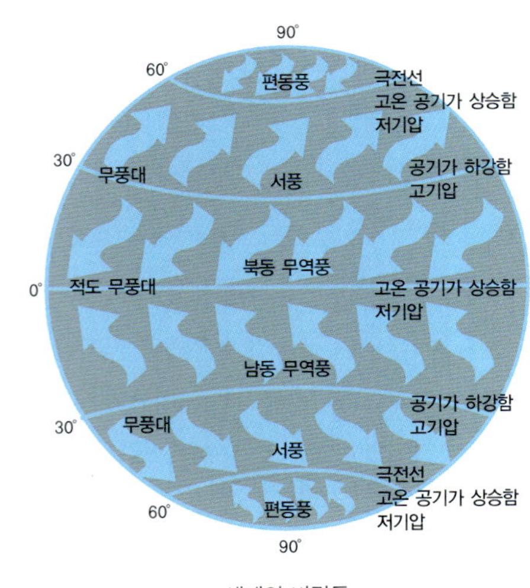

세계의 바람들

람과 저온의 바람 사이의 경계에서 형성되어 서쪽에서 동쪽으로 이동한다. 북반구와 남반구 상공에서 일 년 내내 관측된다. 제트 기류의 중심에는 소위 '극 제트polar jet 기류'라고 부르는 바람이 형성되기도 하는데 이 바람은 주로 북위 또는 남위 50°–60° 사이에서 페렐 세포와 극 세포가 만나는 지점에서 찾아볼 수 있다. 극 제트 기류는 가끔 북위나 남위 30°–70° 사이 구간에서 곡류하기도 한다.

한편 열대의 공기와 극 지역의 공기 사이에 온도 차이가 심한 겨울에는 페렐 세포와 해들리 세포가 수렴하는 지점인 북위 또는 남위 20°–50° 사이 구간에서 2번째 제트 기류라고 할 수 있는 '아열대 제트 기류 subtropical jet'가 형성된다.

두 제트 기류 모두 약 6–15 km 사이의 다양한 높이를 가진다. 또한 이동 속도는 약 442 km/h에 이르는데, 이것은 고속도로를 달리는 자동차의 약 4배에 해당하는 속도이다. 제트 기류는 곡류 구간에서 조금 더 빨라지거나 느려지기도 한다.

제트 기류는 기온 차이에 따라 움직이는 경로가 조금씩 다르다. 북아

무역풍들의 수렴 지역인 열대 수렴대(ITCZ)는 지구의 적도 부근에 위치한다. 사진에서 적도와 나란하게 수평의 구름 띠를 이루고 있는 것을 보면 잘 알 수 있다. 이 지역에서는 뇌우가 자주 발생한다.

메리카의 경우 제트 기류는 여름에 북쪽인 캐나다로 이동했다가 가을이 다가오면 미국 상공으로 다시 돌아온다. 그래서 차가운 공기를 이동하는 데 큰 역할을 한다. 또한 제트 기류의 경로는 지표면 가까이에서 저기압cyclone 주위에서 발생하는 폭풍의 방향에 큰 영향을 준다. 또한 제트 기류는 토네이도를 생성하는 폭풍 시스템의 일종인 슈퍼셀supercell을 생성하는 데도 큰 역할을 한다. 그러므로 제트 기류의 움직임을 모니터하는 것은 기상 예보에서 매우 중요한 일이다.

편서풍 편서풍은 북위와 남위 30°-60° 사이의 중위도 지방에서 부는 바람으로, 페렐 세포의 아랫부분의 바람이다. 페렐 세포가 지면과 접하는 곳에서 부는 편서풍은 남반구와 북반구 모두에서 극 지역으로 향하는데, 코리올리 효과 때문에 바람의 방향이 서에서 동쪽으로 바뀌게 된다. 그러나 편서풍의 방향은 페렐 세포에 영향을 주는 다양한 요소들 때문에 무역풍보다는 바람 방향의 일관성이 부족하다. 하지만 미국과 캐나다 그리고 우리나라의 기상 변화에 결정적인 역할을 한다. 왜냐하면 서쪽의 기상을 동쪽으로 이동시키는 일을 하기 때문이다. 특히 편서풍을 중간에 막을 만한 지형이 없는 남반구에서는 편서풍이 매우 강력하게 발달한다.

무역풍(편동풍) 무역풍은 북반구나 남반구에서 모두 적도를 향해 부는 바람으로, 바람의 방향이 늘 일정하다는 특징이 있다. 옛날 바람의 힘으로 움직이는 범선을 타고 항해를 했던 선원들이 유럽에서 북아메리카와 남아메리카로 갈 때 이용한 바람이기도 하다. 무역풍은 적도의 남쪽과 북쪽에서 모두 적도를 향해 부는데, 이 바람은 해들리 세포의 아랫부분에서 부는 공기 흐름이다. 남쪽을 향해 쏜 대포알을 서쪽으로 기울게 하는 코리올리 힘 때문에 무역풍도 서쪽으로 작용하는 힘의 영향을 받는다. 북반구와 남반구에서 부는 무역풍이 수렴하는 적도 부근에서는 종종 적도 무풍대doldrums 지역이 형성된다.

열대 수렴대에 위치한 벨리즈(Belize)에서 열대 폭풍으로 야자나무가 휘었다. 열대 폭풍은 멕시코 만과 대서양에서 허리케인으로 발달하기도 한다.

지구의 사계절

지구의 자전축은 태양을 중심으로 공전하는 지구의 궤도면, 즉 황도와 수직을 이루지 않는다. 지구의 자전축은 황도면과 약 23.5° 기울어져 있다. 자전축의 방향은 북극성을 향해 있으며, 일 년 내내 변하지 않는다. 그러므로 지구가 어떤 위치에 있는가에 따라 햇빛이 비치는 세기와 시간이 조금씩 다르고, 그 결과 봄, 여름, 가을, 겨울이라는 사계절이 생기며 그에 따라 기상 패턴도 달라지는 것이다.

계절의 첫 신호 북반구에서는 6월 21일이 여름의 첫날, 즉 하지이다. 그날 지구 자전축의 북쪽은 태양 방향으로 놓인다. 북반구에서 하지summer solstice는 천문학적 일출과 천문학적 일몰을 기준으로 시간을 측정했을 때 낮이 가장 긴 날이다. 반대로 남반구에서 6월 21일은 겨울의 첫날로 동지이며 일 년 중 낮이 가장 짧고 밤이 가장 긴 날이다.

봄과 가을의 첫날은 대략 3월 21일과 9월 21일이 되는데, 이때 태양은 적도 위의 천정zenith에 위치한다. 낮과 밤의 길이가 같아지

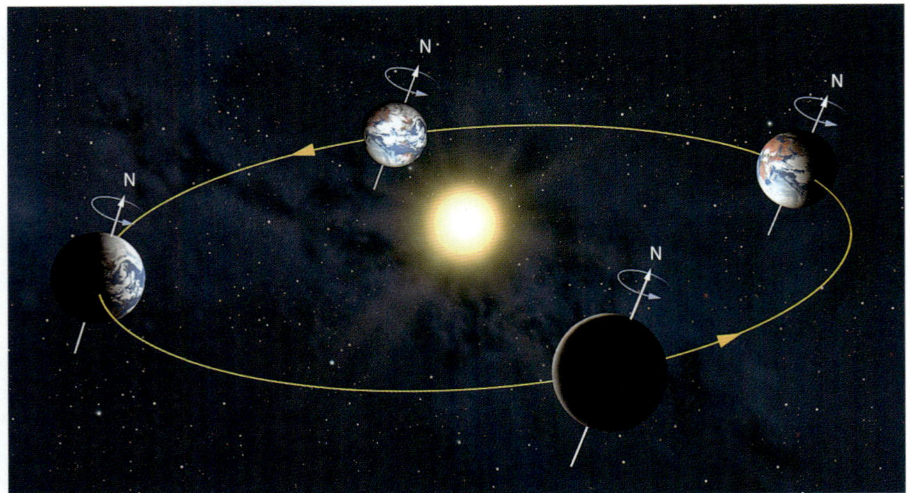

위 노을을 배경으로 찍은 서퍼의 멋진 모습이다. 일출이나 일몰 때 태양의 이미지는 대기권을 지나는 빛의 굴절로 왜곡된다.
가운데 춘분점에 있을 때의 지구이다. 매년 이맘때 북반구와 남반구의 중위도 지방은 비슷한 양의 태양 복사 에너지를 받는다.
아래 태양을 중심으로 공전하고 있는 지구이다. 지구는 자전축이 기울어진 채로 공전하기 때문에 사계절이 나타난다.

므로 분점equinoxes이라 부른다. 북반구에서의 춘분점은 남반구에서 추분점이 되고, 북반구에서의 추분점은 남반구에서 춘분점이 된다. 북반구에서 겨울의 첫날을 동지라고 하는데, 매년 12월 21일쯤이다. 자전축의 북쪽 방향이 태양과 반대쪽을 향하게 되며 이때 태양은 남위 23.5°의 천정, 즉 동지선tropic of Capricorn에 있다. 물론 남반구에 사는 사람들에게 이날은 하지에 해당한다.

지구 궤도의 타원율 태양을 공전하는 지구 궤도는 완전한 원형은 아니다. 궤도의 모양은 사실 타원형인데 거의 원형에 가깝다. 하지만 태양은 궤도의 중심에 있기보다는 초점에 위치한다.

1월 3일 무렵 지구는 태양과 가장 가까운 근일점perihelion에 도달한다. 그리고 7월 4일 무렵에 지구는 태양과 가장 멀리 떨어진 원일점aphelion에 위치한다. 이 두 지점의 차이는 약 5백만 km에 이른다. 따라서 북반구가 여름일 때 지표면에 도달하는 햇빛의 강도는 남반구가 여름일 때보다 7 % 정도 약하다. 그러나 이런 점 때문에 남반구의 여름이 북반구의 여름보다 더 덥지는 않다. 남반구보다 북반구에 육지가 더 많으며, 육지들은 바다보다 열을 더 빨리 흡수한다. 그 외 몇 가지 이유를 종합해 보면 일반적으로 북반구의 여름이 남반구의 여름보다 더 덥다.

어떻게 보면 일몰은 환상이라고 할 수 있다. 태양은 이미 졌지만 대기권의 굴절 때문에 태양의 형상이 지평선 위에 떠 있는 것처럼 보이는 것이다.

흥미로운 대기권 굴절

천문학적으로 따지면 춘분점과 추분점은 일 년 중 하루의 낮과 밤의 길이가 12시간으로 같은 날이다. 그러나 미국 국립 해양 대기청에서 알려주는 지역의 일출과 일몰 시각을 주의 깊게 들으면 낮과 밤의 시간이 같은 날은 실제로 춘분점보다 일주일 후, 그리고 추분점보다는 일주일 전이라는 사실을 알게 될 것이다. 이것은 일 년 내내 지구의 모든 지역은 천문학자들이 예측하는 것보다 햇빛을 몇 분씩 더 받는 것을 의미한다. 어떻게 이런 일이 일어날 수 있을까? 이 문제에 대한 답은 간단하다. 그것은 지구가 대기권을 갖고 있기 때문이다. 그리고 대기권이 물처럼 빛을 굴절하기 때문이다. 물이 담긴 컵에 빨대를 담그고 옆에서 보면 빨대가 휜 것처럼 보인다. 빨대를 따라 시선을 아래쪽으로 이동하면 빨대의 끝이 위쪽으로 휜 것처럼 보인다. 이것은 물을 지나가는 빛이 굴절하기 때문이다.

대기권에서도 이와 같은 현상이 일어난다. 태양의 아랫부분 또는 끝부분이 지평선 위에 놓일 때 우리가 보는 것은 태양의 굴절된 형상이다. 실제로 태양은 이미 완전히 지평선 아래에 있다. 이러한 이유로 천문학적인 일출과 일몰은 실제로 우리가 보는 일출과 일몰에서 시간적인 차이를 가지는 것이다.

대기권 굴절은 지평선 가까이에서 태양이 찌그러져 보이는 원인이기도 하다. 상대적으로 두꺼운 대기권의 아래층은 상대적으로 얇은 위층의 대기권보다 빛을 더 많이 굴절시킨다. 그러면 태양의 아랫부분은 윗부분으로 올라가 겹쳐 보이게 된다. 이러한 이유로 태양이 찌그러져 보이는 것이다.

천문학적 변화가 기후에 미치는 영향

지질학적 증거와 고생물학적 증거들에 따르면 지구의 기후는 그동안 여러 차례 급격한 변화를 겪었다. 또 몇만에서 몇십만 년을 주기로 일어난 작은 변화도 여러 차례 일어났다. 장기적인 기후 변화를 이해하는 것은 쉬운 일이 아니다. 그러나 천문학자들은 지구의 장기적인 기후 변화에 영향을 미칠 수 있는 천문학적 효과에 대해서 어느 정도 밝혀냈다.

흔들거리는 지구의 자전축

지구는 완전한 구가 아니다. 그리고 지구는 전체적으로 딱딱하지 않고 약간 탄성이 있다. 지구의 내부 중 외핵이 액체 상태이기 때문이다. 지구는 자전축을 중심으로 매우 빠른 속도로 회전하기 때문에 지구의 적도 부분은 조금 튀어나와 있으며, 극 지역은 약간 납작하다. 달은 이 튀어나온 부분을 자신의 중력으로 끌어당기고 있다. 또한 지구를 공전하는 달의 궤도면은 지구의 적도면에서 5° 정도 기울어져 있다. 이러한 까닭으로 달은 지구를 공전하는 동안에 반은 적도의 북쪽에 위치하며, 나머지 반은 남쪽에 위치한다. 달은 지구 가까이에서 공전하고 질량도 상당히 크므로 적지 않은 중력으로 지구에 영향을 끼친다. 달의 중력은 튀어나온 부분을 2주 동안은 북쪽으로 끌어당기며, 또 그 다음 2주 동안 남쪽으로 끌어당기는 일을 반복해서 한다.

또한 지구의 자전축은 태양 공전 궤도면을 향해 약 23.5°의 기울기를 갖기 때문에 태양도 달처럼 지구 적도의 튀어나온 부분을 끌어당긴다. 태양의 질량은 달보다 훨씬 크지만 달에 비해 지구에서 훨씬 멀리 떨어져 있어서 지구에 작용하는 중력의 크기는 달보다 작다.

태양과 달과 지구 세 천체 사이의 중력 줄다리기의 결과로, 지구는 마치 힘이 빠져 흔들거리며 도는 팽이처럼 비틀거리며 자전을 한다. 지구의 자전축은 거대한 원뿔 모양을 그리며 운행을 하게 되는데, 이 원뿔을 완전히 일주하려면 약 26,000년 걸린다. 천문학자들은 이 거대하고 느린 흔들림을 세차 운동precession이라 부른다.

태양, 지구, 달을 나란하게 그린 그림이다. 달은 적도의 튀어나온 부분을 끌어당긴다.

위 NASA에서 촬영한 토성의 적외선 사진이다.
아래 지구는 달과 태양의 영향을 받아 세차 운동을 한다. 세차 운동은 지구가 팽이처럼 비틀거리며 자전하는 현상을 말한다.

세차 운동이 지구에 주는 영향으로 진북의 변화가 있다. 진북이란true north 천문학적인 북쪽을 가리키는 용어로 세차 운동의 결과로 시간에 따라 조금씩 달라진다. 물론 보통 사람들이 알아채기에는 매우 느린 속도의 변화이다. 이 세차 운동 때문에 별의 위치가 달라져서 25년마다 성도 star atlas를 갱신한다. 세차 운동 때문에 인류 역사에서 북극성에 해당하는 별도 몇 차례 달라졌을 것이다.

세차 운동은 지구가 공전하는 동안 태양으로부터 지구가 가장 가깝거나 가장 멀리 떨어져 있는 시기에 영향을 준다. 따라서 세차 운동은 여름과 겨울 사이의 계절적인 차이를 증가시키거나 감소시킬 것이다. 현재 지구는 근일점에 가까이 있으므로 북반구의 겨울은 상대적으로 온화할지도 모른다. 그러나 세차 운동이 근일점을 북반구의 여름과 완전하게 일치시켰던 13,000년 전과 또는 일치시키게 될 13,000년 후에는, 여름과 겨울 사이의 기온 차이가 지금보다 좀 더 심하게 날 수 있다.

변화하는 지축의 기울기 지구의 공전 궤도면에 대하여 지구의 자전축은 늘 23.5° 의 각도를 유지하지 않는다. 천문학자들은 이를 황도 경사각이라고 하는데, 이 각도는 4,1000년을 주기로 최소 21.5° 에서 최고 24.5° 까지 변한다. 황도 경사각의 변동은 세차 운동과 함께 지구의 기후 변화에 큰 영향을 준다. 황도 경사각의 변화에 따라 지구가 받는 평균 태양 복사 에너지의 양이 지역에 따라 달라지기 때문이다. 이로 인해 생기는 기후 변화는 생각보다 심한데 이에 대한 증거는 심해 침전물, 빙하, 나무의 나이테, 고대 산호 그리고 기타 고생물 화석 속에 담겨 있다.

지구 궤도 타원율의 변화 세차 운동, 황도 경사각의 변동 외에도 지구의 기후 변동에 영향을 미치는 요소로 지구 궤도 타원율의 변화가 있다. 지구의 공전 궤도는 지금 거의 원형에 가깝다. 그러나 이 공전 궤도 타원율은 약 100,000년을 주기로 변한다. 타원율이 증가하면 지구는 더욱 오랜 기간 동안 태양으로부터 멀리 떨어져 있게 된다. 타원율 주기의 변동은 그동안 지구의 빙하기ice ages와

간빙기interglacial period의 주기와 비슷하게 일치한다. 과학자들은 1930년에 이 주기를 밝혀낸 세르비아의 수학자 밀란코비치Milutin Milankovitch의 이름을 따서 밀란코비치 주기Milankovitch cycles라고 부른다.

행성 탐사선 카시니(Cassini)호에서 촬영한 목성이다. 목성과 토성은 그들의 어마어마한 질량으로 인해 태양계 전체의 질량 중심을 변경할 수 있다.

태양의 질량 중심을 흔드는 행성들

지구 기후에 영향을 미칠 수 있는 한 가지 요소가 더 있다. 그것은 태양계 내의 태양의 위치이다.

태양이 태양계 질량의 99 %를 차지한다 할지라도, 태양계의 질량 중심은 태양의 중심에 놓여 있지 않다. 이것은 거대한 목성과 토성이 멀리 떨어져 있으면서 태양계 각운동량의 86 % 가지고 있기 때문이다. 거대한 가스 행성들은 그들의 궤도를 돌면서 태양계 질량 중심의 위치를 조금씩 변경시킨다. 수백 년의 기간을 주기로 태양계의 질량 중심은 태양 내의 어떤 지점에서부터 약 1500만 km 떨어진 곳까지 이동한다. 이것은 어떤 의미에서 태양을 '흩뜨리는' 일이라 할 수 있다. 부모의 허리에 줄을 동여매고 양쪽 끝을 잡고 있는 두 아이의 모습을 상상해 보자. 아이들이 부모의 주변을 각기 다른 속도로 달리면서 다양한 방향에서 줄을 당기게 되면 부모는 균형을 잡기 위해 몇 걸음을 움직일 수밖에 없다.

이와 같은 '태양의 관성 운동(solar inertial movement)'은 179년에서 2,400년을 주기로 태양 내의 기체들을 혼합시키거나 또는 태양 내부에서 일어나고 있는 핵융합에 중요한 영향을 주는 것으로 생각된다. 태양의 관성 운동은 태양의 불규칙 활동기와 태양 흑점 감소 주기에 영향을 주므로 결과적으로 지구의 기후에 영향을 미치는 원인이 된다.

소행성의 충돌

트라이아스기에서부터 백악기까지 지구를 1억 5천 5백만 년 동안이나 지구를 지배해 온 거대한 공룡들은 왜 멸종했을까? 6천 5백만 년 전에 공룡의 시대가 갑자기 끝났음을 알려주는 화석 증거는 백 년이 넘도록 고생물학자들을 괴롭혔다. 그들을 더욱 괴롭힌 것은 세계에 존재하는 육지와 바다의 동물과 식물 종의 4분의 3도 역시 '대멸종the great dying' 이라 불리는 이 시기에 함께 멸종했다는 것이다.

1980년 무렵 버클리에 있는 캘리포니아 대학교의 루이스 알바레즈Luis Alvarez와 지질학자였던 그의 아들 월터 알바레즈Walter Alvarez는 당시에 다소 충격적인 새로운 가설을 내놓았다. 그들

지구와 충돌하기 직전의 소행성을 그린 한 미술가의 작품이다. 공룡을 멸망시킨 것으로 생각되는 이 소행성은 6.5–9.7 km의 지름을 가진 것으로 짐작된다.

이 내놓은 가설의 줄거리는 대략 이러하다. 지구는 지름이 6.5–9.7 km 정도의 소행성과 충돌했다. 소행성과 충돌한 지구는 그 즉시 엄청난 양의 먼지를 지구 대기권에 퍼뜨렸다. 그 후로 수년 동안 그 먼지는 지표면에 닿는 태양광을 차단하여 생존을 위해 햇빛을 필요로 하는 많은 녹색 식물을 멸종시켰을 것이다. 많은 공룡들도 채식을 했기 때문에 단시간 안에 굶어 죽었을 것이며 육식 공룡들도 그로 인해 식량 공급이 중단되었을 것이다. 이러한 까닭으로 지구의 지배자 공룡의 세상은 막을 내렸을 것이다.

과학자들은 혜성과 소행성들이 태양계 내의 행성, 천체들과 수천 번씩 충돌한 사실을 잘 알고 있다. 달의 충돌 분화구만

위 1994년 NASA의 우주선 갈릴레오(Galileo)에서 촬영한 소행성의 사진이다.
아래 백악기 시대의 한 장면을 보여 주는 그림이다. 백악기는 소행성이 충돌하여 대멸종을 초래한 것으로 믿는 시기인 약 6천 5백만 년 전에 끝난다. 이 그림은 국립 자연사 박물관(National Museum of Natural History)에 전시되어 있다.

보아도 잘 알 수 있다. 뿐만 아니라 지구에도 수백 개의 충돌 분화구 흔적들이 발견되었다. 그 중 20,000년에서 50,000년 사이에 생긴 분화구로는 애리조나 주에서 발견된 것으로 지름 약 1.6 km 정도의 베린저 운석충돌구Barringer Meteor Crater이다. 천문학자들은 소행성 크기의 천체들이 다른 행성들과 충돌하는 장면을 직접 목격하기도 했다. 1994년 7월에 21개의 파편들로 갈라져서 목성에 충돌한 슈메이커 레비 9 혜성 Comet Shoe-maker-Levy 9의 충돌이 대표적인 예이다.

그리고 기후학자들은 격렬한 화산 폭발로 방출된 화산재와 에어로졸들이 수년 동안 지구의 기상에 영향을 끼쳤다는 사실을 알고 있다. 1815년 인도네시아의 탐보라 화산 폭발 이후 1816년 '여름이 없던 해'가 대표적인 예이다.

오늘날 많은 과학자들이 지질학적 연대 측정과 여러 증거들을 분석한 결과 멕시코의 유카탄 반도Yucatán peninsula 부근의 칙슐럽 운석충돌구 Chicxulub Crater가 공룡을 멸종시킨 소행성의 충돌 장소로 인정하고 있다. 칙슐럽 운석충돌구의 연대는 약 6천 5백만 년으로 공룡이 멸종한 시기와 일치한다. 또한 크기도 역시 알맞다. 맨해튼 섬만 한 소행성의 충돌은 약 100 km 지름의 충돌 분화구를 만들었을 것이다.

그러나 아직 많은 과학자들이 소행성 충돌로 공룡이 멸종했다는 사실에 의구심을 가지고 있다. 그래서 그 외의 여러 가지 요인에 대해 과학적인 논의가 여전히 진행 중이다. 예를 들어 어떤 과학자는 다량의 유황이 대기권으로 높게 솟아올라서 지구에 황산 산성비를 내리게 하여 식물과 공룡들을 중독되었을 것이라고 말한다.

지난 2억 5천만 년 동안 지구의 기후가 여러 차례 급격한 변화를 겪었음은 분명하다. 윌크스랜드Wilkes Land의 남극 빙상 아래에서 칙슐럽 운석충돌구보다도 훨씬 큰 너

멕시코 유카탄 반도의 칙슐럽 충돌 분화구를 찍은 인공위성 사진이다. 충돌 분화구는 반도의 상단 왼쪽 모퉁이에 위치한 짙은 청색의 반원으로 그 흔적을 확인할 수 있다.

비 약 480 km의 오래된 충돌 분화구가 발견되었다. 이것으로 보아 공룡시대 이전인 약 2억 5천만 년 전 페름기와 트리아스기 사이에 또 다른 대멸종이 있었으며, 이것은 보다 큰 소행성과의 충돌로 인해 일어난 일임을 짐작할 수 있다.

소행성으로부터 지구 지키기

'한 번 발생한 일이라면, 얼마든지 다시 발생할 수도 있다.' 이것은 NASA 제트 추진 연구소(Jet Propulsion Laboratory)의 지구 접근 천체(NEO, Near Earth Object) 감시 프로그램의 활동 지침이 되는 철학이다. 그들은 자동화된 천체 망원경으로 매일 하늘을 촬영하고 지름 1 km 이상의 모든 소행성들을 분류하고 추적한다. 이들은 다음 세기 안에 지구와 충돌이 예상되는 경로에 있거나, 기후 변화를 가져올 만큼의 크기를 가진 태양계 내의 모든 천체들의 궤도를 계산한다. 그래서 지구에 위협이 되는 천체들을 위협적인 궤도로부터 비켜나게 하고, 또한 위협이 안 되는 크기로 분리시키는 방법을 모색한다.

이런 현상이 발생할 가능성은 천문학적으로 봤을 때 매우 희박한 일이다. 그러나 그 희박한 일은 언제든지 발생할 수 있는 일이기도 하다. 다음과 같은 사건에 대하여 생각해 보자. 2002년에만 해도 지구는 외계 천체와 거의 충돌할 뻔했다. 축구장 크기의 천체가 지구로부터 상당히 가까운 약 12만 km 거리에서 빠르게 지나갔다. 이런 크기의 천체가 지구에 그렇게 가까이 접근해서 지나간 일은 천문학 역사상 처음 있는 일이었다. 만약에 이 외계 천체가 지구와 충돌했다고 상상해 보자. 지구는 엄청난 재난에 휩싸였을 것이다.

CHAPTER 4

기상과 기후

왼쪽 1년 내내 낮은 기온으로 얼음이 얼어 있는 북극권의 모습이다.

위, 아래 위도는 기후에 중요한 역할을 한다. 같은 위도에 있지만 북아프리카에 있는 건조하고 더운 사하라 사막(위 사진)과 푸른색이 넘치는 하와이 제도(아래 사진)는 전혀 다른 기후를 보여 준다. 이것은 기후가 위도, 지형, 바람, 초목, 육지와 같은 여러 가지 요소들에 의해 결정되기 때문이다.

우리는 '기상'과 '기후'라는 용어를 혼동해서 사용한다. 엄밀하게 말하면 두 용어는 서로 의미가 다르다. '기상'이란 지금 창문 밖에 일어나고 있는 현상을 말한다. 반면에 '기후'란 지난 과거에 있었던 기상 현상과 앞으로 수년 동안 일어날 기상 현상들 모두를 반영하여 평균을 낸 것이다. 기상은 기상과학자들이 어제의 강우량을 이야기할 때 사용하는 용어이고, 기후는 장기간 되풀이하여 발생하는 기상의 패턴을 이야기할 때 사용하는 용어이다.

기후는 공간에 따라 다를 수 있다. 이때 위도가 기준이 된다. 위도가 높은 북극의 기후와 위도가 낮은 열대 지방의 기후에는 차이가 있다. 그러나 같은 위도에 있는 지역들도 서로 다른 기후를 보일 수 있다. 바짝 마른 사하라와 수풀이 무성한 하와이를 비교해 보면 알 수 있을 것이다.

또한 기후는 해당 지역의 고도, 탁월풍, 습도 그리고 강수량에 따라 다양한 모습을 보인다. 대기권은 지형 및 초목과 강한 상호 작용을 하여 기후에 영향을 준다. 또한 기후는 바다에 많은 영향을 받기도 한다.

기후는 시간이 지나면서 변화한다. 빙하기 때 빙하들은 크게 성장하지만, 빙하기가 지나가고 따뜻한 기간이 되면 빙하들은 크기와 분포 지역이 줄어든다. 기후는 지질학적인 시대에 따라서만 변한 것이 아니라, 몇 백 년 사이에서도 변화했다. 천문학적인 요인과 기타 자연적인 요인에 더해서, 기후 변화에 인간들이 미치는 영향이 점점 더 커지고 있다.

하나의 대기권, 다양한 기후

　　지역에 따라 특성이 다른 수십 종류의 기후가 있다. 하지만 기본적인 특성은 서로 비슷하다. 과학자들은 이와 같이 기본적인 기후의 특성을 연구한다. 기후를 구분할 때 사용하는 기후 구분표는 1900년에 독일의 기상과학자 쾨펜Wladimir Köppen, 1846-1940에 의해 창안된 것이다.

쾨펜의 기후 구분

쾨펜은 위도가 같은 지역은 서로 비슷한 기온 패턴을 갖고 있다는 것을 깨달았다. 그래서 쾨펜은 세계의 기후를 먼저 6개의 대분류로 구분하였다. 그는 각 기후에 알파벳 대문자를 지정했다. 열대 기후는 A, 건조 기후는 B, 온대 기후는 C, 냉대 기후는 D, 극기후는 E, 그리고 고지대 기후에는 H를 지정하였다. 또한 쾨펜은 나중에 대분류를 일부 수정하여 특정 강수량의 패턴을 나타내는 소문자 알파벳을 추가하여 다시 소구역으로 구분했다. 예를 들어 연중 건조하지 않은 기후는 f, 여름 건조 기후는 s, 겨울 건조 기후는 w, 계절풍종종 비를 수반하며 정기적으로 부는 바람이 부는 지역은 m으로 지정하였다. 그리고 쾨펜은 특정 온도의 패턴을 나타내는 세 번째 알파벳을 추가했다. 여름에 고온인 지역은 a, 여름에 따뜻한 지역은 b, 여름에 시원한 지역은 c, 여름에 아주 추운 지역을 d라 지정했다.

　　마지막으로 쾨펜은 극기후E를 두 가지 유형으로 나누었다. 영구적으로 얼어있는 지역은 EF, 그리고 툰드라가 자랄 수 있는 조건의 지역은 ET라 지정하였다. 쾨펜의 기후 구분표에 따르면 전 세계의 기후는 24개 이상의 기후 구역으로 나뉜다.

저위도 기후

해들리 세포의 순환에 의해 조절되는 남반구와 북반구의 저위도 지역의 기후들은 열대 기단tropical air masses의 영향을 많이 받는다. 남반구나 북반구 모두 위도 $18°-28°$ 사이 회귀선북회귀선, 남회귀선의 중심이 있다. 이곳은 일 년 내내 습기가 많은 기후인데, 덕분에 남아메리카의 아마존 강 유역의 열대림, 아프리카의 콩고

위 탄자니아 세렝게티(Serengeti)의 열대 초원 (tropical savanna)은 우리나라처럼 사계절이 없다. 대신 우기와 건기가 있다.
아래 보레알(Boreal)숲들은 고위도 기후에 잘 적응하는 나무들로 이루어져 있다. 고위도 지역은 대체로 추우며 겨울이 길고, 여름은 시원하다.

강 유역의 열대림 그리고 사바나와 대초원을 이루고 있다. 여기에 여름에 습하고 겨울에 건조한 열대 계절풍 지역Am 그리고 사막 기후Bw 등도 포함한다.

중위도 기후

불안정한 페렐 세포의 영향을 받는 중위도 기후는 서로 상충되는 극기단과 열대 기단의 영향권 안에 있다. 중위도 기후는 북아메리카와 유라시아 대륙의 높은 산맥에 의해 바다의 습한 공기가 차단되어 덥기도 하고 춥기도 하다. 반 건조 열대 스텝Bs, 캘리포니아 해안이나 지중해 주변 지역과 같이 겨울에 습하고 여름에 건조한 지중해성 기후Cs, 남위와 북위 $20°$와 $40°$ 사이의 플로리다에서 볼 수 있는 아열대습윤 기

지구에는 다양한 종류의 기후들이 존재하는데, 대부분 6개 기후로 구분될 수 있다. 위쪽 왼쪽을 시작으로 시계 방향으로 보면 건조 기후, 극기후, 열대 기후, 고지대 기후, 냉대 기후 그리고 마지막으로 온대 기후이다.

후Cfa, 미국의 동부와 중서부 지역, 캐나다 남부, 중국의 북쪽, 그리고 유럽의 중부와 동부 지역과 같은 곳에서 흔히 관찰할 수 있는 사계절이 뚜렷한 낙엽수림 기후Cf 지역 등이 여기에 포함된다.

고위도 기후 극 세포 순환의 영향을 받는 기후로 북위 60°와 70° 사이에 형성된다. 남반구에는 이 기후가 존재하지 않는다. 캐나다와 시베리아 상공에 있는 북극 기단arctic air mass과 대륙성 한대 기단polar continental air mass이 만나는 곳에 형성된다. 겨울은 매우 춥고 여름은 매우 시원한 보레알숲 기후Dfc와 북극 해안을 따라서 혹독한 겨울이 이어지며 여름이 짧은 툰드라 기후ET가 이 기후에 속한다.

고지대 기후 연중 내내 서늘하거나 또는 추운 고지대 기후H는 위도와 상관없이 산이나 고원에서 수목한계선나무가 자랄 수 없는 한계선보다 높은 지역에서 찾아볼 수 있다.

기상과 기후에 대한 육지의 영향

육지를 구성하는 물질의 비열과 높이, 지형과 초목의 분포 등은 기상과 기후에 큰 영향을 끼친다.

육지의 가열과 냉각 지표면이 태양 복사 에너지를 받으면 육지는 물에 비해 더 빨리 따뜻해지고 더 빨리 식는다. 육지를 이루고 있는 모래 등의 비열이 물보다 작기 때문이다. 그래서 바다나 큰 호수 주변의 육지는 오전에 바다에서 육지로 해풍이 분다.

일반적으로 육지는 태양 복사 에너지를 받지 않는 밤에는 냉각된다. 그래서 근처에 있는 바다나 호수의 수온보다 더 내려간다. 아침에 태양이 뜨면 물 위의 공기는 따뜻해지고, 상승하게 된다. 물 위의 공기들은 위로 상승했으므로 공기가 있던 자리는 비게 된다. 그러면 육지의 공기를 끌어당겨 육지에서 바다로 부는 육풍offshore breeze을 일으킨다. 그러다가 한낮이 되면, 양쪽 지역의 온도가 비슷해져서 기압의 차이가 나지 않아 바람이 불지 않게 된다. 그러다가 오후에 다시 뜨거운 태양 복사 에너지를 받은 육지가 물보다 더 따뜻하게 데워진다. 그러면 육지 위의 공기는 가열되어 위로 상승하게 되고 그 빈자리를 바다에 있는 공기를 끌어당겨 채우게 된다. 즉, 바람의 방향이 반대로 변하고 바다에서 육지로 부는 해풍onshore breeze이 형성되는 것이다.

육지의 고도와 지형 골짜기, 산 등의 지형학적인 특징들은 지역 기후에 큰 영향을 준다. 예를 들어 4,300 m의 높이로 우뚝 솟은 하와이의 화산 봉우리들은 습한 무역풍의 원활한 흐름을 방해한다. 바람이 불어오는 방향에서 산들은 습한 공기를 상승하게 만들고 공기를 식게 하여 지형성 강우orographic precipitation를 내리게 한다. 또한 산봉우리들은 바람이 불어가는 방향에서 비구름의 이동을 차단하여 말 그대로 '비 그늘rain shadow'을 형성하기도 한다. 하와이 주변 바다의 연간 강우량은 760 mm 정도이다. 하지만 하와이는 연간 12,300 mm의 강우량을 기록하는데, 특히 카우아이Kauai 섬의 와이알레알레 산mount Waialeale 주변 지역은 지구에서 비가 가장 많이 오는 곳이다. 그런데 이렇게 비가 많이 오는 습한 지역이지만 연간 500 mm 정도 비가 내리는 바킹 샌즈Barking Sands 해변과의 거리는 24 km 정도밖에 되지 않는다.

위 바다 주변에 있는 육지에서는 새벽에 육지에서 바다로 육풍이 분다.

아래 위 사진은 하와이 카우아이 섬의 와이알레알레 산이다. 이곳은 지구에서 가장 비가 많이 오는 지역으로 연간 12,300 mm의 강우량을 기록한다. 반면에 24 km 정도밖에 떨어지지 않은 아래 사진의 바킹 샌즈 해변은 연간 500 mm 정도 강우량을 기록한다. 이런 현상은 '비 그늘'이라고 알려져 있으며 하와이 화산들의 높은 봉우리 때문에 생긴다.

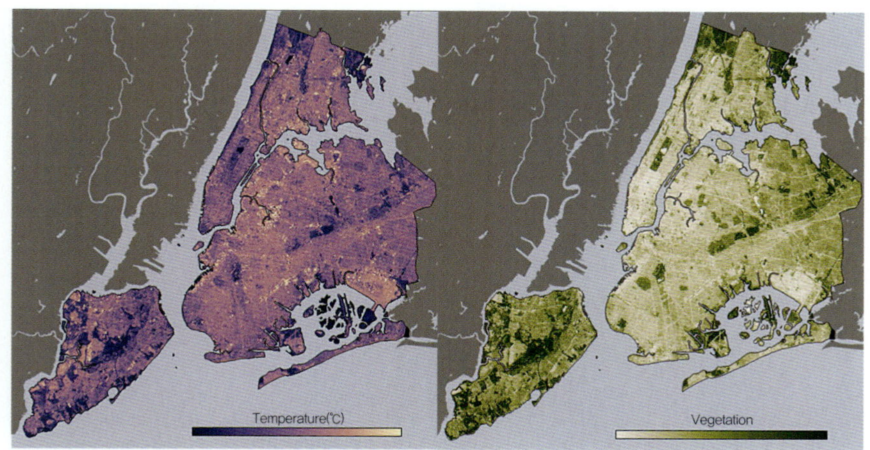

도시 열섬 현상의 좋은 예를 보여 주고 있는 뉴욕의 기온 분포와 초목 분포이다. 기온 분포를 표시한 왼쪽 사진과 같은 지역의 초목 분포를 보여 주는 오른쪽 사진을 비교해 보자. 그림의 중심부에 조그맣게 긴 직사각형 모양으로 나타난 곳을 주의 깊게 보자. 왼쪽 사진에서 어둡게 보이는 것은 주위보다 온도가 낮다. 오른쪽 사진에서는 주위보다 더 짙은 초록색을 보인다. 이곳이 나무들로 가득 찬 뉴욕의 오아시스인 센트럴 공원이다.

육지의 초목 식물에 의한 수분의 흡수와 방출은 그 지역의 온도에 큰 변화를 준다. 시골에서 숲 속으로 자전거를 타고 달려 본 사람들은 이 변화를 잘 알 것이다. 풍부한 나뭇잎들로 덮인 나무들은 많은 양의 수분을 증발시키므로 주변의 기온을 낮춘다. 그래서 아무리 더워도 숲 속에 들어가면 시원함을 느끼는 것이다. 그러나 목초지와 대초원은 숲을 이루는 나무가 적어서 증발하는 수분의 양도 적기 때문에 숲보다 훨씬 따뜻하다. 반면에 경작된 농지들은 그 중간쯤에 속한다.

인간은 이런 초목들을 통해서 기후에 영향을 미치고 있다. 인간이 농작물을 심기 위해 나무를 베게 되면 그 지역의 기후는 더욱 따뜻해진다.

뉴욕의 지하철 모습이다. 지하철이 지나가는 구내에서는 사람이 견디기 어려울 정도로 기온이 높다.

반면에 농지를 초원으로 바꾼 지역에서는 기온이 내려간다.

도시 열섬 도시에 빌딩을 세우고 길을 포장하기 위해 풀과 나무를 없애면 주변 지역보다 더 더워진다. 엄청난 속도로 태양 복사 에너지를 흡수하고 밤에는 흡수한 열을 재복사하는 도시는 말 그대로 열섬이다. 여기에 빌딩을 밝히고 데우거나 식히기 위해 많은 열을 외부로 방출하여 도시의 기온을 더욱 높인다.

도시의 열섬 효과는 큰 걱정거리이다. 뉴욕에서는 지역 전기 회사들이 주민들에게 아파트 옥상, 발코니 그리고 길거리에 나무나 초목들을 심을 것을 권고하고 있다. 나무가 증가하면 에어컨을 틀 때 드는 전기 에너지를 줄일 수 있을 정도로 그늘이 만들어지고, 증산 작용으로 주변 기온을 낮추어 주기 때문이다.

해양 컨베이어 벨트

바다 표면을 흐르는 표층 해류와 바다 깊은 곳을 흐르는 심층 해류는 끊임없이 이동하고 있다. 과학자들은 이를 해양 컨베이어 벨트라고 부른다. 이것은 태양으로부터 받은 열에너지와 바다의 염분을 천천히 쉬지 않고 지구 곳곳으로 퍼뜨리는 일을 한다. 이와 같은 해양 컨베이어 벨트는 온도와 염분으로 추진되기 때문에 열염 순환 thermohaline circulation, 열을 의미하는 thermo와 염분을 의미하는 haline 사용을 하며, 그 과정은 다음과 같다.

첫째, 태양 복사 에너지로 데워진 바다 표면의 물은 적도에서부터 북극과 남극으로 흐른다. 이 과정에서 적도의 높은 열에너지는 상대적으로 열에너지가 부족한 고위도로 운반되어 열에너지

를 보충해 준다. 예를 들어 스코틀랜드 서해안으로 흐르는 멕시코 만류는 영국의 겨울을 온화하게 유지시켜 준다. 반면에 이 해류가 지나가지 않는 캐나다의 뉴펀들랜드는 영국과 같은 위도에 있지만 겨울에 몹시 춥다.

둘째, 고위도 지역의 차가운 바닷물은 수축하므로 밀도가 증가한다. 따라서 바다의 바닥으로 가라앉는다. 또한 북대서양의 북쪽 끝과 같이 얼음이 형성될 만큼 추운 지역의 바닷물은 염분이 높아진다. 얼음은 담수로 만들어지기 때문에 바닷물에서 얼음이 형성되면 주변 바닷물의 염분이 높아지는 것이다. 바닷물의 염분이 높아지면 밀도가 증가하므로 바닷물은 바다 밑으로 가라앉게 된다.

한편 잦은 강우와 폭우에도 불구하고 열대 지역의 바닷물 염분은 증가한다. 이것은 적도의 뜨거운 열이 바닷물을 증발시키기 때문이다. 물은 증발해도 염류는 그대로 바다에 남는다. 그러므로 밀도가 증가한 열대의 바닷물도 역시 바닥으로 가라앉는다.

이와 같은 복합적인 바닷물의 움직임으로 세계의 모든 바다에서 심층 해류는 순환한다. 한 번 완전히 순환하려면 1,000년 정도의 시간이 소요된다. 이것은 매우 느린 속도이지만 순환으로 움직이는 바닷물의 양은 어마어마하다. 그 양은 아마존 강 부피의 약 100배에 이른다.

해양과 기후 식물성 플랑크톤 phytoplankton 이라 불리는 작은 해양 식물은 해양 생태계에 결정적인 역할을 한다. 많은 어류와 고래와 같은 거대한 포유동물들의 식량이 되어 주기 때문이다. 또

위 멕시코 만류와 같은 해류가 적도에서부터 북극이나 남극으로 흐를 때, 그 물은 높은 위도로 열을 운반하여 열에너지를 그곳의 공기에 공급하는 일을 한다.
아래 전자 현미경을 통해서 본 식물성 플랑크톤이다. 이들은 바닷물의 가장 높은 층에 서식하는 작은 해양 식물들이다. 식물성 플랑크톤은 대기권에 있는 이산화탄소량을 조절하는 것을 도와준다.

한 식물성 플랑크톤은 광합성을 통해 인간과 기타 동물들이 내쉬는 이산화탄소를 흡수하고 그것을 산소로 변환시키는 중요한 역할을 한다. 이것은 육지에서도 마찬가지이다. 실제로 대기에 있는 산소량의 절반 정도가 식물성 플랑크톤에 의해 생성된다. 같은 방식으로 식물성 플랑크톤은 대기권에 있는 중요한 온실 효과 가스인 이산화탄소의 양을 조절하는 일을 하기도 한다.

이산화탄소와 같은 기체는 바닷물의 온도가 낮을수록 잘 녹는다. 차가운 바닷물은 이산화탄소를 용해시켜 그것을 바다 깊숙이 가지고 내려간다. 용해된 이산화탄소 중 일부는 약한 탄산carbonic acid으로 변하기도 한다. 이것은 생물학자들에게 매우 중대한 문제인데, 바닷물의 산성도 증가는 산호와 조가비들의 성장을 방해할 수 있기 때문이다. 그러나 따뜻한 바닷물은 이산화탄소의 용해도가 낮아 대기권으로 방출한다.

기후학적 관심사 지구 온난화를 우려하는 과학자들은 해양 컨베이어 벨트를 면밀하게 모니터하고 있다. 측정 결과 북극 빙하들, 특히 그린란드에서 발견되는 빙하들이 과거보다 빠른 속도로 녹고 있었다. 빙하들이 녹으면서 담수가 바다로 흘러가게 되면 북대서양의 염분을 희석시키게 될 것이다. 과학자들은 이런 희석 현상이 물의 밀도를 감소시켜 바닷물이 가라앉는 것을 막고, 유럽을 따뜻하게 해주는 멕시코 만류를 포함하여 전체 해양 컨베이어 벨트의 순환을 멈출 수도 있는지 연구하고 있다.

빙하의 일부분이 부서져 바다로 떨어져 나간 것이 빙산이다. 빙산을 이루고 있는 것은 바닷물에서 염분이 빠진 담수이다.

지구 온난화가 계속된다면 해양 컨베이어 벨트 순환이 멈출 수도 있으며, 유럽이 얼 수 있다. 고생물학적 기록을 보면 과거에 실제로 열염 순환이 멈추었던 적이 있었음을 알 수 있다. 소빙하기younger dryas로 알려진 이 시기는 14,500년 전에 갑작스럽게 시작되었다. 그린란드의 평균 기온이 15 ℃나 떨어져서 지난 빙하기ice age 때 만큼 냉혹한 추위가 계속되었다. 그런데 소빙하기는 갑작스레 시작한 것처럼 또 갑작스럽게 11,500년 무렵에 끝을 맺었다. 그린란드의 기온은 10 ℃로 급등하게 되었는데, 이 시기에 다시 열염 순환이 시작되었을 것이다.

일부 과학자들은 인간이 대기권에 내뿜는 이산화탄소의 양을 줄이지 않는다면 200년 안에 멕시코 만류의 흐름이 멈출 확률을 최고 70 %로 보고 있다.

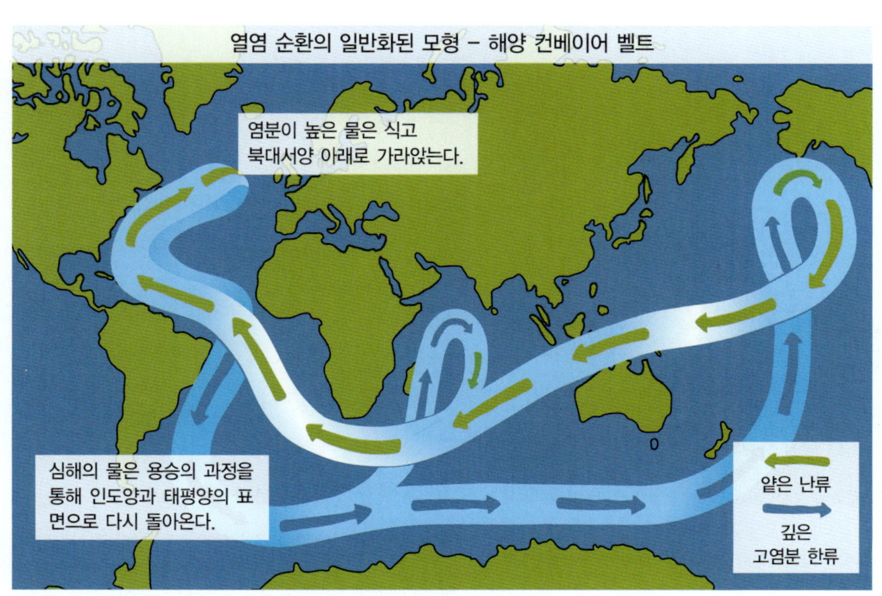

온도와 염분은 해양 컨베이어 벨트로도 알려진 열염 순환을 추진하는 두 가지 동력이다. 처음부터 끝까지 순환을 하려면 1,000년 정도 소요되는 이 세계적인 순환은 지구의 기후에 막대한 영향을 미친다.

해양과 공기의 관계

적도에서 극 지역으로 따뜻한 공기를 순환시키는 해들리 세포, 페렐 세포, 극 세포 외에 경도를 횡단하여 동쪽과 서쪽으로 공기를 순환시키는 공기 세포들도 존재한다. 기후에 가장 영향을 크게 미치는 것은 태평양에 위치한 워커 세포 Walker cell이다.

엘니뇨 – 남방진동 1567년 페루의 어부들은 남아메리카 서해안에 이상한 현상이 일어난다는 것을 발견했다. 남아메리카의 서해안은 영양 물질이 많이 녹아 있는 차가운 바닷물이 심해에서 솟아올라 고기잡이가 잘 되었다. 하지만 수년에 한 번씩 크리스마스 무렵에 솟아오르는 바닷물이 이상하게 따뜻했다. 따뜻한 바닷물에는 영양 물질과 산소가 많이 녹아 있지 않아 플랑크톤의 수가 적었다. 결국 그것을 먹이로 하는 물고기의 수도 줄어들어 어부들은 고기를 많이 잡을 수 없었다. 크리스마스 무렵에 발생한다고 해서 페루 사람들은 이와 같은 현상을 엘니뇨 대문자로 시작할 때는 아기 예수님, 그렇지 않으면 그냥 '남자아이'를 의미하는 스페인 어라고 불렀다.

이와는 별도로 20세기 초에 영국의 수학자이자 인도에 있는 기상대의 소장이었던 워커 George Thomas Walker, 1868-1958는 겉으로 보기에 엘니뇨와 전혀 연관성이 없어 보이는 발견을 했다. 인도에는 생명체들에게 많은 양의 비를 내려주는 몬순이 주기적으로 발생했다. 그런데 수년에 한 번씩 그 몬순의 위력이 약해져서 인도의 농부들은 가뭄과 흉작을 겪어야 했다. 오랜 기간 전 세계에서 모아온 대영 제국의 기상 기록을 연구한 결과, 워커는 대부분의 해에 보통 해수면을 기준으로 서태평양 타히티에서 측정은 높은 기압을, 동태평양 호주 다윈에서 측정에서는 낮은 기압을 기록했다는 것을 알아챘다. 하지만 수년에 한 번씩 이런 패턴이 반전되었다. 즉, 동태평양에서는 높은 기압이 기록되고 서태평양에서는 낮은 기압이 기록된 것이다. 워커는 인도에서 아주 멀리 떨어져 있는 태평양에서 기압이 반전되는 시기와 인도에서 몬순이 약해진 시기들과 일치하는 것을 발견했다. 기상과학자들은 이와 같은 현상이

위 미얀마 사람들처럼 서태평양에서 고기를 잡는 어부들은 엘니뇨의 영향을 받는다. 주기적으로 크리스마스 무렵이면 바닷물이 이상하게 따뜻해져서 어획량이 줄어든다는 사실을 처음으로 알아챈 것은 페루의 어부들이었다.

아래 엘니뇨는 인도의 몬순을 주기적으로 약화시킨다. 수년에 한 번씩 강우량이 보통 때보다 줄어들고 가뭄과 흉작이 발생한다.

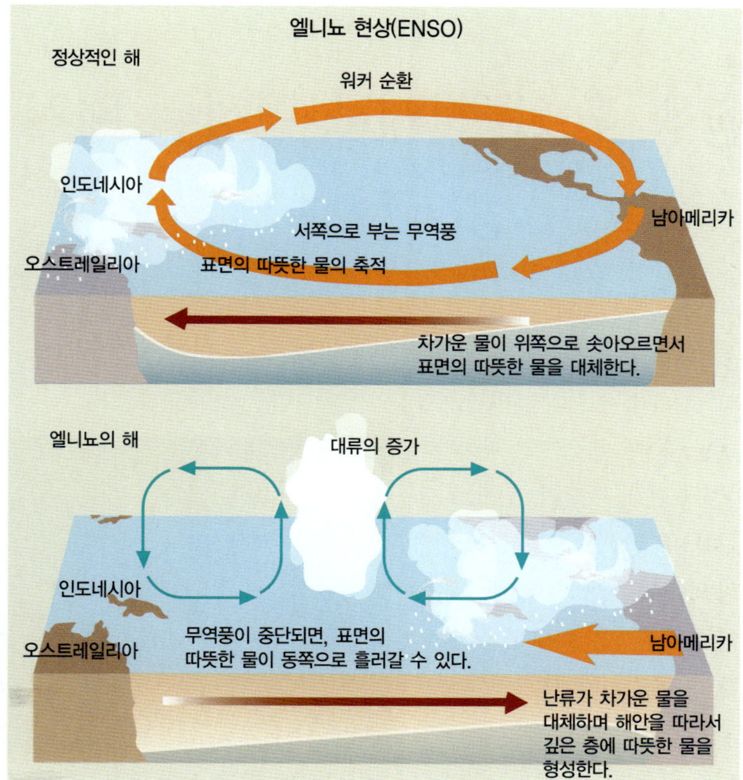

위 그림은 정상적인 상황이고, 아래 그림은 엘니뇨가 발생했을 때의 상황이다. 정상적인 해에는 무역풍이 서쪽으로 분다. 반면에 비정상적인 해에는 무역풍이 감소한다. 열대 태평양에서 대기와 해양의 상호 작용은 엘니뇨-남방진동을 일으키고 해양으로부터의 열이 대기권으로 운반되면서 표면 온도를 상승시킨다. 동무역풍이 감소하는 시기에 난류는 적도를 따라 동쪽으로 확장한다.

태평양에서 동쪽과 서쪽으로 왔다갔다하면서 발생했기 때문에 '남방진동'이라 불렀다. 오늘날 우리는 진동하는 해양과 기압적인 현상이 서로 물리적으로 연관되어 있다는 사실을 알고 있다. 그래서 이들을 합쳐서 엘니뇨 – 남방진동ENSO이라 부른다.

워커 세포

태평양은 적도를 가로질러 넓게 퍼져 있다. 보통 훔볼트 해류 Humboldt Current는 남아메리카의 서해안을 따라 북쪽으로 이동하며, 페루의 해안 가까이에서 용승하는 차가운 물로 보충된다.

보통 때에는 훔볼트 해류가 적도를 따라 서쪽으로 흐르면서 태양 복사 에너지에 의해 데워진다. 그래서 인도네시아 가까이의 서태평양은 남아메리카 부근의 동태평양보다 3–8 ℃ 정도 온도가 높다. 이처럼 정상적인 해에는 서태평양의 고온다습한 공기가 대기권 높이 상승하여 동쪽으로 흐르고, 더 차가운 동태평양의 저온저습한 공기로 변해 가라앉으면서 저층의 무역풍들을 서쪽으로 불어 보낸다. 이것이 정상적인 워커 순환이

다. 인도네시아 상공에는 비를 몰아오는 저기압 기단이 있고, 페루 상공에는 건조하고 강한 동무역풍을 발생시키는 고기압 기단이 발달하는 것이다.

하지만 아직도 잘 설명되지 않는 이유로 3년에서 5년에 한 번씩 엘니뇨가 남아메리카 해안의 동태평양을, 인도네시아 부근의 서태평양만큼 따뜻하게 데운다. 엘니뇨는 남반구의 무역풍이 약해지거나 심지어는 역방향서풍으로 바뀌고, 태평양 위의 제트 기류가 증강되는 시점에 이르기까지 워커 순환을 방해하는 것이다. 비정상적인 고기압이 인도네시아와 오스트레일리아의 다윈 섬 상공으로 들어서면서 날씨를 건조하게 하거나 심지어는 가뭄을 일으킨다. 반대로 타히티와 페루 상공으로는 저기압을 들어서게 하여 심한 폭우를 일으키고 홍수를 발생시킨다.

엘니뇨 – 남방진동은 태평양뿐만 아니라 세계적인 기후에도 영향을 미친다. 예를 들면, 엘니뇨가 있는 북아메리카의 겨울에는 비정상적으로 건조하고 온화해진다. 반면에 남쪽 지역은 비정상적으로 많은 비가 내린다. 워커의 이론이 맞은 것이다. 엘니뇨 중에 북서 인도의 몬순 강우량은 현격하게 줄어들었다.

라니냐

엘니뇨가 남아메리카 부근의 태평양을 데우는 횟수 만큼 다른 해에는 용승하는 물이 비정상적으로 차가워지는데, 이때는 워커 순환과 무역풍이 강화된다. 이런 현상을 엘니뇨와 대조하여 라니냐 '여자아이'라고 부른다. 현재 엘니뇨는 엘니뇨 – 남방진동의 따뜻한 시기로, 라니냐는 차가운 시기로 알려져 있다. 구체적인 부분에서는 조금 차이가 있지만 일반적으로 라니냐가 지구 기후에 미치는 영향은 엘니뇨의 반대라 할 수 있다.

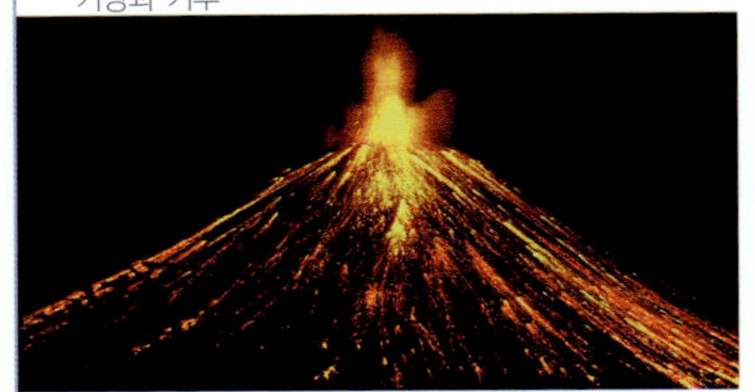

지구 탄생 후 세 번째로 형성된 대기

현재의 대기권은 지구 생성 초기의 대기권과 다르다. 사실 지금은 지구가 세 번째로 겪는 대기권이다.

약 48억 년 전 지구의 대기권은 수소와 헬륨 그리고 태양계를 형성했던 원소들로 구성되었다. 하지만 그 시기의 태양은 지금보다 훨씬 젊고 더 뜨거워서 많은 양의 잔여 물질들을 우주로 흘려보냈다. 이것은 강력한 태양풍이 되어 지구의 본래 대기권을 말 그대로 날려 보냈다.

지구가 처음 생성되었을 때는 매우 뜨거웠다.

많은 화산은 용암뿐만 아니라 이산화탄소, 수증기, 질소, 다양한 유황 화합물 기체들을 대량으로 대기권으로 내뿜었다. 당시 대기권은 수소 기반으로 된 환원성 대기였다. 지구 내부에서 분출된 기체 물질들은 환원성 대기 속으로 들어갔으며, 번개 및 기타 복잡한 화학

쥐라기 시대부터 있었던 종자식물과의 식물인 소철은 열대와 아열대 지방에서 찾아볼 수 있다.

적 반응을 거쳐 많은 양의 수증기와 함께 냉각되어 바다를 이루게 되었다. 이산화탄소는 석회암과 같은 탄산염 물질로 변해 바다 밑으로 침전되었다.

이윽고 원시 식물과 박테리아와 같은 초기 생명체들이 탄생하였다. 이들은 광합성 활동을 하여 이산화탄소는 흡수하고 대신 산소를 내놓았다. 이렇게 해서 생성된 산소는 약 10억 년 동안 바다의 표면과 바닥에 있는 철에 의해 흡수되었다. 그러다가 더 많은 양의 산소가 생산되면서 산소는 대기권에서도 축적되기 시작했다. 바로 이 시기에 지구는 바다에 쉽게 용해되지 않는 다량의 질소를 포함한 산소 기반의 대기권을 가지게 되었다. 비록 6억 년 전까지만 해도 산소가 오늘날의 비율인 21 %에는 미치지 못했다. 이와 같은 지구의 세 번째 대기권은 약 25억 년 전에 형성되었다.

위 지구가 형성되던 초기의 대기권은 화산 폭발의 영향을 많이 받았다. 화산 폭발로 인해 지구 대기권으로 많은 양의 이산화탄소, 수증기, 질소 등의 기체가 공급되었기 때문이다. **아래** 포르투갈 카보 카르보에이로(Cabo Carvoeiro)의 침식된 석회암 절벽이다. 원시 지구에서 두 번째로 형성된 대기권은 주로 수소로 이루어졌다. 이것은 석회암과 같은 탄산염 물질이 바위처럼 단단하게 침전되어 해저로 가라앉도록 화학적인 환경을 조성하는 데 크게 기여했다.

불과 얼음 지구가 항상 현재의 기온을 유지한 것은 아

니다. 지구가 태양계 행성으로 형성된 후 20억 년 동안 거대한 외계 천체들에게 폭격을 받았고, 이때의 충격으로 잦은 지진과 화산 활동으로 인해 가열되어 지금보다 훨씬 뜨거웠다.

과학자들은 해저나 극 지역의 빙원에서 표본을 채취하여 과거의 기후를 연구한다. 그 결과 과거에는 현재의 평균 기온보다 훨씬 더 따뜻했거나 추웠음을 알 수 있었다. 예를 들어 공룡이 번성했던 중생대 일부 기간 동안에는 오늘날과 같이 남극과 북극에 빙하가 존재하지 않았다. 반대로 어떤 기간에는 오늘날보다 훨씬 더 추웠는데, 지금 미국 땅의 반이 두께 1,600 m의 빙하로 덮여 있었던 빙하기에 특히 더 그랬다.

지구의 기후는 얼마나 빠른 속도로 변화할 수 있을까? 과학자들은 여러 가지 연구로 극단의 추위와 더위가 반복되는 급격한 기후 변화가 여러 차례 있었음을 알아냈다. 몇 번의 기후 변화와 대멸종은 소행성 크기의 물체와의 충돌로 인한 것임을 밝혀냈다. 중생대 말기에 공룡이 멸종한 이유도 소행성 충돌 자체가 아니라 그로 인한 기후 변화로 추정하고 있다.

또한 몇 번의 기후 변화는 캐나다 순상지 Canadian shield 로부터 엄청나게 큰 규모의 빙하가 대서양으로 빠져나와서 해양 열염 순환이 막았기 때문에 일어난 것으로 추정한다. 이와 같은 기후 변화는 하나의 생물학적 시대에 종지부를 찍고 새로운 생물 시대의 시작점이 되었다.

현재 우리는 약 10,000년 전 빙하기 끝부터 시작된 홀로세 Holocene epoch 에 살고 있다. 정확한 시기에 대해서는 의견이 분분하지만, 약 1,300년에서부터 1850년 까지 지속된 소빙기를 제외하고 전반적으로 홀로세는 온난했다. 그리고 지난 150년에 걸쳐서 지구의 기온은 꾸준히 증가해 왔다. 2005년에는 1,200년 만에 가장 높은 수치를 기록하기도 했다. 오늘날 많은 과학자들은 이런 현상에 대해 우려하고 있다. 지난 100년 동안 기온은 전례 없는 속도로 증가 하였는데 이런 현상은 단순히 지질학적이나 천문학적인 작

용들의 결과로 보기 어렵다. 아마도 이것은 인간 활동으로 인해 대기 중으로 많은 양의 온실 기체가 배출되어 발생하는 지구 온난화의 결과로 보고 있다. 지구 온난화의 진행을 억제하지 않는다면 인류는 파멸적인 결과를 맞이할 수도 있을 것이다.

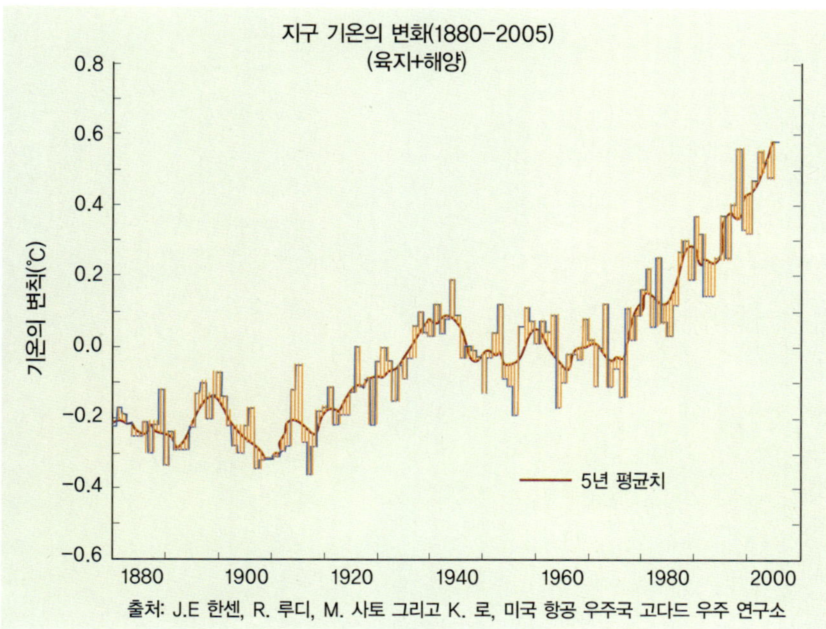

위 남극 보니호(lake Bonney)의 표면에서 채취된 얼음에 갇혀 있는 갈색 침전물이다. 이런 표본들에 대한 전파 탐지 연구는 얼음 표면의 아랫부분이 천 년을 주기로 녹았다가 다시 얼면서 표면의 침전물을 아래쪽 물로 운반시킨다는 것을 나타낸다.
아래 지난 150년 동안 지구의 기온은 꾸준히 증가하였다. 2005년의 평균 온도는 1,200년 만에 가장 높은 수치를 기록하였다.

거대한 대기권 순환

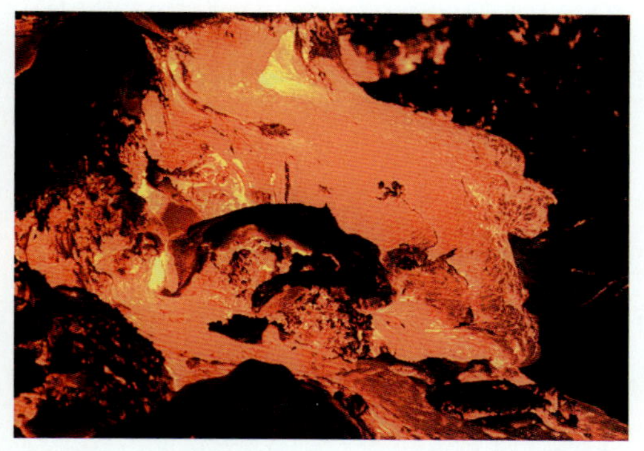

지구에 사는 대부분의 동물과 인간은 호흡을 할 때 산소가 필요하다. 아마 지금도 전 지구적으로 많은 양의 산소가 소비되고 있을 것이다. 그러나 산소의 양은 줄어들지 않고 계속 공급되고 있다. 지구는 자체적으로 재순환되는 생명 유지 장치이기 때문이다. 우리의 대기는 수권바다, 생물권, 암석권지각 및 지구의 내부와 끊임없이 상호 작용을 한다. 그렇게 함으로써 생물이 필요로 하는 원소와 화합물 그리고 영양 물질을 재생산하는 것이다. 이것은 끝없이 지속되는 상호 작용으로 과학자들은 이러한 과정을 생물지구화학적 순환biogeochemical cycle이라고 부른다.

지구에는 6개의 큰 순환이 일어나고 있다. 이들은 지구의 생명체와 기후, 그리고 날씨에 큰 영향을 미친다. 특히 3개의 대순환은 더 큰 영향을 끼치는데, 대기권에 산소를 제공하는 산소 순환oxygen cycle과 지구 전체에 물을 분배시키는 물의 순환hydrologic cycle 그리고 지구의 온도를 조정하는 탄소 순환carbon cycle이다. 이와 같은 순환에서 물질을 이루는 원자와 분자들은 끊임없이 재활용된다. 태초에 지구의 화산에서 분출되었고, 10억 년 전에는 공룡이 먹었을지도 모르는 물 분자가 지금은 구름을 이루는 작은 물방울 속에 있을지 모른다.

한편, 농업을 비롯한 다양한 산업 활동을 위해 습지와 숲을 파괴하는 인간들 때문에 공기의 화학적 구성이 달라지고, 물의 순환에 문제가 생겨 대기의 대순환에 큰 변동이 생길 수 있다. 또한 아주 작은 규모로 이루어지는 인간의 개인행동이 모이면 지구 전체에 큰 영향을 미치는 변수가 될 수 있다.

개방형 순환과 폐쇄형 순환

지구의 대기 순환은 본질적으로 개방형과 폐쇄형 두 가지로 나눌 수 있다. 개방형 순환은 지구 외부로부터 물질이 들어오거나 나가는 반면에 폐쇄형 순환은 지구 내부에서 일어나는 것으로 물질을 재활용한다.

지구의 개방형 에너지 순환 지구는 끊임없이 태양의 복사 에너지를 받는다. 이렇듯 에너지는 지구 외부로부터 유입된다. 그중의 일부는 바다나 육지에 흡수되거나 생명체들이 이용한다. 동물들과 인간들이 먹는 녹색 식물의 광합성 작용을 생각해 보면 잘 알 수 있다. 어떻게 보면 우리가 사과를 먹는 것은 사과나무가 변환시킨 태양 에너지를 먹는 것과 다름없다.

또한 지구는 지구 복사로 일정량의 에너지를 우주로 내보낸다. 만년설원에 비치는 햇빛은 얼음과 눈의 반사로 다시 지구 밖으로 나간다. 만약에 지구가 태양으로부터 받는 에너지를 모두 흡수한다면 지구는 순식간에 가마솥처럼 데워질 것이다. 이처럼 지구의 에너지 순환은 개방적이다. 지구가 내보내는 에너지는 외부, 즉 태양으로부터 보충된다. 만약에 태양이 없다면 지구 위의 모든 기상 현상은 중단되고 생물들은 살아갈 수 없을 것이다. 또한 태양이 없다면 대기권 자체의 질소와 산소가 얼어

위 페루의 알파마요(Alpamayo) 산의 일출 장면이다. 지구에 들어오는 태양 에너지의 일부는 설원이나 빙원에 의해 다시 우주로 반사된다. 이와 같은 에너지 교환은 지구의 개방형 에너지 순환 중 하나이다.
아래 사진의 왼쪽 위로 유성우가 지나가는 모습이 보인다. 나머지 밝은 빛줄기는 저속 카메라로 찍은 별들이다.

서 고체화된 공기가 지구를 덮을 것이다.

지구의 폐쇄형 생물지구화학적 순환 태양 에너지는 끊임없이 보충되는 반면, 지구에 있는 물질의 양은 고정되어 있다. 이따금 운석의 형태로 지구 외부에서 소량의 물질이 유입되기는 하지만 그것은 드문 현상이다.

지구에 있는 화합물은 다양한 변화 과정을 겪는데, 그 과정 속에서 폐기되었던 지구의 물질은 다시 재활용된다. 즉, 대기권에 분포하는 여러 가지 물질들은 폐쇄형 순환 시스템에 의해 움직인다.

대기권은 여러 가지 방법으로 순환한다. 생물을 통해 생물학적 과정을 순환하며, 지각 바위와 지구의 내부을 통해 지질학적 과정을 순환하고, 지구의 수권 해양 및 기타 수역들을 통해 화학적 과정을 순환한다. 기상과학자들과 생태학자들은 이렇게 복잡하고 상호 작용적인 순환들을 모두 '생물지구화학' 이라는 포괄적인 용어로 표현한다.

레저부아와 풀 모든 생물지구화학적 작용들은 지속적으로 일어난다. 그러나 가끔 화학 물질이 단기간 또는 장기간 특정 장소들에 저장되기도 한다. 과학자들은 그 저장소를 두 가지로 구분한다. '레저부아reservoir' 는 장기간 저장소이며 탄소가 석탄으로 저장되는 것이 대표적인 예이다.

스미스소니언 박물관에 있는 아콘드라이트(achondrite)는 운석이다. 운석은 지구가 외부로부터 화학 물질을 보충받은 드문 예이다. 운석을 제외하고 지구의 생물지구화학적 순환은 폐쇄형이다.

반면에 '풀pool'은 단기간 저장소로 짧은 기간 동안 동물과 식물의 몸체에 탄소가 저장되는 것을 말한다. 보통 레저부아는 무생물 시스템에 속하지만 풀은 생물학적인 시스템에 해당한다.

미국 최고의 석탄 생산 기업인 컨솔리데이션 석탄 회사에 고용된 광부의 오래된 사진이다. 탄소는 상대적으로 오랜 기간 동안 석탄 광상에 저장되어 있었다.

비나 눈은 어떻게 내릴까?

지구에 살고 있는 생물의 생명을 유지시키는 원동력 중 하나가 물의 순환이다. 물의 순환이 일어나는 과정은 단순하다. 물의 순환은 바다와 육지의 증발, 바다에서 육지로 수증기의 이동, 강수 그리고 육지에서 해양으로의 물의 이동으로 이루어진다.

지구는 물의 행성 지구의 모든 물은 지구의 수권hydrosphere에 포함된다. 수권은 바다, 호수, 강, 구름, 비, 눈, 빙원, 지하수, 안개 심지어는 우리를 둘러싼 공기 속의 보이지 않는 습기수증기까지도 포함한다. 지구의 수권에 물이 얼마나 있는지 계산해 보자. 지구의 표면적은 약 5억 1천만 km²이다. 표면의 70 % 이상, 즉 약 3억 6천 2백만 km²가 물로 덮여 있다. 지구의 3분의 2, 즉 약 3억 2천 5백만 km²가 바다이다. 지구에 있는 물의 총부피는 약 15억 km²이며, 그중 97 %가 바다에 있다.

수권의 3 %만이 담수이다. 그중 4분의 3이상이 극 지역의 만년설 또는 빙하로 그린란드와 남극 등에 묶여 있다. 그 이외의 담수는 대부분 땅 밑에 저장된 지하수이다. 눈으로 볼 수 있는 담수인 호수, 강, 시냇물 그리고 강우는 지구에 있는 담수의 1 %도 안 된다. 그 1 % 중에 북아메리카의 5대 호수가 가장 많은 양을 차지한다. 이들을 모두 합하면 지구에서 바다를 제외하고 가장 큰 수역이라고 할 수 있다.

지구 물의 고작 0.001 %만 대기권에 있는데, 육지와 바다에서 일어나는 증발 현상으로 사실상 그 물도 대부분 대류권 하층에 있다. 그럼에도 불구하고 대기권은 지구 사방으로 물을 이동시키는 데 있어 필수적이며, 특히 해양과 육지의 증발 때문에 더욱 그렇다.

위 비는 수권의 매우 중요한 일부분으로 지표에 골고루 물을 분배시켜 주는 역할을 한다.
아래 얼음, 눈, 비, 시냇물, 강, 호수, 지하수 그리고 바닷물의 형태로 대기권을 여행하는 물의 경로를 보여 주고 있다. 이를 물의 순환이라고 한다.

지구 전체적으로 일어나는 증발과 증산, 그리고 강우를 통해서 매년 약 505,000 km³의 물이 순환된다. 이 양은 5대 호수에 있는 물의 약 22배에 해당한다. 바다에서는 육지보다 상대적으로 더 많은 약 434,000 km³이 증발되고, 이 중에서 약 398,000 km³이 비나 눈으로 떨어진다. 반면에 육지에서는 이보다 훨씬 적은 5대 호수 부피의 1.5배에 해당 물이 대기권을 통해 이동하여 육지로 비나 눈이 되어 떨어진다.

증발의 힘 물을 순환시키는 에너지의 근원은 태양이다. 구체적으로 말해서 태양의 복사열이 바다의 물을 데워서 증발시킨다. 즉, 물이 액체 상태에서 기체 상태로 상태 변화를 하는 것이다. 물이 수증기가 되어 대기권에 들어가면 몇 시간 또는 몇 주 후에 땅으로 돌아오는데, 물 분자들은 평균 9일에서 10일 정도 공중에 떠 있다고 할 수 있다. 바다뿐만 아니라 호수와 강 그리고 기타 수역들에서 증발되는 수증기가 대기권 수분의 90 %를 차지하고, 나머지 10 %는 육지에서 증발되는 수증기이다 보조 글 '숨 쉬는 식물들' 을 참고.

강수 강수는 수증기가 물방울 또는 빙정으로 냉각되어 지표면에 떨어지는 것이다. 대부분은 액체의 형태로 떨어지지만, 일부는 눈, 진눈깨비 sleet, 우박, 싸락눈과 같은 고체의 형태로 떨어지기도 한다. 또한 안개비 fog drip는 수증기가 공중에서 물방울로 냉각된 것이다.

대기권으로 들어간 수증기는 순환을 한다. 수증기는 상승을 하면서 식어 물방울이 된다. 먼지와 같이 공중에 떠 있는 미립자들은 응결핵의 역할을 하여 수증기들이 모이게 해준다. 수증기들은 냉각되어 아주 작은

물방울이 되거나 더욱 낮은 온도에서 작은 빙정이 되기도 한다. 처음에는 물방울이나 빙정이 너무 작고 가벼워서 떨어지지 못한다. 하지만 구름 안에서 물방울과 빙정들이 순환을 하는 동안 충돌과 기타 과정을 거치면서 더 큰 물방울이나 눈송이, 얼음 알갱이로 성장한다. 그리고 무거워지면 비나 눈이 되어 지표로 떨어진다.

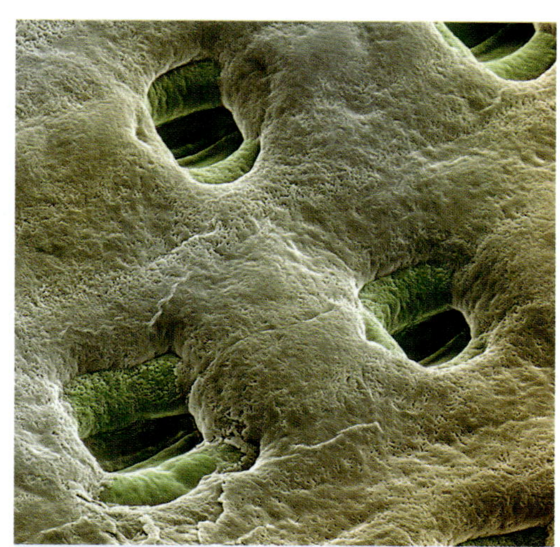

가문비나무 침엽 표면을 전자 현미경으로 본 사진이다. 움푹 들어간 구멍들은 기공(stomata)으로 구멍 양쪽에 있는 2개의 공변세포(guard cell, 사진에 연두색으로 나타나 있음)에 의해 열리고 닫힌다. 가문비나무의 기공은 수증기 및 기타 기체의 방출을 조절할 수 있다.

물은 증발한다. 비로 인해 생긴 작은 웅덩이가 시간이 흐른 후 마르는 것을 관찰해 보면 잘 알 수 있다. 하지만 육지에서 가장 큰 수증기 공급원은 사실 녹색 식물이다. 나무와 잔디, 옥수수, 감자는 광합성을 하면서 물을 방출한다. 식물은 식량이나 산소와 더불어 우리에게 물도 제공해 주는 것이다. 지하수는 식물의 뿌리를 타고 올라온 후, 줄기와 잎맥을 통해 잎으로 퍼져 나가서 증산이라는 과정을 통해 수증기를 대기권으로 내보낸다. 햇빛이 밝은 날 공원의 그늘진 숲으로 들어가 보자. 숲 속에서는 나무들이 숨을 쉬기 때문에 습도가 증가하고 온도는 내려간다. 그래서 숲 속에 들어가 보면 안과 밖의 차이를 느낄 수 있다.

그린란드 일룰리사트(Ilulissat) 빙하로부터 떨어져 나온 빙산들. 지구에 있는 담수의 4분의 3 이상이 극 지역 빙원과 빙하에 저장되어 있다.

물의 순환과정에서
열은 어떻게 이동할까?

물은 액체, 고체 얼음 그리고 기체 수증기 3가지 상태로 존재한다. 지구는 태양계 행성 중 유일하게 3가지 상태의 물을 모두 풍부하게 가지고 있다. 지역의 온도에 따라 물은 여러 가지 상태로 모습을 바꾸면서 순환을 한다. 물의 순환이 일어날 때 열이 흡수되거나 방출된다.

증발 현상은 물을 수증기로 바꾸어 대기권으로 옮기는 일을 한다. 이때 수증기는 열을 보관하여 적도의 남아도는 열을 극 지역으로 이동시킨다. 수증기가 이와 같은 일을 지속적으로 하지 않았다면 지구에서 기상 변화는 일어나지 않는다.

안개를 통한 열의 이동 태양이 바다를 데울 때, 바다 표면의 물 분자들은 열을 흡수하여 진동하는데, 이를 화학에서는 들뜬 상태라고 한다. 이때 어떤 물 분자들은 다른 물 분자들과의 화학적 결합을 깰 만큼 빠르게 진동하여 수증기가 되어 대기로 탈출한다. 이런 과정을 통해 증발은 바다 표면으로부터 탈출하는 물 분자들에게 열을 주고, 물 분자들은 받은 열을 가지고 대기로 간다. 과학자들은 물 분자들이 가지고 있는 열을 숨어 있는 열이라고 해서 '잠열 latent heat' 이라고 한다. 잠열은 물 분자에 저장되는 열에너지이다.

잠열을 통한 에너지의 전환은 2가지 중요한 현상을 일으킨다.

첫째, 우리가 운동을 할 때 땀이 나고 증발하면서 몸을 식혀 주는 것과 같은 원리로 바다를 식혀 준다. 이를 증발성 냉각 evaporative cooling 이라고

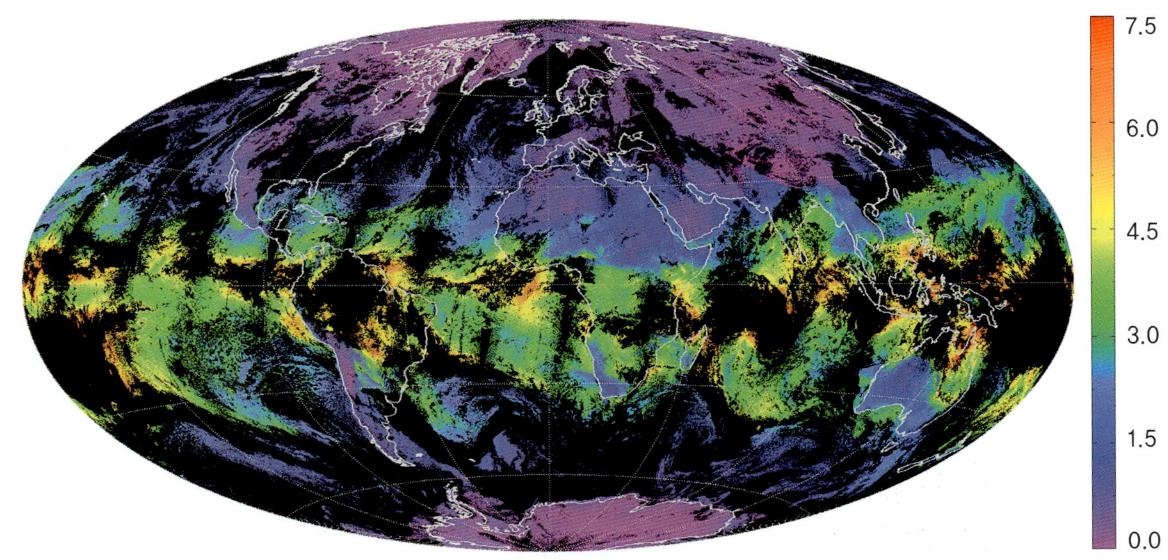

위 고드름에서는 물의 두 가지 상태를 함께 볼 수 있다. 액체 상태의 물은 아래로 흐르고, 고드름의 끝 부분에 이르면 다시 얼어붙어 길고 가느다란 얼음 기둥을 형성한다.
아래 이 그림은 전 세계의 평균 대기권 내에 수증기의 변동을 나타낸다. 열의 차이로 적도의 대기권보다 극 지역의 대기권이 상대적으로 적은 양의 수증기를 가지고 있다.

하며, 지구의 기후에 매우 중요하다. 이것이 없다면 지구는 현재보다 훨씬 더울 것이다. 과학자들의 계산에 의하면 지구의 평균 온도가 지금의 15 ℃에서 19 ℃로 높아질 것이라고 한다.

둘째, 수증기의 증발은 열을 바다에서 대기권으로 운반하는 일을 한다. 이런 열은 해들리, 페렐 그리고 극 세포의 순환을 통해서 극 지역들로 운반된다. 잠열은 수증기가 물로 응결되거나 얼음으로 냉각될 때 방출된다. 이리하여 증발은 대기권의 순환을 일으키는 것이다. 적도에서 더 먼 곳에서는 수증기가 빙정이나 다른 형태로 얼면서 더 많은 양의 잠열을 대기로 방출한다. 이들이 육지에 내린 후에는 시냇물이나 강으로 흘러간다.

위 내용을 다시 정리하면 다음과 같다. 물은 고체에서 액체, 또는 액체에서 수증기로 상태 변화를 하면서 태양 에너지를 흡수한다. 반대로 수증기에서 물로, 또 물에서 얼음으로 냉각될 때 에너지를 방출한다. 흡수와 방출을 통한 잠열의 이동은 기후에 대단히 중요하다. 잠열을 통해 적도에서 극 지역들로 전환되는 태양 에너지의 양은 건조한 공기로 운반되는 것의 약 3배에 이른다.

고체 이산화탄소 또는 드라이아이스는 록 공연에서 연기 효과를 낼 때 사용된다. 고체 이산화탄소는 승화를 통해 고체에서 기체 상태로 또는 기체 상태에서 고체 상태로 상태 변화를 한다.

승화를 통한 열의 이동

우리는 물의 상태 변화가 일반적으로 고체(얼음), 액체(물), 기체(증기)의 순서로 진행된다고 생각한다. 그러나 물은 얼음에서 수증기로, 수증기에서 얼음으로 바로 상태 변화가 가능한데 이런 과정을 승화(sublimation)라고 한다.

예를 들어 '드라이아이스(이산화탄소가 언 형태)'가 들어 있는 고기 상자나 아이스크림 포장 상자를 받아본 사람이라면 누구나 고체 이산화탄소가 증기로 승화하는 것을 보았을 것이다. 이 물체가 '드라이' 아이스로 불리는 이유는 액체로 먼저 녹지 않기 때문이다.

물은 얼음이 액체로 먼저 녹아버리지 못하는 빙점 이하의 온도에서 승화한다. 물의 승화는 음식을 냉동 건조하기 위해서 그리고 냉동실에 성에가 안 끼도록 하기 위해서 상업적으로 사용된다. 자연적인 물의 승화는 지구의 극 지역들에서 주로 발생하기 때문에 대기권 수증기의 중요한 근원이 되지 못한다.

수증기도 액체 단계를 거치지 않고 바로 얼음으로 응고될 수 있는데, 이런 과정을 승화라 한다. 이것은 밤 사이 잔디 위에 서리가 맺힐 때 일어나는 현상이다. 물이 고체나 액체로 응고하는지의 여부는 대기의 기압과 기온에 달려 있다.

지구에는 태양계에서 유일하게 많은 양의 물이 3가지 상태로 존재한다. 물의 상태 변화는 열의 방출과 흡수에 의해 일어난다.

산소 순환

산소가 없다면 인간은 살아갈 수 없을 것이다. 그러나 지금보다 더 많은 산소가 지구에 존재하기는 힘들다. 왜냐하면 산소는 화학적 반응이 매우 잘 일어나기 때문이다. 그래서 산소는 다른 종류의 원자, 분자들과 매우 쉽게 결합한다. 이와 같은 산소의 특성 때문에 지구는 태양계 내에서 독특한 환경을 가진 행성이 되었다.

지질학적인 산소의 공급원들이 존재하지만, 지구에서 산소의 가장 중요한 공급원은 광합성을 하는 녹색 식물이다. 어떤 과학자는 지구에 녹색 식물이 없다면 5,000년 안에 지금의 산소를 모두 소모할 것이라고 추정한다. 녹색 식물이 없어지면 지구에서 일어나는 순환은 본질적으로 달라질 것이다. 그러므로 산소가 없을 때 어떤 일이 일어날지를 정확하게 예측하는 일은 매우 어렵다.

광합성 동물과 사람들은 산소를 들이쉬고 이산화탄소를 내보낸다. 반면에 녹색 식물은 이산화탄소를 들이쉬고 산소를 내보낸다. 구체적으로 식물은 물과 이산화탄소를 흡수하고 태양 에너지를 이용하여 이들을 탄수화물^{또는 포도당}로 합성하고 그 과정에서 산소를 생산한다. 지구에 산소를 제공하는 최고의 공급원들은 육지에서 빨리 성장하는 어린 나무들과 바다 표면에 떠다니는 단세포 생물인 식물성 플랑크톤들이다.

지구의 식물은 대기 구성에 필수적이다. 또한 식물은 산소 교환을 비교적 빠른 속도로 약 2,000년 만에 수행한다. 매년 세계의 식물은 대기권 내 이산화탄소의 2000분의 1 정도를 흡수하며, 대기권에 산소의 2000분의 1 정도를 제공한다. 바꿔 말해서, 오늘날 대기권 내의 모든 이산화탄소와 산소는 기원전 시대 이후에 완전히 교체된 것이다. 반면에 수권의 물이 완전히 순환하기 위해서는 2,000,000년이 걸린다. 그러므로 식물은 물

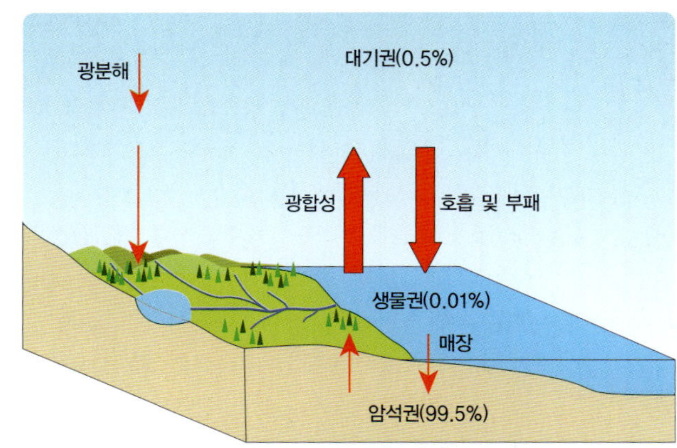

위 사진 속 하와이 마우이의 대나무들처럼 광합성을 하는 녹색 식물들은 태양 에너지, 이산화탄소 및 물을 흡수하여 산소를 생산한다.

가운데 대기권, 생물권 그리고 암석권 사이에 이루어지는 산소의 이동을 보여 주는 그림이다. 광합성이 이 순환을 추진하며 동물과 사람들에게 산소를 제공해 준다.

아래 규조(diatom)의 현미경 사진이다. 담수 및 바닷물에서 찾아볼 수 있는 규조는 단세포 식물성 플랑크톤이며 대기권 산소의 주요 공급자이다.

의 순환보다는 산소 순환에 훨씬 더 큰 영향을 준다고 할 수 있다.

산소는 생물권biosphere과 암석권lithosphere 사이에서도 순환되는데, 그 속도는 매우 느리다. 호수와 바다에 사는 유기물들은 산소 분자가 풍부한 탄산칼슘calcium carbonate, CaCO₃ 껍데기를 생성한다. 이런 유기체들이 죽으면, 껍데기들은 호수나 바다 바닥으로 떨어지고 나중에 석회암이 된다. 바위들 안에는 대기권에 존재하는 것보다 100배 많은 산소가 고정되어 있다. 앞으로 수천 년 이후 식물들은 바위들로부터 영양분을 흡수하면서 고정되어 있는 산소를 광합성을 통해 방출할 것이다.

오존 – 산소 순환

녹색 식물이 산소를 생성하느라 바쁜 동안 또 다른 중요한 화학적 순환이 고도 30–60 km 높이의 성층권에서 일어나고 있는데, 과학자들은 이를 오존 – 산소 순환이라고 한다. 산소 분자O₂가 태양의 강력한 단파장의 자외선을 흡수하면 산소는 화학적 반응에 매우 민감한 두 개의 산소 원자2O로 분리된다. 이들 산소 원자가 산소 분자와 같은 지역에 분포하면 태양으로부터 오는 자외선들은 이들을 오존O3 분자로 만든다. 그런데 오존 분자는 결합력이 약해 태양으로부터 오는 자외선을 받으면 다시 산소 원자와 분자로 쉽게 분리되기도 한다. 즉, 성층권 구간에서 산소 원자, 산소 분자, 그리고 오존이 끊임없이 서로 형태를 바꾸고 있는 것이다. 이 모든 반응은 태양 자외선에 의해 일어난다.

오존층은 지구의 빛 가리개와 같은 역할을 해서 식물과 동물에게 해로운 태양의 자외선을 차단한다. 또한 오존층은 대기권 내에 있는 수증기가 수소와 산소로 분리되어 물의 순환이 중단되는 일을 막아서 지구의 모든 생명체들의 생명 활동을 유지시켜 주는 중요한 일을 하고 있다.

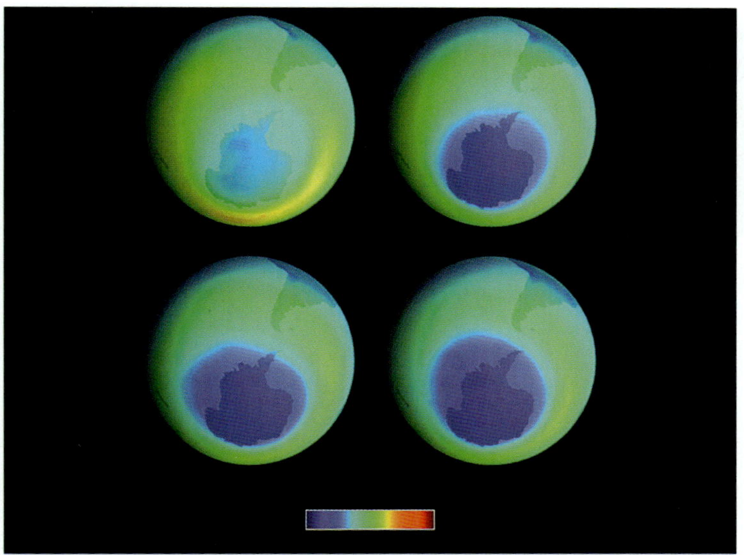

NASA의 TOMS(오존 관측 위성, Total Ozone Mapping Spectrometer)에 의해 촬영된 위 이미지들은 1981년부터 1999년까지 남극 상공의 오존층의 쇠퇴를 보여 준다. CFC나 연소에 의해 방출되는 질소 산화물과 같은 오존 파괴 화합물로 인해 오존 구멍의 크기는 1980년대 초반부터 꾸준히 커지고 있다.

오존 구멍

1970년 영국의 과학자들은 소름 끼치는 사실을 발견했다. 매년 지구의 오존층이 얇아지고 있었다. 특히 성층권에서 남극 상공의 오존층 두께가 가장 많이 얇아졌다. 관측에 의하면 그 넓이는 약 2,950,000 km²에 이른다. 그리고 오존층이 얇아지는 시기는 8월에서부터 12월 초까지인데 그 기간도 점점 늘어나고 있다. 어두운 극 지역의 겨울에는 오존의 양이 어느 정도 줄어드는 것이 일반적이다. 하지만 오늘날에 북아메리카보다 넓은 넓이의 상공에서 50–90 %로 성층권 오존이 매년 사라지고 있다. 이제 과학자들은 남극의 오존 구멍이 북극 위에도 형성되는 것은 아닌지 우려하고 있다.

이런 일은 극 지역만의 문제가 아니다. 지난 20년 동안 온대 기후에 해당하는 위도 상공의 성층권 오존도 매년 3 %가량씩 줄어들고 있다. 오존의 파괴는 주로 공장에서 생산되는 합성 화합물에 의해 일어난다. 가장 유력한 요소는 염소, 특히 냉동 시스템에서 사용되는 클로로플루오로카본(CFC)이라고 불리는 화합물 때문에 일어난다. 흔히 프레온 가스라고 부르는 이 물질은 에어로졸 캔이나 반도체 생산 과정 등에 많은 양이 사용되었다. 오존을 파괴하는 화합물로는 브롬(bromine)과 항공기 엔진의 배기가스와 같이 연소에 의해 방출되는 다양한 질소 산화물 등이 있다.

1987년에 합의된 몬트리올 협약(Montreal Protocol)은 CFC가 담긴 제품의 생산과 소비를 크게 줄여 주었다. 대부분 산업 국가들이 이 협약에 서명을 했다. 그러나 성층권에서 CFC가 해체되기 위해서는 수십 년이 걸릴 수도 있다. 그러므로 지금 오존 파괴 물질을 사용하거나 생산하지 않더라도 오존층의 파괴 작용은 당분간 계속 진행될 것이다.

탄소 순환과 온실 효과

탄소 순환과 산소 순환은 대칭 관계라고 할 수 있다. 인간과 동물들은 산소를 들이쉬고 이산화탄소를 내쉬는 반면에, 식물들은 이산화탄소를 들이쉬고 산소를 내쉬기 때문이다. 반면에 탄소 순환은 물의 순환을 보완한다. 왜냐하면 이산화탄소나 수증기 모두 온실 가스로서 지구를 데워 주고 생명을 지속시켜 주기 때문이다.

탄소와 암석 식물은 광합성을 통해 대기권의 이산화탄소를 흡수하여 탄수화물 및 기타 유기 화합물을 생산한다. 반면에 식물이 부패하거나 타 버리면 그 안에 있던 이산화탄소 중의 대부분은 대기로 돌아가게 된다. 박테리아와 식물은 해양 침전물로 퇴적되고 두꺼운 지층 아래에서 많은 열과 압력을 받아 석유나 천연가스 또는 석탄이 된다. 이와 같은 지질학적인 과정으로 막대한 양의 이산화탄소가 지하에 묻혀 있는 화석 연료 안에 갇히는 것이다. 그러나 석탄과 석유가 채굴되어 연소되면 다시 이산화탄소들은 대기로 돌아가게 된다.

광합성을 하는 수중 식물은 물속에 녹아 있는 이산화탄소를 사용하여 광합성을 한다. 수생 동물들도 물에 용해되어 있는 이산화탄소와 칼슘을 사용하여 탄산칼슘$CACO_3$으로 된 껍데기들을 만든다. 이런 동물들이 죽으면 그들의 껍데기는 이산화탄소를 저장하는 석회암이 된다. 하지만 석회암 등에 포함된 이산화탄소의 일부는 화산 활동을 통해 다시 대기로 돌아가기도 한다. 과학자들의 연구에 의하면 지구의 암석은 대기권이 갖고 있는 이산화탄소의 양보다 70배나 많이 보관하고 있는 셈이다.

태양에서 두 번째로 가까운 행성인 금성은 지구보다 조금 작다. 하지만 금성의 표면 대기압은 지구보다 90배나 높으며 뼈를 부술 만한 힘으로 짓누르고 있는 셈이다. 이것은 금성의 이산화탄소의 대부분이 암석에 보관되어 있지 않고 자유롭게 대기권에 떠다니기 때문이다.

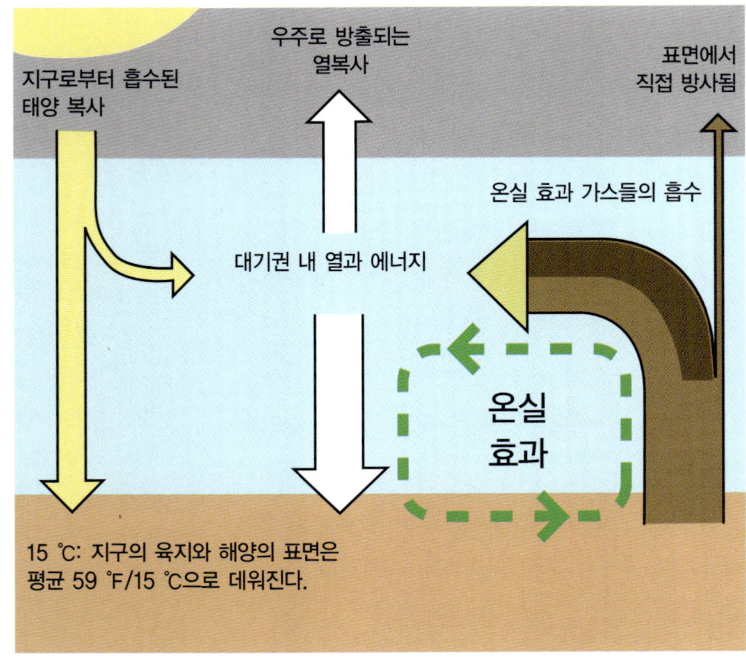

위 석유 굴착 장치의 화염 분사구에서 불이 타오르고 있다. 화석 연료를 태우면 이산화탄소가 대기권으로 방출된다.
아래 태양 복사 에너지가 대기권에 들어와 지구에 닿으면서 어떻게 열로 변화되는지를 보여 주는 것으로 온실 효과를 설명하는 그림이다.

수생 식물의 껍데기는 오랜 시간 퇴적 작용을 거치면서 미국 서부의 협곡들(사진)과 같은 석회암들을 생성한다. 석회암과 같은 퇴적암의 형성은 이산화탄소를 땅속에 가두는 역할을 한다.

온실의 유리는 이산화탄소처럼 들어오는 태양 복사 에너지는 투과시키지만, 나가는 열은 차단한다.

생명을 주는 온실 효과 대기권에서 상대적으로 낮은 비율을 차지하지만 이산화탄소는 아주 강력한 온실 효과를 일으키는 기체이다. 온실 효과를 일으키는 이산화탄소나 메테인과 같은 기체들을 온실 기체라고 한다. 온실 기체는 단파장 태양 복사, 즉 가시광선이나 자외선과 같은 파장은 투과시킨다. 그러나 태양 복사 에너지로 데워지고 지구로부터 복사된 장파장의 적외선은 흡수하는 특징을 가지고 있다. 따라서 온실 기체가 많아지면 지구가 열을 외부로 방출하는 속도가 늦어져서 더워지는 것이다.

온실 효과에 대한 오해

온실 효과와 온실 효과를 일으키는 기체들에게 주어진 이름들은 온실의 투명한 유리가 눈이 오는 추운 2월에도 어린 양상추 씨가 자랄 수 있도록 온도를 따뜻하게 유지시켜 주는 역할에 비유하여 만들어진 것이다. 하지만 이런 비유는 과학적으로 보면 완벽하게 일치하지는 않는다.

온실은 두 가지 메커니즘을 통해 작동한다. 첫째, 유리는 태양 광선의 가시광선 영역의 빛은 투과시키지만, 지표에서 복사되어 나가는 장파장의 적외선 영역의 빛은 통과시키지 않는다. 그래서 유리는 빠져나가는 복사의 양보다 많은 양의 복사를 투과시키는 것이다. 그런 면에서 온실은 대기권과 유사하다고 할 수 있다. 공기의 주요 구성 성분인 질소와 산소는 대부분의 태양 광선을 지표면으로 투과시키지만, 소량의 이산화탄소나 수증기 그리고 메테인과 같은 온실 기체들은 지표가 복사하는 장파장들을 대부분 흡수한다.

둘째, 온실은 자연적인 대류를 차단한다. 온실의 유리 구조는 따뜻한 공기를 물리적으로 가둬 놓는데, 이런 공기는 창문을 열자마자 쉽게 탈출한다. 이런 면에서 온실 효과의 비유는 무너진다. 왜냐하면 온실 기체들이 지구의 대류를 차단하지는 않기 때문이다. 실제로 대기권의 대류는 적도 지역의 남아도는 열을 극 지역으로 이동시켜 준다.

온실 효과를 일으키는 온실 기체의 따뜻한 덮개가 없었다면 대부분의 식물과 동물들은 지구에서 생명을 유지하지 못할 것이다. 지구의 평균 온도는 지금의 온화한 15 °C 대신에 훨씬 추운 −7 °C를 유지할 수도 있기 때문이다.

지구 온난화를 일으키는 온실 효과에 대한 논의를 할 때면 항상 그 초점은 대기권에서 온실 기체의 양을 급격하게 증가시킨 인간에게 향한다. 인간은 산업 혁명의 초기부터 화석 연료를 대량으로 사용하여 지구 역사에서 그 전례가 없을 정도로 많은 양의 이산화탄소와 메테인을 대기로 방출했기 때문이다.

인간과 순환

지난 2세기 동안 인간은 지구의 겉모습을 바꾸었다. 인구가 늘어나고 각 나라에서는 산업화가 진행되면서 수천 제곱킬로미터의 숲을 개간하여 도시와 고속도로를 건설하고 농지를 만들었다. 대기권의 관점에서 봤을 때 이런 행동들은 산소 공급원들을 제거하고 이산화탄소 공급원들을 늘린 것이다. 그리고 산업화는 육지에서의 물의 순환과 열의 균형을 변화시켰다. 물은 숲에서보다 확 트인 농지에서 더 빠른 속도로 증발한다. 또한 물은 토양과 지하수면에는 스며들지만 아스팔트 위에는 흘러내린다. 이와 같은 인간의 활동은 지구의 기상과 기후에 어떤 영향을 미칠까?

물의 순환에 인간이 미치는 영향 지구에서 일어나고 있는 물의 순환에서 증발과 강수의 균형은 섬세하게 유지되고 있다. 지구가 더 따뜻해지면 더 많은 양의 물이 증발하여 강수량도 증가할 것이다. 하지만 이런 물의 순환 속도의 증가는 악순환의 연속일 수도 있다. 대기권 내의 수증기 양의 증가로 지구의 평균 온도를 상승시키고, 이 일로 물의 순환이 더욱 가속된다. 또한 물의 순환이 빨라지면 난폭한 기상이 나타난다. 물론 지역적으로 구름의 양이 증가하면 그 지역의 기온이 낮아질 수는 있다.

위 산림의 개간으로 광합성 식물들이 없어지면 대기권 내의 이산화탄소량은 증가한다.
아래 매사추세츠 고속도로 위에 차들이 가득하다. 자동차에 의한 화석 연료의 연소는 대기 중 이산화탄소 농도의 급격한 증가에 기여했다. 이런 증가는 지구 온난화의 주된 원인으로 간주된다.

최근 일부 과학자들은 엘니뇨의 발생 빈도가 증가하고 세기도 강해지는 것이 지구 온난화로 인해 가속화된 물의 순환에서 비롯된 일로 생각하고 크게 우려하고 있다.

인간과 탄소 순환 1950년대 초반부터 석탄, 석유 및 천연가스 등과 같은 화석 연료 사용량의 증가로 대기권 내 이산화탄소의 농도는 꾸준히 증가했다. 그리고 야생 지역을 농지로 변화시키는 과정에서도 이산화탄소가 많이 방출되었다. 단지 숲과 사바나가 개간되어서가 아니라 개간지를 경작하면 토지가 파괴되는데, 그로 인해 분해된 유기물에서 이산화탄소가 배출되기 때문이다. 이 이산화탄소는 대기권으로 방출되거나 또는 강으로 흘러들어가 결국엔 바다에 용해된다.

어떤 이들은 이산화탄소 방출의 증가로 지구 온난화 현상이 급격하게 일어나지 않을까 걱정한다. 지구가 점점 따뜻해질수록 시베리아에서는 많은 양의 토탄들이 녹게 된다. 토탄은 녹으면서 이산화탄소보다도 강력한 온실 가스인 메테인CH_4을 대량으로 방출할 가능성이 매우 높다.

인간의 활동으로 배출되는 이산화탄소와 메테인이 증가하면 지구 온난화가 일어난다. 그리고 지구 온난화로 지구의 기온이 상승하면 빙하가 녹아 해수면이 상승하는 등 기상 이변이 속출할 것이라고 전문가들은 주장하고 있다. 따라서 인간의 활동으로 배출되는 이산화탄소나 메테인의 양이 줄어들지 않는다면 먹이 사슬 등으로 연결되어 있는 지구의 생물은 연쇄적으로 멸종하는 큰 재난을 초래할 수도 있을 것이다.

위 지구 온난화로 시베리아 토탄들이 녹고 있다. 온도가 영구 동토층을 녹일 만큼 높아지면 토탄들은 이산화탄소보다 강력한 온실 기체인 메테인을 방출한다.
아래 남아메리카 열대 우림에서 불도저가 통나무를 이동시키고 있다. 세계의 이산화탄소 공해의 5분의 1에서 3분의 1 사이가 열대 우림의 파괴에서 비롯되는 것으로 추정된다.

기상 현상이 일어나는 원리

왼쪽 허리케인 아이반(Ivan)의 인공위성 사진이다. 기록상 아홉 번째로 강력한 이 허리케인은 그레나다와 쿠바 그리고 미국에 막대한 피해를 입혔다.

위 지고 있는 태양이 아프리카 케냐의 마사이 부족을 비추고 있다. 지구의 자전은 지표면의 반은 항상 태양 에너지를 흡수하고 다른 반쪽은 그런 에너지를 다시 우주로 복사하도록 한다.

아래 캐나다의 혹한은 기류의 이동과 물의 순환 그리고 지역의 지형적인 요인 등과 같은 복잡한 기상학적 시스템에 의해 일어난다.

기상 변화는 서로 밀접하게 연결되어 있는 대기권 순환의 사슬에 의해 일어난다. 끊임없이 변하는 기상 현상의 속성은 지구의 공전과 자전만큼 필연적이다. 사실은 이와 같은 천문학적인 운동이 기상 변화를 추진시키는 원동력이다.

지구에서 햇빛을 받는 쪽낮에서는 태양 복사 에너지가 대기권으로 유입되어 바다와 육지를 데운다. 반대로 햇빛을 받지 않는 쪽밤에서는 태양으로부터 받은 복사 에너지를 지구 복사 에너지 형태로 끊임없이 방출하고 있다. 지구는 자전하기 때문에 에너지를 흡수하는 면낮과 에너지를 방출하는 면밤은 항상 변한다.

태양으로부터 받은 열이 바다와 육지를 데우면 따뜻해진 공기는 상승한다. 증발은 수증기와 잠열을 모두 대기권으로 운반한다. 그리고 대류에 의해서 수증기와 잠열은 북극과 남극으로 이동한다. 또한 이 과정은 거대한 양의 차가운 공기와 건조한 극 지역 공기를 적도로 흘러가게 한다. 코리올리 힘에 의해 공기 흐름은 동쪽이나 서쪽으로 휘게 되며, 탁월풍˙이 만드는 공기의 흐름과 물의 순환은 제트 기류나 산과 같은 지형적인 요인, 난류와 한류 그리고 용승류의 영향을 받는다. 또한 숲을 개간하고 그 자리에 농지와 도시들을 세워 대기에 영향을 미치는 인간에 의해서도 영향을 받는다.

˙ 탁월풍 : 일정 기간 동안에 출현 빈도가 높은 바람을 말한다. 계절풍이나 편서풍, 무역풍 등이 해당된다(옮긴이).

기단

텔레비전의 일기 예보 방송에서 흔히 볼 수 있는 일기도의 화살표가 무엇을 나타내는지 궁금했을 것이다. 또 기상 캐스터들이 거대한 '한대 극기단'이나 '적도 기단' 등이 우리나라에 다가온다고 했을 때 그것이 정확하게 무엇을 의미하는지 궁금했을 것이다.

기상 변화는 서로 다른 온도와 습도를 가진 거대한 기단의 수평적인 움직임과 이 기단들의 만남으로 일어난다. 이런 사실을 안다면 일기도를 보면서 며칠 동안에 일어날 수 있는 기상 변화를 예측할 수 있다.

5가지 종류의 기단 기단은 발생 지역의 온도나 습도 등의 특성을 가진 커다란 공기 덩어리이다. 기단의 발생지란 그 기단이 적어도 하루에서 이틀 이상의 상당한 시간을 보내는 땅이나 바다 등을 말한다. 그래서 '극' 또는 '적도' 등의 용어를 사용한다. 기단과 같이 거대한 공기 덩어리에 영향을 미치기 위해서는 발생지도 역시 매우 커야 한다. 그래서 기단의 발생지는 대부분 수백만 제곱킬로미터의 넓이를 가진 큰 대양이나 대륙이다.

기상과학자들은 습도와 온도를 기준으로 기단을 분류한다. 쾨펜의 기후 구분과 같이 기단들의 특성에도 그것의 발생지를 나타내는 알파벳

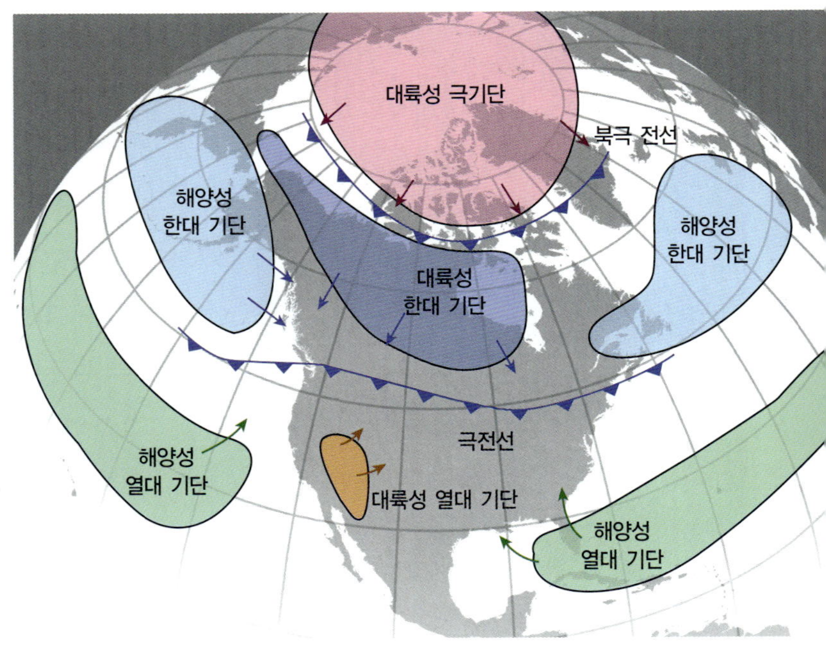

위 열대성 기단은 멕시코 만에서 발생하기도 한다.
아래 북아메리카 대륙에 영향을 주는 기단들이다. 대표적으로 해양성 열대 기단(mT), 해양성 한대 기단(mP), 대륙성 한대 기단(cP) 그리고 대륙성 열대 기단(cT) 등이 있다.

들이 지정되어 있다. 습도의 근삿값은 소문자 알파벳으로 표시되며, 온도 범위는 대문자로 표시한다.

습한 기단들은 일반적으로 바다와 같이 큰 수역 위에서 시작되기 때문에 해양성m으로 분류된다. 건조한 기단들은 대륙성c으로 분류되는데, 이것은 육지에서 기원하기 때문이다. 따뜻한 기단들은 열대 기단T, 서늘한 기단들은 한대 기단P, 그리고 몹시 차가운 기단들은 극기단A이라 한다. 이론적으로는 6가지 알파벳의 조합이 가능하지만, 자연에는 5가지의 기단만 존재한다. 해양성 극기단mA의 발생지가 될 북극에서는 물이 얼어 있으므로 해양성 극기단은 실제로 존재할 수 없다.

미국의 기상은 5가지의 기단 중에서 주로 4가지의 기단에 영향을 받는다. 열대 태평양와 멕시코 만 그리고 열대 대서양에서부터 북쪽으로 이동하는 고온다습한 해양성 열대 기단mT, 북태평양에서부터 남동쪽 또는 북대서양에서부터 남쪽으로 이동하는 저온다습한 해양성 한대 기단mP, 캐나다의 빙원이나 육지들로부터 남쪽으로 이동하는 저온저습한 대륙성 한대 기단cP, 매우 한랭하고 건조한 대륙성 극기단cA 등이다. 이보다 영향을 덜 미치는

가까이 다가오고 있는 차가운 기단의 전선에 있는 구름은 세찬 바람을 몰아오며 기온을 낮춘다. 구름은 일반적으로 온난 전선과 한랭 전선의 경계에서 발생한다.

것은 멕시코 고원에서부터 북쪽으로 흐르는 대륙성 열대 기단cT인데, 이 기단이 지속될 경우 중서부 지방에 큰 가뭄이 발생할 수 있다.

기단은 일주일에서 한 계절 동안 해당 지역의 기상을 변화시킨다. 예를 들어 멕시코 만 해안과 미국 동해안은 6월에서 8월까지 해양성 열대 기단mT의 영향을 받으므로 여름이 매우 덥다.

미국은 국토의 면적이 매우 넓지만 효과적인 기단의 근원지가 되지 못한다. 그 이유는 상대적으로 불안정한 페렐 세포 아래에 위치하여, 다양한 기상 시스템이 빈번하게 미국에 영향을 주기 때문이다. 이와 같은 기상의 변화 때문에 미국 상공에 있는 공기 덩어리는 기단으로 발달하지 못한다.

기상이 변하는 이유 기단은 지구 곳곳으로 이동하면서 새로운 지역으로부터 새로운 특성을 받아들인다. 만약 겨울에 몹시 차갑고 건조한 대륙성 극기단cA이 캐나다 상공에서 대서양으로 이동하면 대서양으로부터 따뜻한 열기와 수분을 공급받아 저온 다습한 한대 기단mP으로 변한다. 만약에 같은 기단이 미국 중부 쪽을 향해 남쪽으로 이동했다면, 기온은 상대적으로 높아지지만 습도는 증가하지 않아서 대륙성 한대 기단cP으로 변할 것이다.

기단 사이의 경계선은 전선fronts이라고 한다. 이 전선을 경계로 기상은 많이 달라진다. 따라서 기상과학자들이 가장 관심을 가지고 연구하는 곳이 전선 주변의 기상이다.

대륙성 극기단(cA)은 캐나다의 얼어붙은 지형 위에서 발생한다.

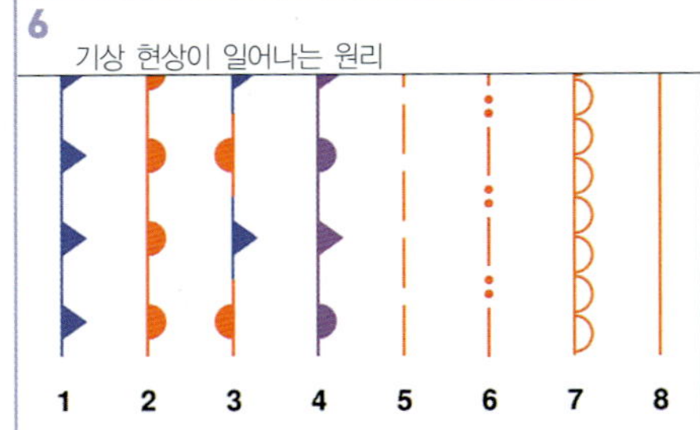

온난 전선과 한랭 전선

거대한 기단들이 만나는 경계면을 전선면이라 하고, 전선면이 땅과 마주하는 경계를 전선이라 한다. 하지만 전선들이 지표면 가까이에서만 형성되는 것은 아니며 수직적인 구조도 가지고 있다. 차가운 공기는 따뜻한 공기보다 밀도가 높기 때문에 밑으로 가라앉게 되고, 그러면서 따뜻한 공기를 들어 올린다. 이런 수직적인 움직임은 구름을 만들고 비나 눈을 내리게 한다.

한랭 전선 따뜻한 기단과 만나는 차가운 기단의 맨 앞부분을 한랭 전선이라 한다. 일반적으로 높은 밀도를 가진 차가운 공기는 낮은 밀도를 지닌 따뜻한 공기 밑으로 밀고 들어가 따뜻한 공기를 위로 들어 올린다. 한랭 전선은 최고 50 km/h의 속도로 이동하여 전선면의 기울기를 가파르게 만든다. 이때 따뜻한 기단의 공기는 빠르게 상승하면서 식게 되는데 키가 크고 솜처럼 부푼 적운 모양의 구름을 형성한다제7장 참고. 이 구름은 거대한 적란운으로 발달하여 돌풍과 뇌우 그리고 비, 눈, 진눈깨비, 우박을 내리게 한다. 그래서 짧은 기간 동은 높은 강수량을 기록하게 한다. 일기도에서 한랭 전선은 이동 방향을 가리키는 작은 파란 삼각형과 파란 선으로 표시된다.

온난 전선 따뜻한 기단이 서늘하거나 차가운 기

위 미국 국립 기상국의 기상 전선 표시이다. 왼쪽으로부터 (1) 한랭 전선, (2) 온난 전선, (3) 정체 전선, (4) 폐색 전선, (5) 기압골(surface trough), (6) 스콜선(squall line), (7) 건조선(dry line), (8) 열대파동(tropical wave)이다.
아래 온난 전선과 한랭 전선이 만날 때 형성되는 긴 구름의 띠이다.

단을 밀어낼 때 그 맨 앞부분을 온난 전선이라 한다. 따뜻한 공기는 차가운 공기보다 밀도가 낮다. 따라서 온난 전선은 보통 차가운 기단 위로 미끄러져 올라가면서 전진한다. 그래서 한랭 전선보다는 경사가 완만한 전선면을 만든다. 온난 전선은 비교적 공기가 안정되어 있어 수직 이동이

이동 중인 온난 전선과 한랭 전선의 그림이다. 왼쪽의 그림은 온난 전선이 한랭 전선에 다가가면서 상승하여 구름을 형성하는 것이고, 오른쪽의 그림은 한랭 전선이 따뜻한 공기를 위로 들어 올리면서 구름을 형성하는 것을 보여 준다.

활발하지 않아 넓은 면적으로 층을 이루며 펼쳐진 구름을 형성한다. 농부들은 봄과 여름에 온난 전선이 몰아오는 비를 반가워하는데, 이 비는 넓은 지역에 오랜 시간 지속적으로 조금씩 내리기 때문이다. 하지만 겨울에 온난 전선에서 내리는 비는 눈이나 진눈깨비로 변할 수 있다. 온난 전선이 지나가면 기온은 약간 상승하고 약한 바람이 분다. 일기도에서 온난 전선은 이동 방향을 가리키는 빨간 반원과 빨간 선으로 표시된다.

정체 전선 만약에 한랭 기단과 온난 기단이 서로 만났을 때 그 둘의 세력이 비슷하다면 두 기단은 한 위치에서 얼마 동안 정체되어 있는 것을 볼 수 있다. 이런 정체 전선stationary front들은 겨울보다 여름에 더 흔하게 형성된다. 일기도 정체 전선은 하나의 선 위에 서로 다른 방향을 가리키는 빨간 반원과 파란 삼각형으로 표시된다.

폐색 전선 폐색 전선occluded front은 다양한 원인으로 발생한다. 하지만 대부분 세 가지 공기와 관계되어 있다. 서늘한 남극 공기, 차가운 남극 공기 그리고 따뜻한 공기이다. 두 종류의 남극 공기가 만나는 곳에서 차가운 공기가 서늘한 공기 밑으로 미끄러져 내려가면서 지표면으로부터 따뜻한 공기의 유입을 차단, 즉 폐색시킨다. 이로 인해 따뜻한 공기는 남극 기단들 위로 상승하게 된다. 폐색 전선은 중위도 저기압의 형성에 매우 중요한 역할을 한다. 일기도에서 폐색 전선은 하나의 선 위에서 이동하는 방향을 가리키는 자주색의 반원들이 자주색 삼각형과 교차하는 것으로 표시된다.

건조선 즉, 높은 습도와 낮은 습도를 가진 기단의 경계선에서는 사진과 같은 난폭한 뇌우가 발생하기도 한다.

건조선

기단은 온도에서는 작은 차이를 보이고, 습도에서는 큰 차이를 보일 수 있다. 고온다습한 공기를 고온저습한 공기로부터 분리시키는 경계를 건조선이라 한다.

건조선은 미시시피 강 동쪽에서는 보기 힘들지만 뉴멕시코, 텍사스, 오클라호마, 캔자스 그리고 네브래스카를 포함하는 로키 산맥 동부의 북아메리카 서부와 남부의 대초원 지대에서 자주 볼 수 있다. 건조선은 기상 변화에 매우 중요한 역할을 한다. 이 지역에 사는 사람들은 건조선을 따라 형성되는 난폭한 뇌우 와 토네이도에 익숙하다. 일기도에서 건조선은 이동 방향을 가리키는 검은 반원과 검은 선으로 표시된다.

• 뇌우 : 번개와 천둥을 발생시키는 폭풍우를 말한다. 뇌우는 돌풍 또는 토네이도를 일으키고, 우박을 내리기도 한다. 적란운에서 흔히 관찰할 수 있다(옮긴이).

고기압과 저기압

따뜻한 공기는 차가운 공기보다 밀도가 작고 가벼워서 위로 상승한다. 떠오르는 공기는 부분적으로 진공 상태를 만들어서 주변으로부터 공기를 끌어당긴다. 표면에서 공기가 들어오는 속도보다 빠져나가는 속도가 더 빠르면 주변의 대기는 더 가벼워지며 그로 인해 표면 기압은 낮아진다.

저기압 세포low pressure cell란 아주 작은 형태의 대류 세포3장 참고라고 할 수 있다. 기류들이 만나면 따뜻한 공기는 상승하고, 차가운 바람은 그 자리를 차지하기 위해 몰려온다. 저기압은 이런 차가운 공기가 상승하는 따뜻한 공기의 속도에 맞추지 못할 때 발생한다. 저기압 세포의 꼭대기에서 떠오른 따뜻한 공기는 위쪽으로 빠져나간다. 이처럼 저기압 지대의 공기의 특징은 '합쳐서', '위로', '밖으로'로 요약할 수 있다.

고기압 지대는 이와 반대이다. 차가운 공기는 따뜻한 공기보다 밀도가 더 높으므로 무거워 가라앉는다. 고기압의 중심 지역에서 공기의 하강 속도가 지표면의 고기압 중심에서 공기가 빠져나가는 속도보다 더 빠르면 공기 기둥이 누르는 대기권의 힘무게을 증가시킨다. 공기의 무게는 기압계의 기압을 높인다.

고기압 시스템은 저기압 시스템과는 다른 세 가지 특성을 가진다. 세

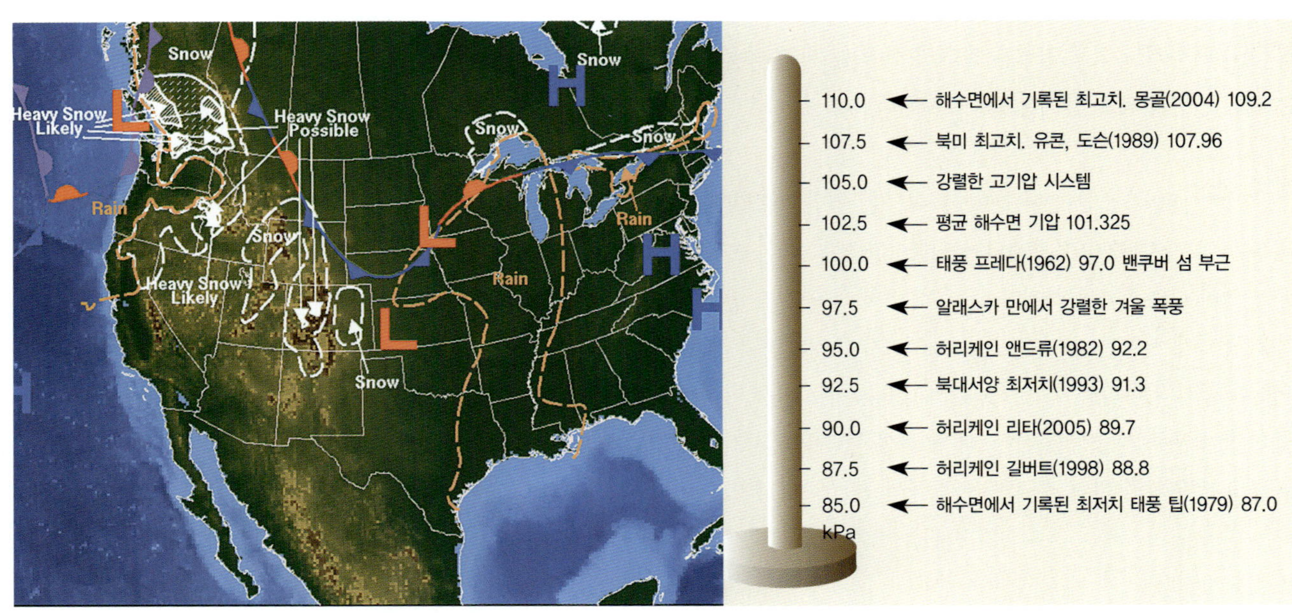

위 기압을 포함한 대기권 상태를 측정하기 위해 기상과학자들은 라디오존데 기구를 날려 보낸다.
아래 오른쪽 지금까지 관측된 극단적인 기압의 변화 범위와 이와 연관된 기상 변화들이다.
아래 왼쪽 북아메리카의 일기도이다. 저기압 지역의 중심에 빨간색 대문자 'L', 고기압 지역의 중심에 파란색 대문자 'H'가 표시되어 있다.

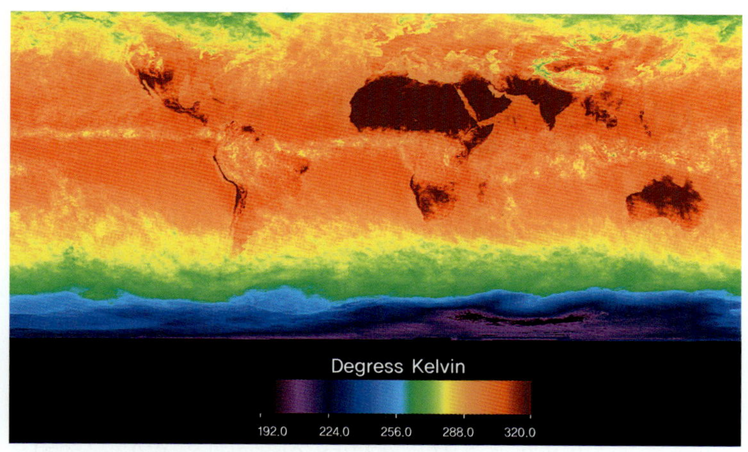

NASA의 적외선 대기 관측(Atmospheric Infrared Sounder Experiment) 탐사선인 아쿠아(Aqua)호가 촬영한 사진이다. 이것은 지표면의 평균 기온을 보여 준다. 적도 부근의 황색 띠는 폭풍우와 몬순이 잦은 저기압 지대인 열대 수렴대에 해당한다.

가지 특성이란 중심 지역에서 발달하는 하강 기류, 지표면에서 밖으로 나가는 공기 그리고 상층에서 모여드는 공기를 말한다.

상승하는 공기는 단열 팽창으로 기온이 내려가 냉각되므로 그 안에 있는 수증기는 응결한다. 따라서 저기압 지역에서는 구름이 형성되고 비나 눈이 내리며 변덕스러운 날씨가 연출된다. 반면에 하강하는 공기는 따뜻해지기 때문에 그 안에 있던 수분은 증발한다. 따라서 고기압 지역은 일반적으로 맑고, 건조하며 날씨는 안정된다. 일기도에서 저기압의 중심은 일반적으로 빨간색 대문자 L로 표시되며, 고기압의 중심은 파란색 대문자 H로 표시된다.

반영구적 고기압과 저기압

고기압과 저기압은 한 번 형성되면 수백 또는 수천 킬로미터를 이동하고 태양 복사 에너지와 탁월풍 그리고 지형 및 기타 요소 등에 의해 소멸된다. 그러나 지구에는 고기압과 저기압이 몇 달 이상 오랫동안 머무는 지역들이 있다.

가장 영속적인 저기압 지대 중 하나는 적도의 열대 수렴대ITCZ이다. 열대 수렴대 주변 바다에서는 많은 양의 수증기가 증발하여 해들리 세포에 에너지를 공급한다. 습한 공기는 끊임없이 상승하여 단열 냉각으로 응결되고 해당 지역에서 오후에 소나기를 내리는 구름을 형성한다. 열대 수렴대는 저기압 지역으로 띠 모양을 이루고 있는데, 구체적으로 말하면 적도에 나란하여

지구를 둘러싼 대류성 폭풍들의 띠이다.

해들리 세포의 공기가 지면으로 가라앉는 지점은 북위와 남위 모두 20° 또는 30° 사이 지역으로, 이곳에는 아열대 고기압subtropical high 으로 알려진 거대한 고기압의 띠가 지구를 둘러싸고 있다. 하강하는 공기가 데워지면서 상대 습도는 감소하여 구름이 생성되지 않고 비가 잘 내리지 않는다. 그러므로 사하라와 미국 남동부 지역의 사막을 포함한 세계 대 사막들이 아열대 고기압 지역에 위치해 있는 것은 우연이 아니다.

반면에 몹시 차가운 공기가 하강하는 극 지역에서는 '극 고압대polar high' 라 부르는 고기압 지역이 지속적으로 존재한다.

다른 위도에서는 위치와 세기가 계절에 따라 변하는 반영구적인 고기압 및 저기압 세포들이 드문드문 교차하면서 존재한다. 북반구의 겨울에 가장 발달된 세포는 북태평양 상공의 알류산 저기압Aleutian low이 있고, 북대서양 상공에는 아이슬란드 저기압Icelandic low이 있다. 또한 중앙아시아 상공에는 시베리아 고기압Siberian high이 발달한다.

한편 북반구의 여름에 나타나는 두드러진 특징들은 태평양의 하와이 고기압Hawaiian high, 대서양의 버뮤다 – 아조레스 고기압Bermuda-Azores high, 남아시아의 티베트 고기압Tibetan high 때문에 일어난다.

사하라 사막은 아열대 고기압 지역에 위치한다. 이 지역에서는 하강하는 공기가 데워지면서 상대 습도가 감소하여 구름과 강수의 형성이 억제된다.

무엇이 바람을 일으키는가?

바람은 공기의 이동이다. 보통 사람들이 흔히 말하는 바람은 주로 공기의 수평적인 움직임을 의미한다. 예를 들어 기상 캐스터가 16-32 km/h의 속도로 서풍이 불고 있다고 하면, 서쪽으로부터 바람이 수평으로 동쪽을 향해서 한 시간에 16-32 km의 거리로 이동하고 있다는 것을 의미한다.

풍향과 풍속은 세 가지의 힘이 합성된 것이다. 세 가지 힘이란, 기압 경도력pressure gradient force과 코리올리 힘 그리고 지표면과의 마찰력이다.

기압 경도력 입으로 풍선을 분다고 생각해 보자. 숨을 크게 들이쉰 다음, 풍선에 바람을 불어넣는다. 풍선을 둘러싼 대기가 풍선에 가하는 압력의 힘보다 불어넣는 힘기압이 더 강하기 때문에 풍선은 부풀게 된다. 하지만 풍선이 거의 최대한으로 부풀면, 바람을 불어넣는 것이 힘들어지는데, 이것은 풍선 내부의 기압이 우리의 입에서 나오는 압력보다 강해지기 때문이다. 만약 바람을 불어넣는 것을 중단하고 풍선 주둥이를 연다면 풍선 안의 공기는 빠른 속도로 빠져나올 것이다. 풍선 내부의 기압과 풍선을 누르는 기압의 크기가 같을 때까지 풍선은 줄어들 것이다.

풍선에 공기를 집어넣고, 풍선에서 공기가 빠지는 과정을 보면 자연 상태에서 공기의 흐름을 짐작할 수 있다. 공기는 기압이 강한 고기압에서 기압이 약한 저기압으로 흐른다. 이것은 거대한 대기권에서도 마찬가지다. 공기는 어디에서나 자연적으로 고기압 지대에서 저기압 지대로 이동한다. 이런 공기의 흐름을 바람이라 한다.

어떤 바람은 매우 강력하다. 이웃하는 고기압과 저기압 지대 사이에 현격한 기압 차이가 있기 때문이다. 일기도에서 고기압과 저기압 지대의 중심을 표시하는 H와 L을 둘러싼 선을 등압선isobar이라 부르며, 기압이 같은 지점을 연결한 선이다. 여기서 'iso'는 '동일'을 의미하며 'bar'는 기압의 단위이다제2장 참고. 등압선은 해수면 위의 동일한 고도를 나타내는 지형도의 등고선contour line과 닮았다. 등고선 사이의 거리가 멀수록 경사가 완만하고, 등고선 사이의 거리가 가까울수록 경사가 급하다. 일기도의 등압선도 마찬가지다. 등압

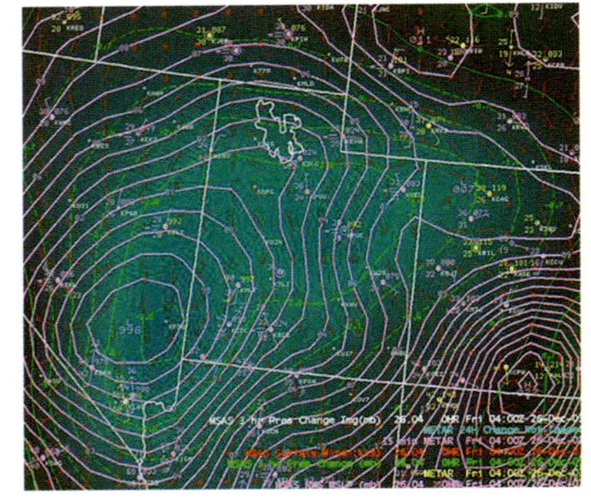

위 풍력 터빈에서부터 윈드서핑까지 인간은 다양한 방법으로 바람의 힘을 이용한다.
가운데 일기도에서 고기압 및 저기압을 둘러싸고 있는 선들을 등압선이라 한다. 등압선은 대기압의 증가와 감소를 알려주는 것으로 지형도에서 등고선과 유사하다. 선들이 가까이 모여 있는 것은 기압의 경도차가 높아 강한 바람이 불고 있음을 의미한다.
아래 풍선이 최대한 부풀었을 때 계속 바람을 불어넣으면 풍선 내부와 입으로 부는 공기의 기압차 때문에 점점 힘이 든다.

선이 가까이 모여 있는 것은 기압의 경도가 높고 바람이 강하게 부는 것을 의미한다.

고기압 지대와 저기압 지대 사이의 기압 차이를 기압 경도라 한다. 기압 경도력은 공기를 고기압에서 저기압으로 이동시켜서 기압의 차이를 균등하게 하려는 힘이다. 기압경도력 외에 공기에 작용하는 힘이 없다면 바람은 언제나 고기압에서 저기압으로 직선으로만 불 것이다.

코리올리 힘과 마찰 제3장에서 보았듯이 지구는 하나의 고체 덩어리이다. 그리고 회전할 때 위도가 높은 곳일수록 회전 속도가 더 빠르다. 그래서 어떤 장거리 발사체라도 북반구에서는 오른쪽으로, 남반구에서는 왼쪽으로 휘어서 날아간다. 포병들은 이런 사실을 잘 알고 있다.

고기압과 저기압은 규모가 매우 크다. 보통 폭이 수백 킬로미터이다. 그래서 코리올리 힘은 바람이 흘러가는 방향을 바꾼다. 실제로 코리올리 효과가 무역풍과 같은 탁월풍들을 일으킨다. 또한 기상의 변화가 무역풍이나 탁월풍이 이동하는 방향을 따라 일어나는 것도 코리올리 효과 때문이다.

여기 기상 요소에 작용하는 몇몇 특별한 요인들이 더 있다. 예를 들면

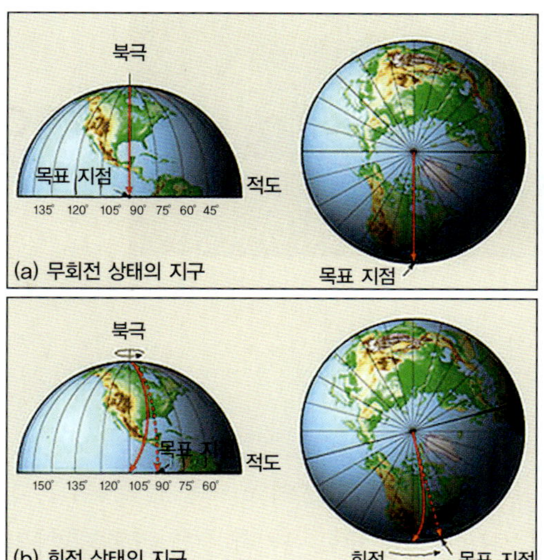

북극에서 적도를 향해 날아가는 물체는 지구의 자전으로 휘어서 날아가는 것처럼 보인다. 이러한 현상을 코리올리 효과라고 한다. 그림의 윗부분은 지구가 회전하지 않을 경우의 탄도를 보여준다. 아래는 물체의 계획된 경로는 점선으로 표시하고 실제 탄도는 붉은 실선으로 표시하였다.

공기와 지표면 사이의 마찰이 있다. 육지의 지형과 나무, 빌딩들 때문에 지면 가까이를 지나는 바람은 속도가 줄어든다. 지면에서는 가벼운 미풍이 불지만 키가 큰 나무 꼭대기에서는 훨씬 빠른 바람이 분다. 이처럼 지표면 가까이에서 부는 바람은 수백 또는 수천 미터 위에서 부는 바람보다 훨씬 느리다. 실제로 고기압과 저기압 지대 사이에 작용하는 기압 경도력도 대류권의 상층에서 더 높다. 따라서 상층의 바람들이 저층의 바람들보다 빨리 이동한다.

코리올리 힘, 땅과의 마찰 그리고 기압 경도력에서의 고도 차이 등이 세 가지 요소가 복합적으로 작용하여 저기압을 중심으로 바람거대한 나선형 모양을 그리며 회전하는 바람이 형성되는 것이다.

미국 오리건과 워싱턴 경계 지역에 설치되어 있는 풍력 발전기들이다. 평균 72.42 km/h 속도를 가진 바람은 하루에 70,000가구에 전력을 공급할 수 있는 전기를 생산할 수 있다.

사이클론 시스템

주로 늦여름과 초가을에 수백 킬로미터의 폭으로 회전하는 태풍이나 허리케인의 장대한 소용돌이를 찍은 사진을 보면 위압감을 느끼게 된다. 태풍이나 허리케인은 사이클론의 일종이다.

사이클론 폐쇄된 저기압 지역을 사이클론이라 부른다. 사이클론에서 공기가 위로 상승하면 중심부에 강력한 저기압을 형성하게 되고 외부로부터 공기를 끌어당긴다. 북반구에서는 코리올리 힘과 지표면과의 마찰력이 서로 결합하여 사이클론을 시계 반대 방향으로 회전시킨다. 반면에 남반구에서는 시계 방향으로 회전시킨다. 상승하는 공기는 냉각되면서 구름을 형성한다. 따라서 사이클론 강풍과 폭우를 동반하는 열대 폭풍으로 발전한다.

사이클론은 발생 지역에 따라 이름이 다르다. 멕시코 만이나 대서양 그리고 서태평양에서 발생하는 사이클론은 허리케인이라 부른다. 동태평양에서 발달하여 우리나라나 일본으로 오는 사이클론은 태풍이라 하고, 인도양에서 발달하는 사이클론은 그대로 사이클론이라 부른다. 사이클론을 형성하고 움직이는 에너지는 열대 바다에서 증발하는 막대한 수증기가 구름이 될 때 방출하는 잠열이다. 태풍이나 허리케인 등이 따뜻한 수면에서 육지나 차가운 수역으로 이동을 하면 잠열의 공급이 차단되어 힘을 잃기 시작한다.

겨울 사이클론 사이클론은 따뜻한 계절에만 일어나는 것이 아니다. 미국의 서쪽에서 동쪽으로 횡단하는 겨울 폭풍도 일종의 사이클론이다. 겨울 사이클론은 반복적으로 미국과 캐나다의 특정한 경로를 따라 이동하는데, 이는 산과 수역의 배치 관계

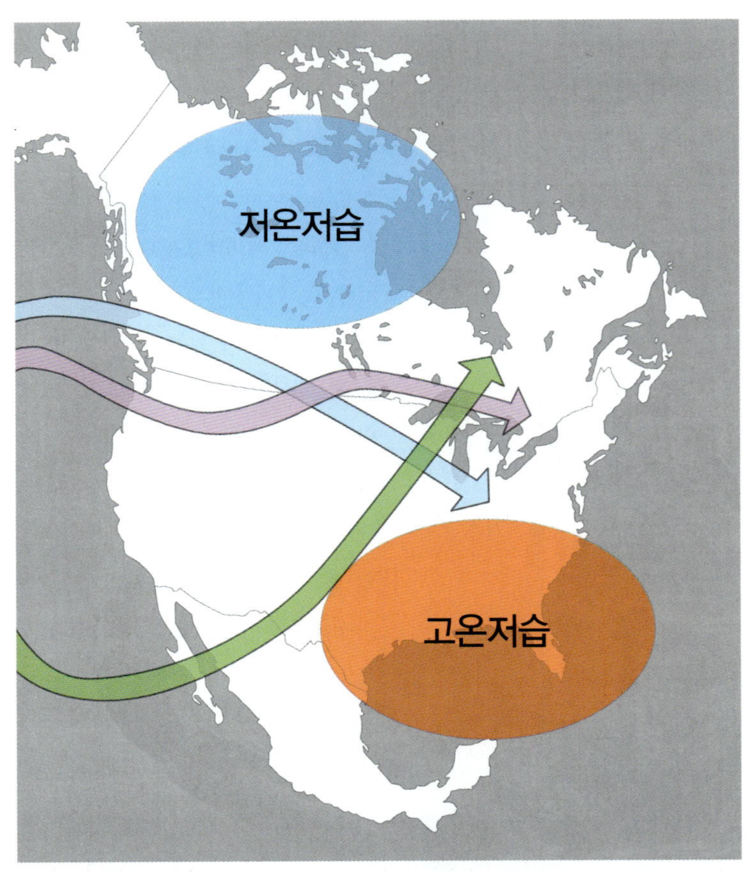

위 강력한 폭풍을 동반한 뇌우가 고속도로 위에서 나선형 소용돌이를 치며 상승하고 있다.
아래 북아메리카에서 폭풍이 이동하는 경로를 보여 주는 그림이다. 앨버타 클리퍼 폭풍의 이동 경로는 하늘색, 콜로라도 저기압의 이동 경로는 초록색, 지역적인 폭풍의 이동 경향은 핑크색으로 표시했다.

때문이다. 이와 같은 사이클론은 발생하는 지역에 따라 이름을 붙인다.

반복해서 발생하는 겨울 폭풍 중 하나는 앨버타 클리퍼 폭풍이다. 이 폭풍은 캐나다 서부에서 북아메리카 대륙으로 들어오고 앨버타 주 상공에서 강화된다. 그리고 극 제트 기류를 따라 다시 남쪽인 미국으로 이동을 한다. 앨버타 클리퍼 폭풍은 혹한의 추위를 가져오는데 공기가 건조해서 중간 크기 정도의 눈을 내리게 한다. 하지만 가끔 방향이 달라져서 대서양 중부 부근이나 뉴잉글랜드 해안으로 이동하여 상대적으로 따뜻하고 다습한 공기를 만나면, 저기압의 중심이 크게 발달하여 미국 동해안에 폭설을 내리게 할 수도 있다.

겨울 폭풍이 발생하는 또 하나의 지역은 로키 산맥의 동쪽 가장자리이다. 이곳에서 발달하는 폭풍은 보통 더 따뜻하고 더 많은 양의 수분을 담고 있다. 오클라호마나 콜로라도 위에서 발달하는 폭풍은 오하이오 골짜기Ohio valley나 5대 호수의 남쪽을 거쳐 중부 또는 북부 뉴잉글랜드로 이동하면서 시카고와 중서부에 폭설을 퍼붓는다. 그보다 남쪽인 텍사스, 특히 텍사스 팬핸들 저기압Texas Panhandle low에서 발달하는 폭풍은 가끔 동쪽으로 이동하다가 애팔래치아 산맥Appalachians의 북쪽으로 방향을 틀어 클리블랜드와 루이빌에 폭설을 내리게 한다. 이런 폭풍들이 만약 동북부의 차가운 극고압부와 만나게 된다면 동해안 부근에 2차적인 저기압이 형성될 수도 있다. 그러면 바람은 북동쪽으로 방향을 바꾸어 차가운 공기를 만난 후 동해안에 폭설을 퍼붓는다.

2006년 9월 태풍 상산이 필리핀과 베트남을 강타하여 마닐라 시민들이 태풍을 피하고 있다. 태풍은 풍속이 225 km/h에 이르렀으며, 많은 사상자와 함께 최소 7억 4천 7백만 달러의 피해를 남겼다.

명칭의 혼란

'사이클론'이라는 용어는 혼동하기 쉽다. 20세기 초에는 허리케인이나 열대 폭풍들도 사이클론이라 불렸고, '사이클론'이 종종 '토네이도'와 비슷한 말로 사용되기도 했다. 사람들은 집 옆의 사이클론 대피소나 사이클론 대피 동굴로 대피한다고 말하기도 했었다.

오늘날 기상학에서 사이클론이란 단어는 북반구에서 시계 반대 방향으로 회전하는 폐쇄형 저기압 시스템을 가리킬 때 사용한다. 부드러운 바람과 몇 개의 구름을 생성하는 온화한 저기압도 어떤 때는 사이클론 시스템이라 부를 때도 있다.

등급 4의 토네이도가 사우스다코타 맨체스터 마을을 초토화시킨 후 이웃 마을의 농지를 헤쳐 나가고 있다. 토네이도는 사이클론 시스템에서 형성되지만 사이클론이란 용어와 토네이도라는 용어는 구별하여 사용한다.

다섯 가지 형태의 사이클론

기상과학자들은 주요 저기압을 일반적으로 다섯 가지로 분류한다. 그 다섯 가지란 열대 저기압tropical low, 온대 저기압extratropical cyclone, 아열대 저기압subtropical low, 극 저기압polar low 그리고 열 저기압thermal cyclone이다. 앞에서 말한 네 종류의 저기압 용어 앞에 붙는 낱말은 저기압이 형성되는 지리학적 지역을 의미한다. 그러나 저기압이 형성되는 과정이나 구조에는 조금씩 차이가 난다. 마지막에 등장하는 열 저기압은 주로 아열대 지역이나 중위도 지역에서 발달한다.

열대 저기압 열대 저기압은 열대 수렴대 부근 적도로부터 남위 북위 약 12° 정도 떨어진 따뜻한 바다와 육지 위에 형성된다. 표면에 있던 공기가 비교적 빠른 속도로 상승하면서 수렴하므로 강력한 뇌우가 발달하고 열대 지역 밖으로 천천히 이동한다. 열대 저기압은 나중에 흩어질 수도 있지만 매우 사나운 열대 폭풍으로 강화되어 결국 허리케인이나 태풍으로 성장하기도 한다. 일반적으로 열대 저기압은 전선이 없다.

온대 저기압 온대 저기압은 남위 북위 37°에서 60° 사이에서 형성되기 때문에 때로는 중위도 저기압으로 불리기도 한다. 온대 저기압은 미국과 유럽, 중앙아시아 등이 있는 북반구와 아르헨티나와 칠레 일부 그리고 오스트레일리아가 있는 남반구 위에 주로 형성된다. 온대 저기압은 극 제트 기류가 저온저습한 극 지역 공기와 고온다습한 아열대 공기를 분리시키는 극전선 가까이에서 형성된다. 온대 저기압은 수일 동안 지속될 수 있으며 공기의 대류 현상에 영향을 미칠 수 있다. 온대 저기압은 산발

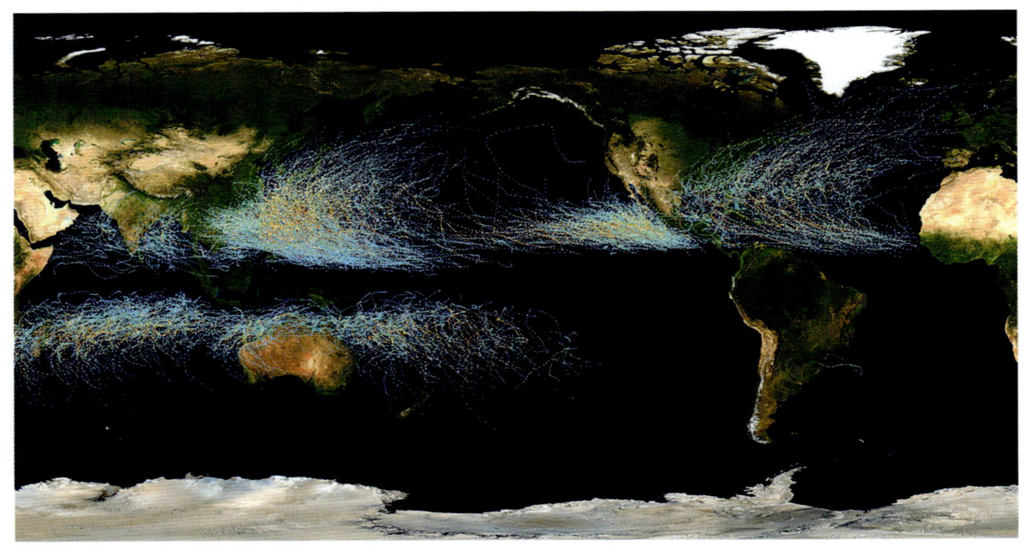

위 죽음의 계곡인 자브리스키 포인트(Zabriskie Point)는 열 저기압의 근원지이다.
아래 1985-2005년 사이에 일어난 열대 폭풍들의 경로이다. 6시간에 한 번씩 측정된 폭풍의 강도는 사피르 심슨 척도(Saffir Simpson scale)의 색으로 표시되었다.

적인 소나기에서부터 폭우까지 내리게 한다.

아열대 저기압 아열대 저기압은 열대 저기압과 온대 저기압들이 충돌하는 지점에서 형성된다. 이들은 다양한 위도에서 발생할 수 있으며, 대표적인 아열대 저기압으로는 하와이에 자주 나타나는 코나 저기압Kona lows을 들 수 있다. 또한 아열대 저기압은 5대 호수 위에서 형성되기도 한다. 이들의 공통된 특성은 편서풍으로 차단되어 있다는 것이다. 상층은 기온이 낮지만 하층은 기온이 상대적으로 높은 저기압 지역의 해수면 위에서 형성된다.

극 저기압 강력한 극 저기압은 큰바람gale 수준의 바람을 발생시킨다. 상대적으로 규모가 작은 이 사이클론은 남극을 둘러싼 바다 외에도 고위도 지역, 래브라도 해Labrador Sea 북부, 알래스카 만 Gulf of Alaska과 같이 얼음이 없는 수역 위에서 형성된다. 몹시 차가운 북극 공기와 상대적으로 따뜻한 공기와의 온도 차이는 종종 '북극 허리케인 Arctic hurricane' 이라 불리는 기상 시스템을 만들기도 한다. 이 사이클론은 폭이 100−500 km이다.

열 저기압 열 저기압은 고정된 저기압 시스템이다. 여름철 죽음의 계곡과 같이 매우 뜨거운 지역에서 형성된다. 뜨거운 공기는 상승하면서 주변 지역에 있는 차가운 공기를 끌어들이고 회전을 시작한다. 다른 저기압들과 비교했을 때 수직적인 깊이가 얕은 열 저기압들은 밤에는 강도가 감소하고 낮에는 햇빛 아래에서 강화된다. 열 저기압이 발달할수록 주변 지역의 기상에 영향을 미친다. 예를 들어 고비 사막 위에 형성된 거대한 열 저기압은 아시아의 몬순 계절을 인도하는 편서풍을 발생시킨다.

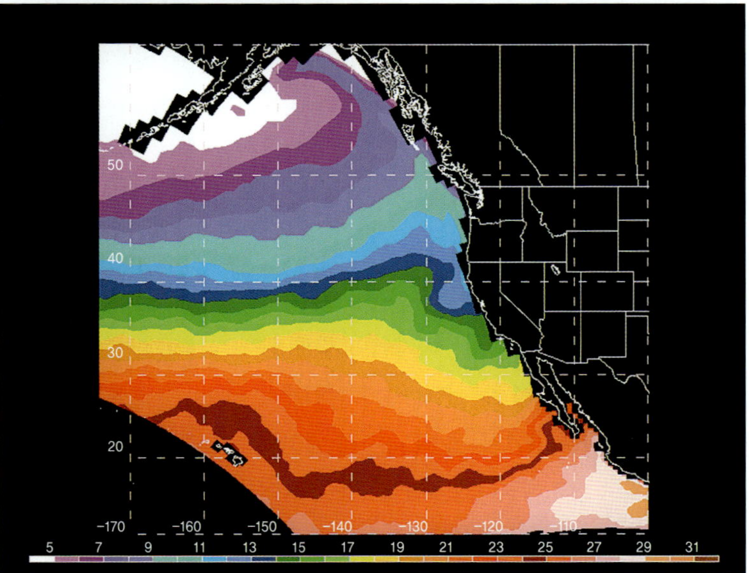

위 원래 열대 폭풍으로 시작한 허리케인 플로렌스(Florence)는 북쪽으로 알래스카 만까지 이동했다. 이런 과정에서 온대성 폭풍으로 변하였다.

아래 표는 알래스카 만의 수온 범위를 보여 준다. 위도상 북쪽에 위치하지만 물이 상대적으로 따뜻하다. 이렇게 따뜻한 물이 아래에 있고 차가운 공기가 위에 있을 때 극 저기압이 발생한다.

고기압 지역의 날씨

기압이 높은 곳을 고기압 지역이라 한다. 고기압 안의 공기는 중심부에서 바깥쪽으로 흐른다. 또한 코리올리 효과는 고기압을 사이클론의 반대 방향으로 회전하게 만든다. 즉, 북반구에서는 시계 방향, 남반구에서는 시계 반대 방향으로 회전하게 만드는 것이다. 고기압은 매우 안정되어 있어서 아주 오랜 기간 동안 지속된다.

고기압 지역의 날씨는 일반적으로 맑고 잔잔하지만, 항상 그렇지만은 않다. 특히 겨울에 미국에서 남쪽이나 남동쪽 방향의 한랭 전선 뒤를 따라오는 고기압은 매우 차가운 대륙성 한대 기단cP을 몰고 올 수 있다. 따라서 가뭄을 일으키기도 한다.

산타아나 풍 산타아나 풍Santa Ana Wind은 로키 산맥이나 그레이트베이슨Great Basin 위에서 형성된 고기압에 기원을 둔다. 이 바람은 캘리포니아 남부에서 발달하는 고온건조한 바람이며 주로 봄보다 가을에 자주 접할 수 있다. 로키 산맥에서 공기는 산의 서쪽 비탈면들을 타고 흘러 내려오면서 데워지고 건조해진다. 산타아나 풍이 사막을 건너면 따뜻해질 것이라고 생각하는데 실제로는 그렇지 않다. 산타아나 풍이 이동 중에 열을 얻어 30 ℃까지 기온이 증가한다. 하지만 이것은 사막으로부터 열을 얻어서 그런 것이 아니

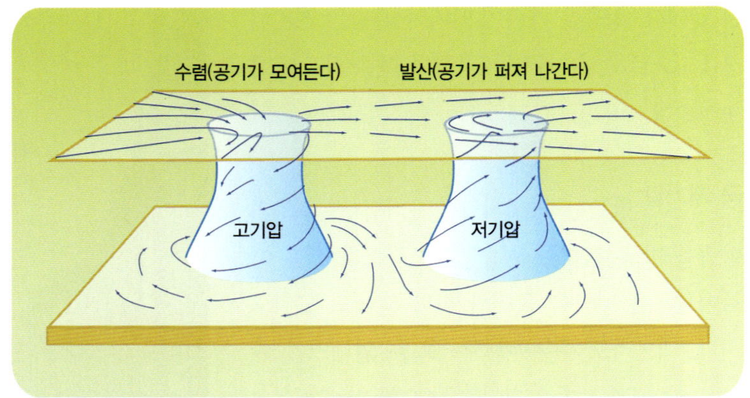

위 고기압에 의해 발생한 산불을 끄기 위해 소방대원들이 모여 있다. 고기압에서 공기는 빠르게 하강하고 단열 압축되는데 이때 강한 바람이 불고 기온은 40 ℃ 이상 높아진다.
가운데 사이클론과 고기압을 형성하는 공기의 움직임을 보여 주는 그림이다.
아래 그린란드 높은 고원의 빙상 상공에서 냉각되는 공기는 극도로 차가워지고 밀도도 높아진다. 이 공기는 중력에 의해 빠른 속도로 지표로 내려오고 이때 활강 바람을 만든다.

라 공기가 고기압과 만나 단열 압축이 되어 기온이 증가한 것이다.

산타아나 풍은 해안 가까이에 오면 기온이 40 ℃ 이상으로 증가하는데, 이는 네바다 주의 라스베이거스와 같은 내륙 지방의 사막보다도 더

기온이 높은 것이다. 산타아나 풍은 캘리포니아 남부 지역에서 수백 제곱킬로미터의 넓이를 삼켜버린 큰 산불을 빨리 퍼트리는 데 기여하였다.

열 고기압 지표면의 냉각으로 인해 발생하는 키가 작은 고기압 시스템이다. 열 저기압과 같이 열 고기압들도 한 지역 위에 고정되어 발달한다.

가장 대표적인 예로 남극 빙원들이나 그린란드 빙원들과 같은 고원에서 냉각된 공기를 들 수 있다. 이들 공기는 유난히 차가워지고 밀도 역시 높아져서 열 고기압을 형성하게 된다. 냉각된 공기는 밀도가 증가하여 중력의 영향을 받아 고원의 비탈면을 따라 흘러내리게 된다. 이처럼 아래로 흘러내리는 바람을 활강 바람katabatic winds이라 부른다. 이 바람은 상층의 차가운 공기가 고갈될 때까지 흐름이 지속된다. 비록 대부분의 지역에서 활강 바람은 가벼운 미풍에 불과하지만 좁고 경사진 협곡 사이로 통과하게 되면 100−200 km/h의 속도까지 증가한다. 이러한 까닭으로 지구에서 연간 최고의 평균 풍속을 자랑하는 곳은 케이프 데니슨Cape Denison이다.

지구의 다른 지점에서도 활강 바람이 존재하는데, 이들은 지역 특유의 이름을 갖는다. 예를 들어 프랑스 알프스에서 론 강 계곡Rhone River valley으로 흘러 들어가는 활강 바람은 미스트랄mistral이라 불리며, 발칸 산맥에서 아드리아 해안으로 흘러 들어가는 활강 바람은 보라스boras라 불린다.

핑크색의 치누크 아치가 하늘에 펼쳐져 있다. 치누크 바람은 지역 온도를 하루아침에 약 0 ℃에서 38 ℃로 바꿀 수가 있다.

치누크 바람과 푄 바람

산에서 아래로 흘러 내려오면서 단열 압축으로 데워지는 바람은 산타아나 풍이나 활강 바람 외에 북아메리카 대초원에 부는 치누크 바람과 유럽에 부는 푄 바람이 있다.

치누크(Chinooks) 바람은 로키 산맥 동쪽의 비탈면들을 타고 미국과 캐나다로 흘러 들어간다. 그런데 이 바람은 로키 산맥 위에서 형성되는 여름 고기압에 밀려나는 것이 아니라 로키 산맥 동쪽에 형성되는 겨울 저기압에 의해 끌려가는 것이다. 이 바람은 활강 바람과 같이 좁은 협곡 사이를 통과하게 되면 기온이 매우 높아질 수 있다. 또한 치누크 바람도 산타아나 풍과 같이 단열 압축으로 데워진다. 이 바람은 한 지역으로 들어서는 속도가 너무 빠르다. 따라서 치누크 바람이 부는 지방에서는 오전에 0 ℃에 불과했는데 점심 때에는 36 ℃까지 기온이 치솟을 수 있다.

한편 푄(Foehns) 바람은 유럽의 중위도에서 발달하며, 공기가 남서쪽에서 알프스 산맥에 접근할 때 생긴다. 그리고 사이클론이 시계 반대 방향으로 회전하면서 북쪽 비탈면을 따라 하강할 때도 푄 바람이 형성되는데, 이 바람 때문에 북유럽은 계절에 맞지 않게 따뜻해진다.

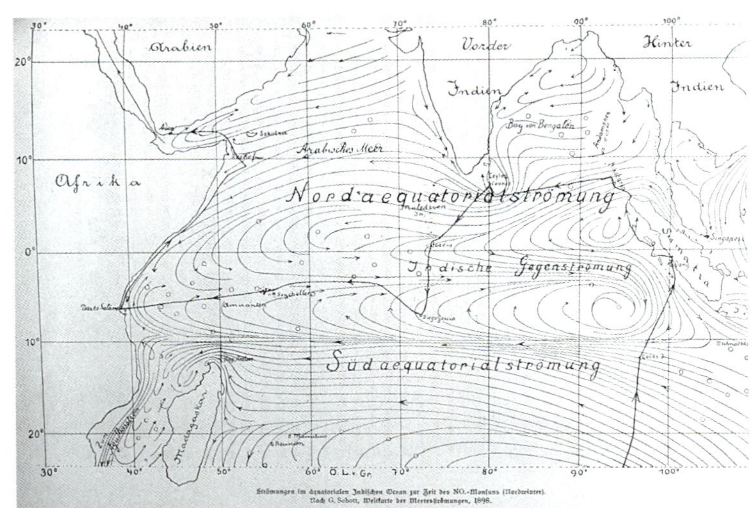

몬순

고기압과 저기압 시스템은 계절에 따라 패턴이 변한다. 때문에 세계의 많은 지역에서 여름과 겨울에 매우 상이한 기상 현상이 일어난다. 특히 이런 현상은 아시아에서 가장 뚜렷하게 발생한다.

아시아는 지구에서 가장 큰 대륙이고, 세계에서 가장 큰 히말라야 산맥이 동, 서를 교차하며 우뚝 서 있다. 히말라야 산맥은 남, 북 방향으로 수분의 이동을 막는 장벽 역할을 하며, 동시에 상층 바람의 방향을 바꾼다. 그 결과 급격하게 변하는 계절풍인 몬순을 형성한다.

몬순이라는 단어는 '계절' 또는 '바람의 변화'를 의미하는 아랍 어 'mausim'에서 비롯된 것이다. 비록 이 단어가 주로 폭우를 표현할 때 사용되어 많은 사람들이 오해하고 있지만, 사실은 계절풍이 변하는 기후 패턴을 의미한다. 즉, 건조한 계절과 강수량이 많은 계절이 반복적으로 교차하며 발달하는 것을 뜻하는 것이다.

아시아가 지구에서 가장 극적인 몬순 발생지이기는 하지만, 이와 같은 기상 패턴이 일어나는 유일한 대륙은 아니다. 북아메리카에도 멕시코에서부터 북쪽의 애리조나까지 발달하는 몬순이 있다.

아시아의 몬순 아시아의 몬순은 두 가지의 기상

위 인도양의 따뜻한 바닷물은 아시아 대륙으로 이동하는 기단을 만든다. 이 기단은 상승, 냉각, 응결되어 폭우를 내리는데, 우리는 이를 몬순이라고 한다.
가운데 몬순이 발생하는 계절에 적도 부근 인도양에 형성되는 폭풍 시스템을 그린 그림으로 1858년에 만들어졌다.
아래 히말라야 산맥은 아시아 기상 시스템에게 큰 영향을 준다. 히말라야 산맥은 수분의 남, 북 흐름을 차단하며 몬순의 형성에 기여한다.

인도의 아마다바드(Ahmadabad) 거리가 몬순 때 내린 비로 물에 잠겼다.

학적인 요소로 발생한다. 첫째는 히말라야 산맥을 넘어 남쪽과 북쪽으로 이동이 가능한 아열대 제트 기류의 계절적인 움직임이다. 둘째는 거대한 아시아 대륙을 데우는 여름의 태양 복사 에너지이다. 이 태양 복사 에너지는 티베트 고원 상공에 강력한 내륙 열 저기압 thermal low을 생성한다. 이 두 가지 현상이 서로 작용하여 몬순을 만든다.

북반구에서는 겨울에 공기가 건조한 히말라야 산맥으로부터 인도양 방향으로 흘러 내려간다. 하강하는 공기는 단열 압축되어 따뜻해진다. 따라서 건조하고 더운 공기 때문에 인도와 동남아시아 대부분의 날씨가 건조해진다. 그러나 늦봄이나 초여름에 아시아 대륙은 태양 복사 에너지로 데워진다. 그러면 아시아 대륙에는 거대한 열 저기압이 형성되는데, 이 열 저기압은 인도양으로부터 습기가 많고 불안정한 공기를 끌어들이는 역할을 한다.

인도양의 습윤한 공기는 뜨거운 대륙 위를 지나가면서 상승하며 단열 냉각하는데 이때 수분은 구름으로 냉각된다. 이러한 현상은 히말라야 산맥 남쪽 비탈면을 오를수록 더욱 뚜렷해진다. 이 구름은 하루에 평균 100 mm에 이르는 폭우를 내리게 한다.

북아메리카의 몬순 북아메리카의 몬순은 아시아의 몬순보다 강도가 약하고, 기상과학자들의 연구도 부족한 편이다. 북아메리카의 몬순은 주로 중앙아메리카와 멕시코의 열대 및 아열대 지역에 영향을 준다. 또 어떤 때는 애리조나와 뉴멕시코까지 영향력을 행사한다. 멕시코에 분포하는 높은 산맥과 미국 서부의 높은 기온은 티베트 고원에서 관찰되는 것과 비슷한 양식으로 몬순의 발달 과정과 진화에 중요한 역할을 한다. 또한 아시아처럼 저층 제

트 기류의 변화는 멕시코 만과 캘리포니아 만으로부터 수분을 끌어들여서 강수의 일간 순환에 큰 역할을 한다.

5월이 되면 겨울 동안에 서늘하고 건조했던 사막의 기온이 38 ℃ 이상 올라가고, 6월 초부터는 멕시코 남부 지방에 폭우가 내리기 시작한다. 이 비는 시에라 마드레 옥시덴탈Sierra Madre Occidental 산맥의 서쪽 비탈면을 따라서 북쪽으로 확장된다. 월간 강우량이 300 mm 이상으로 올라가며, 열대 다우림에 내리는 양만큼 많은 비가 사막을 적신다. 그러나 비가 그치고 바람의 방향이 바뀌는 가을부터는 갑자기 건조한 계절이 찾아와 이 지역을 바짝 마르게 한다. 예를 들어 아카풀코Acapulco의 강우량은 6월에서 10월 사이에는 1,320 mm에 이르지만 나머지 기간 동안에는 고작 80 mm 정도이다.

몬순 강우는 북쪽으로 가면서 강도가 줄어든다. 애리조나와 뉴멕시코에는 7월에 도착하는데, 뇌우가 발생하여 번개와 돌발적인 홍수를 유발한다.

아카풀코의 강우량은 북아메리카의 몬순 영향을 받는다. 6월에서 10월 사이에는 평균 1,320 mm의 강우량을 보이지만 나머지 기간 동안 약 80 mm 정도이다.

기상과학자들이 해야 할 일은 무엇일까?

기상을 연구하는 과학자들은 기상에 대해 더욱 많이 알게 될수록 더 많은 연구가 필요함을 느낀다. 인간의 안전과 경제를 위해서 기상 연구는 더욱 필요하다.

지구 대기 연구 계획의 성과
1960년대 후반부

위 미국 해양 대기 관리처가 운영하는 부이들이다. 부이는 다양한 깊이에서 바닷물의 온도를 측정하기 위해 설치된다. 이렇게 얻은 정보는 기상과학자들이 엘니뇨 현상을 예측할 수 있도록 도와준다.
가운데 2003년 가뭄 때 인도의 나트와가드 시민들이 마을 우물에 모여 있는 모습이다.
아래 허리케인 플로이드(Floyd)를 촬영한 위성 사진이다. 미국 공군의 허리케인 헌터들이 허리케인 사이의 비행을 계획하는 데에 사용되었다. 미국 공군 팀은 직접 비행기를 타고 허리케인 속으로 들어가 풍속과 기압 그리고 습도 정보를 수집했다. 이들의 정보는 폭풍의 경로를 예측하는 데에 사용되었다.

터 1970년대까지 12개의 국가가 배, 기상 위성, 항공기, 해상 관측 부이, 과학자들을 동원하여 지구 대기 연구 계획GARP을 세웠다. 각 나라에서는 각각 다른 연구들이 독립적으로 이루어졌다. 연구는 적도에서부터 극지역 그리고 산에서 사막까지 동시 다발적으로 추진되었다. 또 육지, 바다, 대기권을 체계적으로 연구하였다. 이와 같은 지구 대기 연구 계획의 연구로 과학자들은 세계적인 공기의 대순환, 에너지와 물의 순환, 대기권에서 에어로졸의 이동 등을 자세히 알게 되었고, 바다와 대기 사이의 상호 작용이 얼마나 밀접한지를 밝혔다.

지혜의 세 기둥
텔레비전의 일기 예보에 나오는 기상 캐스터들은 일반인들이 기단, 온난 전선, 한랭 전선, 저기압, 고기압, 제트 기류, 심지어 엘니뇨, 남방진동 등의 기상 용어들을 친숙하게 받아들이는 데 크게 기여했다. 하지만 다음 주의 날씨를 정확하게 예측하는 일은 기상 캐스터가 아니라 슈퍼컴퓨터의 등장으로 가능해졌다.

1990년대에 컴퓨터를 사용한 대기의 시뮬레이션 작업은 지상 관측과 기상 위성을 통한 관측 다음으로 중요한 기상 연구 방법이 되었다. 그래서 기상과학자들은 컴퓨터를 사용한 시뮬레이션 작업을 기상학의 세 번째 기둥이라고 한다. 지상 관측, 기상 위성 관측, 컴퓨터 시뮬레이션의 지혜의 세 기둥은 기상 과학을 발전시켰고, 정확한 일기 예보를 가능하게 해주었다. 이들을 이용하여 만들어내는 정확도 높은 기상 예보는 사람의 생명을 구하고, 경제적인 이득을 얻게 한다. 오늘날 기상과학자들은 토네이도나 폭풍 또는 태풍이나 허리케인이 가까이 다가오면 그것을 며칠 전에 예보하고 경보를 발령한다.

계절을 한발 앞서 정확한 기상 예보를 할 수 있다면 경제적인 이득이 매우 크다. 내년 겨울에 대한 정보로 여행 산업 전체에 큰 이익을 줄 수 있다. 아시아에 사는 사람들은 내년 여름의 몬순 때 내리는 비가 풍작을 가져올 정도로 적당할지, 아니면 비의 양이 적어 흉년이 들어 기근이 생길지 미리 안다면 그에 대한 준비를 할 수 있을 것이다. 또한 홍수나 태풍, 허리케인 다발 지역의 사람들은 기상 예보를 활용하여 더 안전하고 높은 지대로 피할 수 있을 것이다.

아직까지 기상학 이론과 기후 변화 모델링에 대해 과학적인 불확실성이나 모순점이 완전히 배제된 것은 아니다. 따라서 기상 예보에 대한 의혹이 항상 존재한다. 그러나 지난 10년 동안 기상과학자들은 기상 현상에 대해 더욱 발전된 과학적 분석을 했고, 이로 인해 대기권 모델을 더욱 정확하게 다듬었으며 온실 기체가 대기권에 주는 영향을 이해할 수 있게 되었다. 덕분에 기상 예보를 믿지 못하는 일반인들에게 믿음을 심어

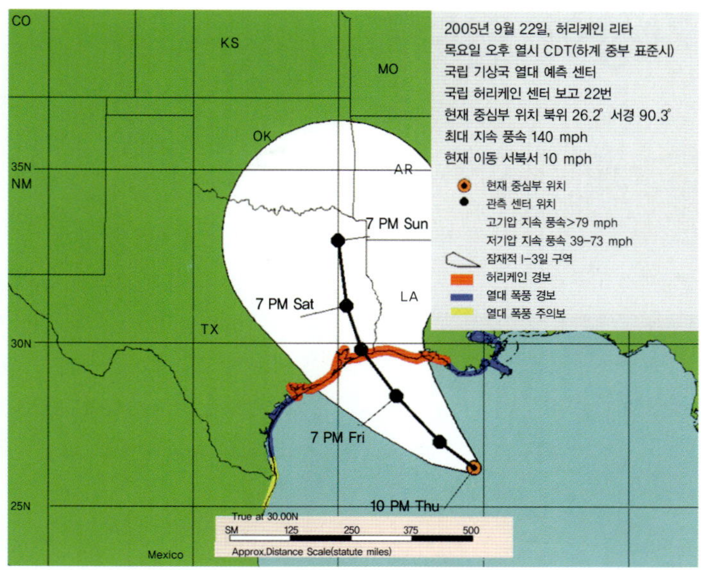

국립 기상국이 예상한 허리케인 리타의 경로. 위와 같이 컴퓨터로 생성된 예측들은 거주자들에게 위험한 기상 정보들을 제공해 주어서 생명을 구할 수도 있다.

주는 데 큰 기여를 했다. 하지만 아직 앞으로 지구의 기후가 어떻게 변할지에 대해서는 완벽하게 이해하지 못하고 있다.

레인맨 언제쯤이면 인간이 날씨를 조종할 수 있을까? 이 질문은 20세기 내내 과학자와 공상 과학 소설가 그리고 정부 기관의 호기심을 자아냈다. 실제로 1962년 미국 해군과 미국 상무부는 합동으로 스톰퓨리 프로젝트 Project Stormfury를 시작했다. 이것은 위 질문에 대한 답을 찾으려는 최초의 공식적인 시도였다. 이 프로젝트의 목표는 허리케인 속으로 비행기를 타고 들어가 허리케인의 세력을 줄이는 것이었다. 비행기에는 허리케인의 눈구름에 뿌릴 아이오딘화은 silver iodide 알갱이를 가득 실었다. 그러나 20년 동안 태평양 및 대서양에서 발달한 태풍이나 허리케인에 아이오딘화은 알갱이를 뿌린 결과는 만족스럽지 못했다. 즉, 이런 방법으로는 허리케인의 세력을 제대로 줄이지 못한다는 것을 알게 되었고, 프로그램은 1983년에 중지되었다.

UN 총회 결의안에는 '환경 변형 기술의 군사적 또는 기타 부적절한 사용을 금지하는 협약'이 있다. 이 협약으로 기상과 기후에 대한 계획적인 변경은 엄격하게 금지되었다. 그럼에도 불구하고 이와 관련된 연구 활동이 완전히 사라진 것은 아니다. 미국 서부의 6개 주와 캐나다의 1개

주는 강우와 강설량을 증가시키고, 우박을 감소시키며 공항의 안개를 걷어낼 수 있는 구름 씨뿌리기 프로그램이 있다. 비록 이런 프로그램들이 제대로 작동되고 있다는 것을 보여 주는 정보는 없다. 그럼에도 불구하고 콜로라도에서는 구름 씨뿌리기를 통한 눈의 생산 실험을 실시했다. 그리고 2004년 10월에 한 개인 기업이 허리케인의 강도를 약화시키는 컴퓨터 시뮬레이션을 실행하였다. 그들은 열대 폭풍 상태일 때 초기 개입을 통해서 성장을 방해하는 것에 초점을 맞추었다. 그들은 허리케인 발생 초기에 극초단파 microwave를 해수면으로 보내어 얇은 층의 기름을 씌우는 것과 같은 효과를 주어 수증기의 증발을 막았다.

그러나 오늘날 많은 과학자들은 기상과 기후를 변경하거나 조종하려는 고의적인 시도보다 생각 없이 바다와 대기를 오염시키는 인간들의 행동을 더 우려하고 있다.

• 레인맨 : 본래 Rain Man이란 돈을 매우 잘 버는 사람을 의미하는 속어로서 주로 변호사와 같은 사람들을 말한다. 그러나 여기에서는 문맥상 기상 예측가를 의미한다.

기상학 연대표

유사 이전 45억 6천만 년 전

태양계와 지구가 형성되었다.

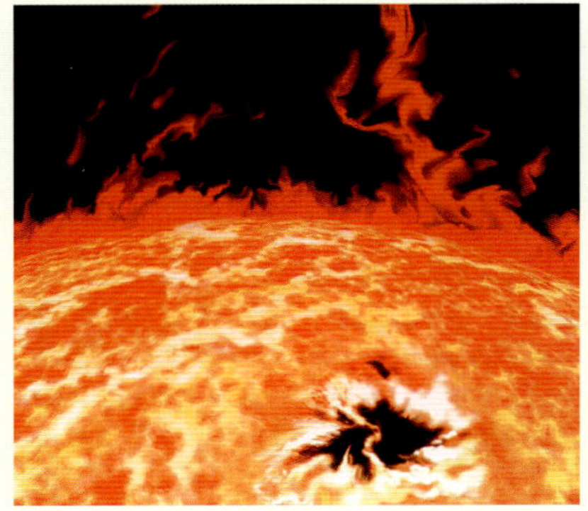

태양 자기장이 집중되는 곳에 사진 오른쪽 아래에 있는 흑점이나, 사진 위에 있는 고리 모양의 홍염이 발달한다.

38억 년 – 34억 년 전

최초의 생명체가 지구에 나타났다.

3억 5천 4백만 년 – 2억 9천만 년 전

석탄기(Carboniferous period, 많은 양의 석탄이 퇴적된 시기라고 해서 붙은 이름) 동안 지구는 습도가 높고 따뜻하여 식물이 잘 성장했다.

2억 6천만 년 전

페름기(Permian period)에는 파충류가 번성했고, 기후가 건조했으며 판게아(Pangaea)가 형성되었다.

2억 6백만 년 – 1억 4천 4백만 년 전

초대륙 판게아가 로라시아(Laurasia)와 곤드와나(Gondwana) 두 대륙으로 분리되었다. 식물 종이 증가했고 습도가 높은 대기권으로 공룡의 진화가 빠르게 이루어졌다.

6천 5백만 년 전

지름이 약 10 km인 소행성이 지구와 충돌하여 지구의 기후를 크게 바꾸었으며, 이 사건으로 공룡들이 멸종했을 것이다. K–T 멸종(K–T extinction)으로 알려진 이 사건으로 중생대(Mesozoic)는 끝을 맺었다.

20만 년 – 10만 년 전

최초의 인류 호모 사피엔스(Homo Sapiens)가 아프리카에 등장했다.

1만 9백 년 – 9천 6백 년 전

북대서양 열염 순환의 축소와 정지로 빙하 활동이 활발해진다. 이 기간은 영거 드라이아스 소한랭기(Younger Dryas) 또는 빅 프리즈(Big Freeze)로 알려져 있다.

6천 2백 년 – 5천 8백 년 전

지구는 건조한 기후와 더불어 세계적으로 해수면의 온도를 약 3 ℃ 떨어뜨린 작은 빙하기(Mini Ice Age)를 겪었다.

5천 년 – 4천 년 전

지구는 홀로세(Holocene epoch)에 세계적으로 가장 높은 평균 온도를 기록했다. 이를 기후최적기(climatic optimum)라고 한다.

유사 이래 9백 년 – 1천 3백 년

또 한 번의 기후최적기를 맞이했다. 이를 중세 온난기(Medieval Warm Period)라고도 하는데 이때 북대서양의 온도가 상승했다.

1450년 – 1850년

유럽 일부와 식민지화가 이루어지던 북아메리카 대륙에 비정상적인 추위, 즉 소빙기(Little Ice Age)가 닥쳤다.

1450년

알베르티(Leone Battista Alberti)가 흔들이 판(swinging plate) 풍속계를 발명했다.

1643년

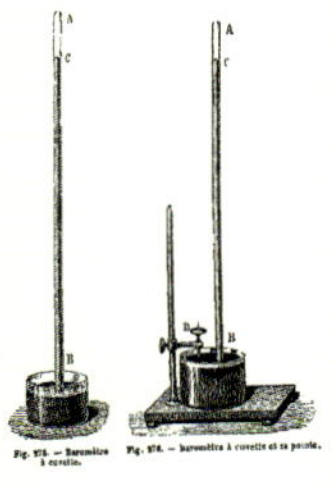

토리첼리(Evangelista Torricelli)가 기압계를 발명하였다. 그리고 공기도 질량이 있어 기압을 가진다는 가설을 세웠다.

초기 기압계의 그림

1645년 – 1716년

천문학자들이 태양 흑점의 감소에 주목했다. 이후 마운더(E.W. Maunder)의 연구에 의해 마운더 극소기라는 이름이 붙여진 이 기간은 소빙기에서 가장 추운 기간이었다.

1646년

파스칼(Blaise Pascal)이 다양한 고도에서 기압을 실험한 후 토리첼리의 주장이 옳았다는 것을 증명했다.

1686년

핼리(Edmund Halley)가 대기의 움직임은 태양열 때문이라는 사실을 발견했다. 또한 핼리는 기압과 해수면 위의 공기층의 두께 사이에 직접적인 관계가 있다는 것을 깨달았다.

1724년

파렌하이트(Daniel Gabriel Fahrenheit)가 미국에서 널리 쓰이고 있는 화씨온도를 발명했다.

스웨덴의 천문학자 안데르스 셀시우스의 최고 업적은 섭씨온도를 발명한 것이다. 이 섭씨온도는 끓는점과 어는점 사이의 차이를 100으로 나누는 온도 측정 시스템이다.

1742년

섭씨온도는 안데르스 셀시우스(Anders Celsius)가 끓는점과 어는점 사이의 동등한 배분을 기반으로 만든 온도 척도이다. 섭씨온도는 과학자들 사이에서 널리 사용되었다.

1752년

벤저민 프랭클린(Benjamin Franklin)이 필라델피아에서 연을 이용한 실험을 실시

벤저민 프랭클린은 전기의 속성을 연구하는 실험들을 통해 기상학을 발전시켰다.

했다. 이 실험에서 그는 뇌운으로부터 전기를 추출하여 번개가 전기적인 속성을 지닌다는 사실을 증명했다.

1783년

드 소쉬르(Horace Bénédict de Saussure)가 습도를 측정하는 모발 습도계를 발명했다.

1785년

해들리(George Hadley, 1685–1768)가 해들리 세포와 무역풍을 발생시키는 대기 현상에 대해 설명했다.

1803년

하워드(Luke Howard)가 린네 분류법(Linnean method of classification)에 따라 구름 분류 시스템을 고안했다.

1806년

영국 해군 대위 보퍼트(Sir, Francis Beaufort)가 바람의 강도를 측정하는 보퍼트 풍력 계급을 만들었다.

1815년

인도네시아 탐보라 화산이 폭발하여 대기권에 아주 많은 양의 재를 방출시켰다. 그래서 1816년은 1년 내내 저온 상태를 유지할 '여름이 없던 해'로 알려지게 되었다.

1835년

코리올리(Gaspard–Gustave Coriolis)는 지구의 자전으로 지구 위를 움직이는 모든 물체는 북반구와 남반구에서 각각 위도에 따라 휘어지는 정도가 다르다는 것을 밝혔다. 이 현상은 코리올리 효과로 알려지게 되었다.

1846년

토마스 롬니 로빈슨(Thomas Romney Robinson)이 회전 컵 풍속계를 발명했다.

1856년

페렐(William Ferrel)이 후에 페렐 세포로 알려지게 된 중위도 대기 순환의 상태를 설명했다.

1856년

조셉 헨리(Joseph Henry)가 매일 전보를 통해 얻은 기상 정보들을 대형 미국 지도 위에 정리를 하면서 최초로 기상도를 체계화시킨다. 지금은 스미스소니언 협회의 로비에 걸려 있다.

1859년

피츠로이(Robert Fitzroy)가 '일기 예보'라는 용어를 처음으로 사용했다.

1860년

'일기 예보'라는 용어를 창안한 피츠로이에 의해 최초의 기상 예보 면이 〈런던 타임스〉에 실렸다.

1863년

틴들(John Tyndall)이 온실 효과 현상을 발견했다.

1883년

인도네시아의 크라카타우 화산이 폭발하면서 재를 성층권 꼭대기까지 날려 보내어 이후 3년간 일몰과 기상 순환들이 영향을 받게 되었다.

1891년

나중에 미국 국립 기상국이 되는 미국 기상국(U.S. Weather Bureau)이 미국 국회

로부터 폭풍 및 기상 예측에 대한 임무를 부여받았다.

1990년

쾨펜(Wladimir Köppen)이 지구 기후에 대한 분류 시스템을 창안했다.

1902년

레온 테스랑 드 보르(Léon Teisserenc de Bort)가 200회 이상 기구 탐사 실험을 한 후에 지구의 대기권이 대류권과 성층권 두 개의 층으로 나뉘어져 있다고 제안했다.

1903년

빌헬름 비에르크네스(Vilhelm Bjerknes)는 기상 예측에 컴퓨터 계산을 도입하기 위해 기상 정보에 대한 컴퓨터 분석을 선보였다.

1923년

워커(Sir Gillbert Thomas Walker)가 엘니뇨와 연계된 남방진동에 대해 설명했다.

1920년대에는 대기권 상태를 측정하기 위해 기상 관측기구를 띄웠다.

1930년

구소련의 기상과학자 파벨 몰차노프(Pavel Molchanov)가 최초의 기상 관측기구인 라디오존데를 발명했다.

1930년대

미국 대초원 지대는 바짝 마른 표토들이 모래 폭풍에 흩날리는 '황진(dust bowl)'가뭄을 겪으면서, 이미 대공황으로 고생하고 있는 농부들이 일자리를 잃게 되었다.

1931년 – 1945년

제2차 세계 대전 중 미군은 레이더가 강수를 탐지할 수 있다는 사실을 발견했다. 그 후 레이더가 기상을 연구하는 도구로 사용되기 시작했다.

1936년에 오클라호마에서 가뭄과 잘못된 토지 사용으로 인한 모래 폭풍이 발생하여 소용돌이치고 있다.

1941년

밀란코비치(Milutin Milankovitch)는 태양을 공전하는 지구 궤도면의 타원율과 같이 다양한 천문학적 요인들이 지구 빙하 시대의 발생과 관련된다는 견해를 밝혔다.

1946년

구름 씨 뿌리기가 발견되었다. 구름 씨 뿌리기를 이용하면 비나 허리케인을 발생시키거나 지체시킬 수 있었다. 이 방법은 구름에 아이오딘화은(Silver iodide)을 투입하면 된다.

1950년대 중반

찰스 킬링(Charles Keeling)은 하와이 마우나로아 관측소(Mauna Loa Observatory)에서 대기 중 이산화탄소의 양이 증가하고 있음을 관측하였다. 그리고 이산화탄소의 증가가 세계 기후 변화에 크게 영향을 끼치고 있음을 알려 사람들의 관심을 모았다.

1952년

해롤드 유리(Harold Urey)가 지구의 원시 대기권은 암모니아, 메테인 및 수소로 구성되어 있다는 이론을 제안했다.

1954년

마르셀 미네르트(Marcel Minnaert)는 대기 광학(meteorological optics)에 대한 고전적인 책 《대기 내의 빛과 색의 속성(The Nature of Light and Color in the Open Air)》을 여러 차례 출판했다.

1960년

미국이 최초의 성공적인 기상 위성 타이로스-1(Tiros-1)을 발사했다.

1969년

사피르(Herbert Saffir)와 심슨(Bob Simpson)은 허리케인의 강도를 풍속을 기반으로 분류하고 측정하는 사피르-심슨 척도를 고안했다.

1960년대 – 1970년대

지구 대기 연구 계획(GARP)과 기타 국제적 협력으로 인해 대기권과 해양들 간의 밀접한 관계가 밝혀졌다.

1970년대

태양천문학자 존 에디(John A. Eddy)가 마운더 흑점 연구와 더글러스 나이테 자료(Douglass's treering data)들을 모아서 출판했다. 그래서 지난 세기 동안 태양에서 흑점들이 사라진 그 시기와 소빙기가 일치했다는 것을 보여 주었다.

1971년

테츠야 테오도르(Tetsuya Theodore)와 테드 후지타(Ted Fujita)는 파괴 유형에 따라 토네이도의 힘을 측정하는 척도를 소개했다.

사진 중앙에서 좌측에 위치한 암석 '빅 조(Big Joe)'는 바이킹1의 화성 임무 중에 촬영되었다.

1976년

무인 우주 탐사선 바이킹1(Viking1)과 바이킹2(Viking2)가 화성에 착륙하여 사진 촬영을 하고 생명에 대한 흔적을 찾았다.

1970년대 후반

남극 위의 오존에 커다란 구멍이 생긴 것은 클로로플루오로카본(CFC)과 같이 인간이 화학적으로 만든 물질 때문이었다.

1979년

레즐리 레몬(Leslie R. Lemon)과 찰스 도즈웰(Charles A. Doswell)은 슈퍼셀(supercell)이 토네이도를 형성시킨다는 기상 시스템 이론을 세웠다.

1980년

로버트 그린러(Robert Greenler)가 대기 광학에 대한 고전인 《무지개, 원광과 그림자 무리(Rainbows, Halos, and Glories)》를 출간했다. 이 책은 기상 현상을 설명하기 위해 컴퓨터 시뮬레이션과 컬러 사진들을 최초로 사용했다.

1988년

기후 변화 정부 간 위원회(IPCC, Intergovernmental Panel on Climate Change)가 기후 변화를 연구하기 위한 독립적인 과학적 부서로 설립되었다.

1989년

선진국들이 오존 구멍의 성장을 막기 위하여 CFC의 사용을 금지하는 몬트리올 협약(Montreal Protocol)에 합의했다.

노르웨이 환경부 장관 구조 피엘랑에르(Gujo Fjellanger)가 1998년 4월 29일 교토 의정서에 서명을 하고 있다.

1990년대

오존 구멍을 지속적으로 관찰한 결과 수십 년간 오존 구멍이 발달했던 전반적인 패턴을 알 수 있었다.

1998년

169개국과 기관들이 기후 변화에 관한 국제 연합 규약인 교토 의정서(Kyoto Protocol to the United Nations Framework Convention on Climate Change, UNFCCC)에 서명하였다. 그리고 2005년까지 이산화탄소와 기타 온실가스 방출을 기준치까지 줄일 것을 약속하였다. 그러나 미국은 서명하지 않았다.

2005년

허리케인 카트리나와 리타가 미국 멕시코만을 강타하여 큰 재산 피해를 입히고, 많은 사상자와 대규모의 이재민을 만들었다. 카트리나는 미국을 강타한 허리케인 중 경제적 피해를 가장 크게 입힌 허리케인으로 규모는 3번째로 컸다. 리타는 4번째를 기록했다.

2006년

기록상 미국과 인근 국가들이 가장 더운 해였다. 기록상 가장 더운 25개의 해 중에 지난 9년이 포함되었다.

미국 역사상 가장 큰 경제적 피해를 입힌 허리케인 카트리나의 피해자가 강아지를 들고 범람된 물을 건너고 있다.

폭풍 추격자들과 허리케인 헌터

강력한 폭풍에 접근하는 일은 스릴이 있다. 1996년에 개봉된 영화 트위스터(Twister)를 보면 그 사실을 잘 알 수 있다. 이 영화는 기후를 연구하는 과학자들이 토네이도에 대한 현장 자료를 모으기 위해 거대한 토네이도에 위험할 정도로 가까이 접근하는 장면이 여러 번 나온다. 비록 영화에는 비현실적인 요소들이 약간 포함되어 있지만, 이 영화는 1980년대 미국 해양 대기 관리처(NOAA), 국립 강력 폭풍 연구소(NSSL, National Severe Storms Laboratory)의 연구 활동을 모델로 만든 것이었다.

공식적으로 폭풍 인터셉트(storm intercept)로 알려진 이와 같은 현장 연구는 기상학적 자료를 모으는 것과 이론을 실험하는 데 매우 중요한 부분이다. 이동 관측 시스템(주로 밴형 자동차)은 도플러 레이더, 메소넷(mesonet) 관측 장비를 갖추고 있다. 이처럼 바퀴 달린 소형 기상 관측소들은 자료를 관측하고 그 자리에서 분석을 하여 연구소로 보낼 수가 있다. 그런데 최근에 들어서 국립 강력 폭풍 연구소는 이런 폭풍 인터셉트 작업을 중단하였다. 왜냐하면 폭풍을 추격하는 사람이 많아졌다. 아마추어나 프로 기상 과학자들, 호기심 많은 무모한 일반 도전자들까지 이 일을 하고 있다. 심지어는 돈을 받고 하는 상업적인 폭풍 추격자들도 생겼다.

슈퍼셀이나 트위스터를 추격하기 전에 이런 일이 얼마나 위험한지를 알고, 안전 수칙들과 윤리적인 기준에 대해 공부를 해야 한다. 난폭한 기상 시스템이 주는 위험을 결코 가볍게 생각해서는 안 될 것이다.

위 사우스다코타 맨체스터 부근에서 등급 4로 분류된 토네이도가 폭풍 추격자의 자동차를 향하여 돌진해 오고 있다.
아래 왼쪽 카메라를 맨 여성이 사우스캐롤라이나 맥클렌빌에 상륙한 허리케인 가스통(Gaston)을 촬영하고 있다.
아래 오른쪽 바퀴 달린 소형 기상 관측소 트럭이 2004년 9월 4일 플로리다에 접근 중인 허리케인 프란시스의 풍속을 측정하고 있다.

허리케인 헌터

허리케인 헌터란 허리케인의 눈 속으로 날아 들어가서 폭풍의 접근과 강도를 연구하는 비행기 파일럿을 지칭하는 용어이다. 미국 해양 대기 관리처가 이러한 목적으로 비행기를 사용하기도 하지만, 허리케인 헌터라는 별칭으로 더 잘 알려진 것은 공군 예비군의 제53 기상 정찰 대대(Weather Reconnaissance Squadron)이다.

10개의 WC-130J 정찰기로 구성된 이 정찰 대대는 허리케인과 태풍들 사이에서 11시간 동안 비행 임무를 수행하며 관측 결과를 국립 허리케인 센터(NHS)에 보고한다. 비행기는 기상 및 라디오 장비들이 장착된 원통 모양의 튜브인 낙하존데(drop-sonde)들을 싣는다. 낙하존데는 기압을 밀리바 단위로 측정하며 이것은 폭풍의 강도가 증가하는지 감소하는지를 계산하기 위해서 필수이다. 허리케인 헌터들이 탄 비행기는 풍속을 측정하기도 하며 그 결과를

30초마다 국립 허리케인 센터로 전송한다. 이런 비행기들은 허리케인의 눈을 한 번의 비행 동안 4차례나 지나가기도 한다.

위 헤라클레스 비행기 조종석 안의 미 공군 허리케인 헌터 파일럿들이 1999년 9월 허리케인 플로이드를 통과하고 있다. 폭풍의 경로를 예측하기 위한 자료를 모으기 위해서 각 비행기들은 허리케인의 눈을 적어도 두 번 지나간다.

아래 미 공군 허리케인 헌터 팀이 촬영한 허리케인 플로이드의 눈이다.

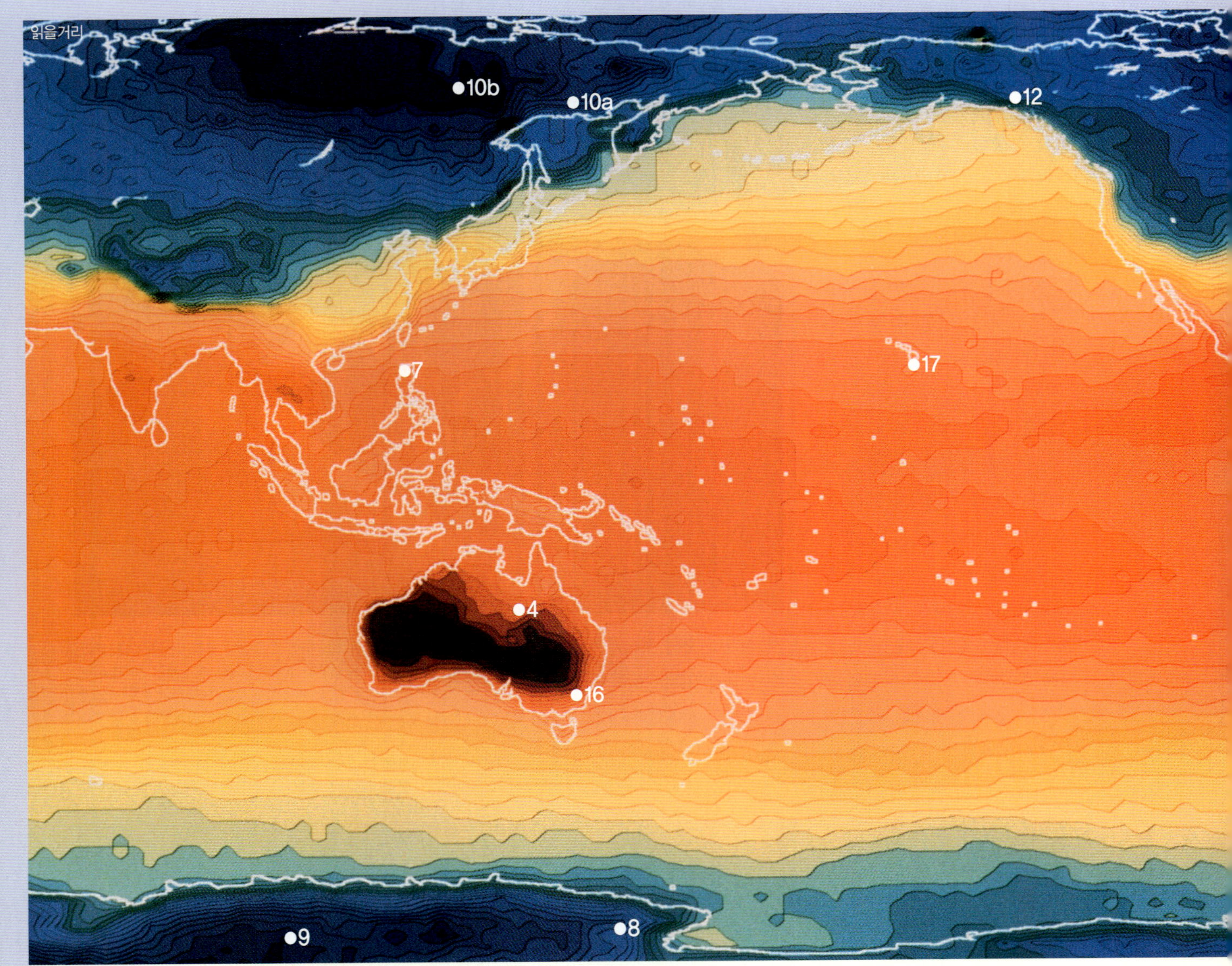

세계의 온도

최고 온도 극단

위치#	대륙	최고 온도(℃)	장소	고도	날짜
1	아프리카	57.8	엘 아지쟈(리비아)	367 ft(112 m)	1922년 9월 13일
2	북아메리카	56.7	죽음의 계곡(캘리포니아)(그린랜드 랜치)	−178 ft(54 m)	1913년 7월 10일
3	아시아	53.9	티랏 츠비(이스라엘)	−722 ft(220 m)	1942년 6월 22일
4	오스트레일리아	53.3	크론커리(퀸즈랜드 주)	622 ft(190 m)	1889년 1월 16일
5	유럽	50	세비야(스페인)	26 ft(8 m)	1881년 8월 4일
6	남아메리카	48.9	리바다비아(아르헨티나)	676 ft(8 m)	1905년 12월 11일
7	오세아니아	42.2	투궤가라오(필리핀)	72 ft(22 m)	1912년 4월 29일
8	남극	15	반다 관측소(스콧 해안)	49 ft(15 m)	1974년 1월 5일

지구의 평균 표면 온도를 나타낸 지도이다.
미국 해양 대기 관리처 위성의 극초단파 관측 기구(MSU, Microwave Sounding Unit)와 고해상도 적외선 측심기(HIRS, High Resolution Infrared Sounder) 등의 장치로 관측한 자료이다. 온도에 따른 색은 다음과 같다.
연한 자주색(-38℃), 파란색(-36℃에서부터 12℃), 초록색(-10℃에서부터 0℃), 노란색(2℃에서부터 4℃), 핑크색과 빨간색(16℃에서부터 34℃), 짙은 빨간색과 검은색(36℃에서부터 40℃).

최저 온도 극단

위치#	대륙	최고 온도(℃)	장소	고도	날짜
9	남극	−89.4	보스토크	11,220 ft(3,420 m)	1983년 6월 21일
10a	아시아	−67.8	오이메콘(러시아)	2,625 ft(800 m)	1933년 2월 6일
10b	아시아	−67.8	베르코얀스크(러시아)	350 ft(106 m)	1892년 2월 7일
11	그린란드	−66.1	노스아이스	7,687 ft(2,343 m)	1954년 1월 9일
12	북아메리카	−63	스내그(캐나다, 유콘 주)	2,120 ft(646 m)	1947년 2월 3일
13	유럽	−55	우스트 쉬슈고르(러시아)	279 ft(646 m)	1월(해당 연도 미상)
14	남아메리카	−32.8	사르미엔토(아르헨티나)	879 ft(268 m)	1907년 6월 1일
15	아프리카	−23.9	이프레인(모로코)	5,364 ft(1,635 m)	1935년 2월 11일
16	오스트레일리아	−23	샤를롯트 패스(뉴사우스웨일스 주)	5,758 ft(1,755 m)	1994년 6월 29일
17	오세아니아	−11.1	마우나로아 관측소(하와이)	13,773 ft(4,798 m)	1979년 5월 17일

따뜻해지고 있는 기후

1992년 그린란드 빙원

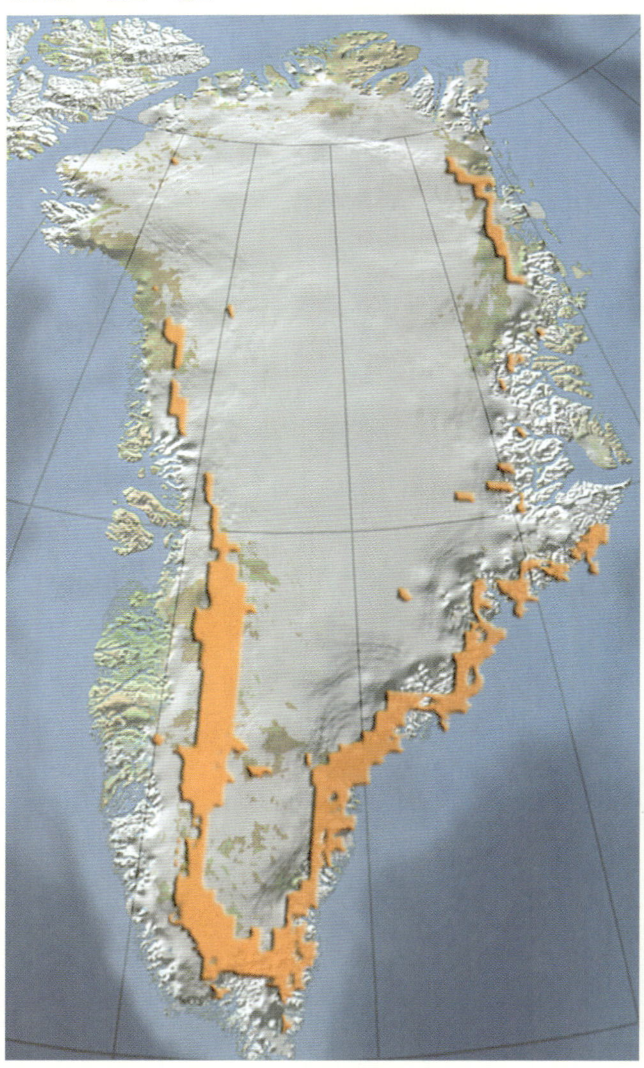

2002년 그린란드 빙원

위 북극 기후 영향 평가단(ACIA, Arctic Climate Impact Assessment)에 의해 공개된 위 두 그림은 1992년부터 2002년 사이 10년 동안 주기적으로 녹는 그린란드 빙원의 넓이를 보여 준다. 북극 기후 영향 평가단은 지구 온난화로 인한 기온 상승이 북극에 어떤 영향을 미치는지를 연구하는 국제적인 프로젝트다.

아래 빙원의 넓이가 줄어들면서 북극곰의 사냥터도 따라서 감소하고 있다.

오존 구멍은 오존층이 심하게 손상된 지역을 의미한다. 오존은 태양으로부터의 오는 해로운 자외선을 차단하여 지구에 살고 있는 동식물 및 인간을 보호해 주는 물질로, 산소 원자 3개로 이루어져 있다.

NASA의 오존 모니터링 장비(Ozone Monitoring Instrument)에 의해 관측된 자료를 바탕으로 만든 이 지도는 2006년 9월 24일 당시 남극 상공의 오존층을 보여 주고 있다. 오존이 가장 적은 지역들은 파란색과 자주색으로 표시되어 있다. 오존이 상대적으로 많은 지역은 초록색, 노란색으로 표시되었다.

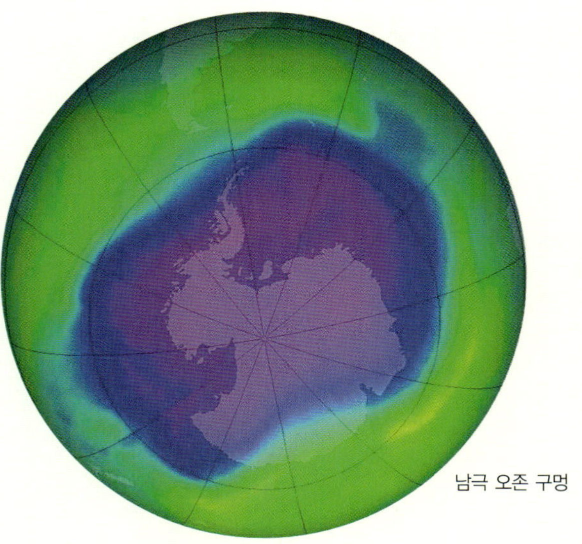

남극 오존 구멍

지표면 온도의 변화

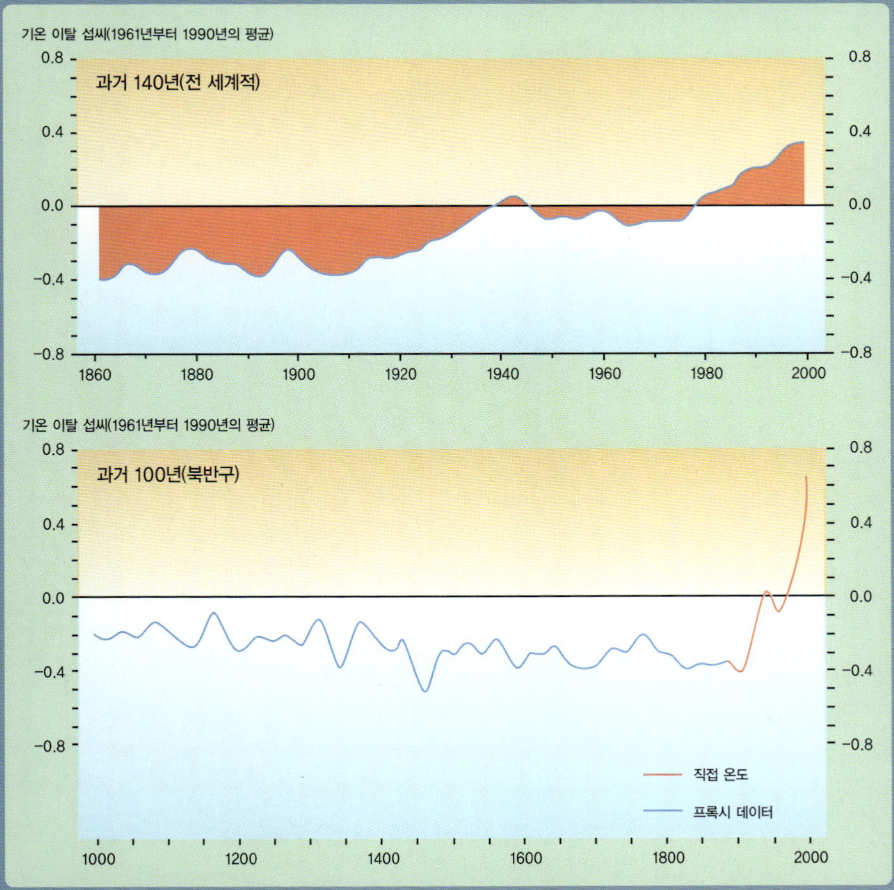

그래프는 지난 140년 동안 지구의 온도가 급상승하는 것을 보여 주고 있다. 이것은 기후 변화 정부 간 위원회(IPCC)가 공개한 자료들을 바탕으로 만들어졌다. 기후 변화 정부 간 위원회는 1988년에 기후 변화의 가능성 연구를 목적으로 세계 기상 기구(WMO)와 국제 연합 환경 계획(UNEP)에 의해 창설되었다. 과거 온도 상승률을 비교해 보면 최근의 온도 상승은 1,000년 만의 이례적인 일로 매우 높은 편이다.

수증기와 해양 온도

아래 전 세계 바다 위의 수증기 분포를 한눈에 보여 주는 인공위성 사진 자료를 이용하여 만든 지도이다. 최소량의 수증기는 옅은 파란색으로, 최대량의 수증기는 짙은 파란색으로 표시되어 있다. 중위도와 적도 지역에 노란색으로 표시된 작은 곳들은 강수량이 많은 곳이다. 육지는 검은색으로 표시되어 있으며, 짙은 초록색은 사막을, 또 극 지역과 고산 지역의 노란색은 눈과 빙원들을 표시한 것이다. 이 이미지는 고성능 극초단파 복사 측정기(Advanced Microwave Scanning Radiometer)를 이용하여 2002년 6월 2일-4일 사이에 촬영한 자료이다.

위 오른쪽 컴퓨터로 만든 지도이다. 2001년 7월 위성 자료를 기반으로 해양 온도를 나타내고 있다(북반구는 여름, 남반구는 겨울). 이 지도에 해수면 온도는 색 코드화되어 있고 따뜻한 열대 지역에서부터 얼음 덮인 극 지역까지의 수온을 나타내고 있다. 열대 지역 물은 노란색(35 ℃)으로 표시되었다. 수온이 떨어지면서 색은 빨간색, 파란색, 자주색, 초록색 그리고 마지막으로 검은색으로 표시되며, 극 지역의 물(−2 ℃)까지 표시된다. 지구의 대륙들은 회색으로 표시되어 있다.

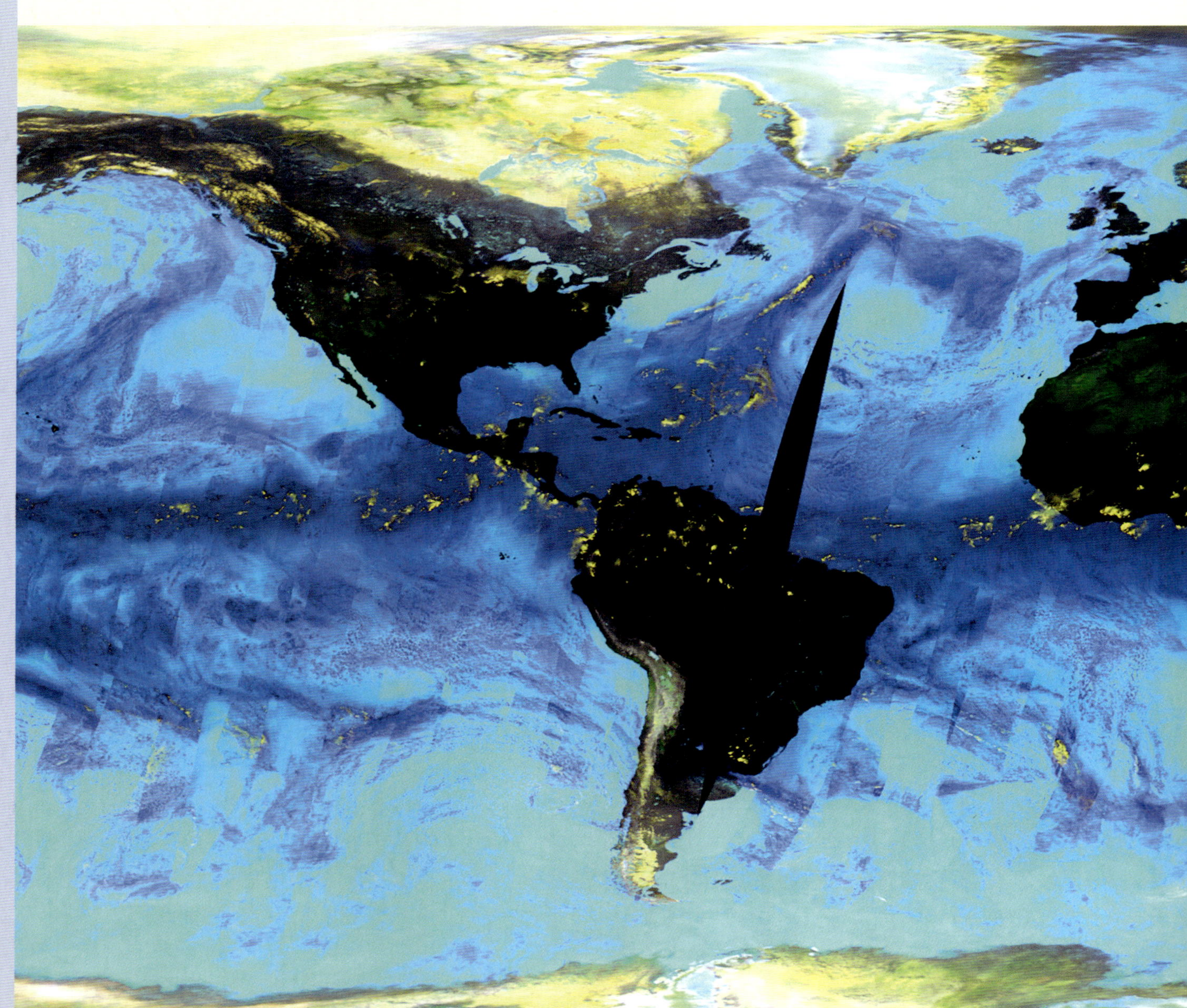

세계 해양 온도

허리케인의 측정

사피르–심슨 허리케인 등급표

강도	풍속(노트)	풍속	압력(밀리바)
등급 1	64–82 knots	74–85 mph(119–136 km/h)	>980 mbar
등급 2	83–95 knots	96–110 mph(154–177 km/h)	965–979 mbar
등급 3	96–113 knots	111–130 mph(179–209 km/h)	945–964 mbar
등급 4	114–135 knots	131–155 mph(211–249 km/h)	920–944 mbar
등급 5	>135 knots	>155 mph(>249 km/h)	>919 mbar

열대 사이클론 구분

열대 저압부	20–34 knots
열대 폭풍	35–63 knots
허리케인	64+knots 또는 74+mph

위 사피르–심슨 허리케인 등급표이다. 이 표는 허리케인을 구분하기 위해서 풍속과 압력을 모두 측정했다. 허리케인이 육지에 상륙하거나 감속한 후 또는 허리케인으로 발달하기 전에는 열대 폭풍이나 열대 저기압이라 부른다. 1969년 사피르와 심슨에 의해 개발된 이 척도는 날짜 변경선 동쪽의 대서양과 북태평양에서 발생하는 폭풍과 허리케인을 대상으로 한 것이다.

아래 이 해도는 허리케인 카트리나가 열대 저기압으로 분류되던 2005년 8월 23일부터 북쪽 육지 위로 이동을 하면서 열대 폭풍으로 등급이 낮아졌던 8월 30일까지의 진로를 보여 주고 있다. 카트리나는 플로리다 위로 등급 1의 상태로 지나갔으며, 멕시코 만에서 속력을 얻어 수면 위에서는 등급 5로 상승하였다가, 8월 29일에 등급 3으로 루이지애나를 강타했다.

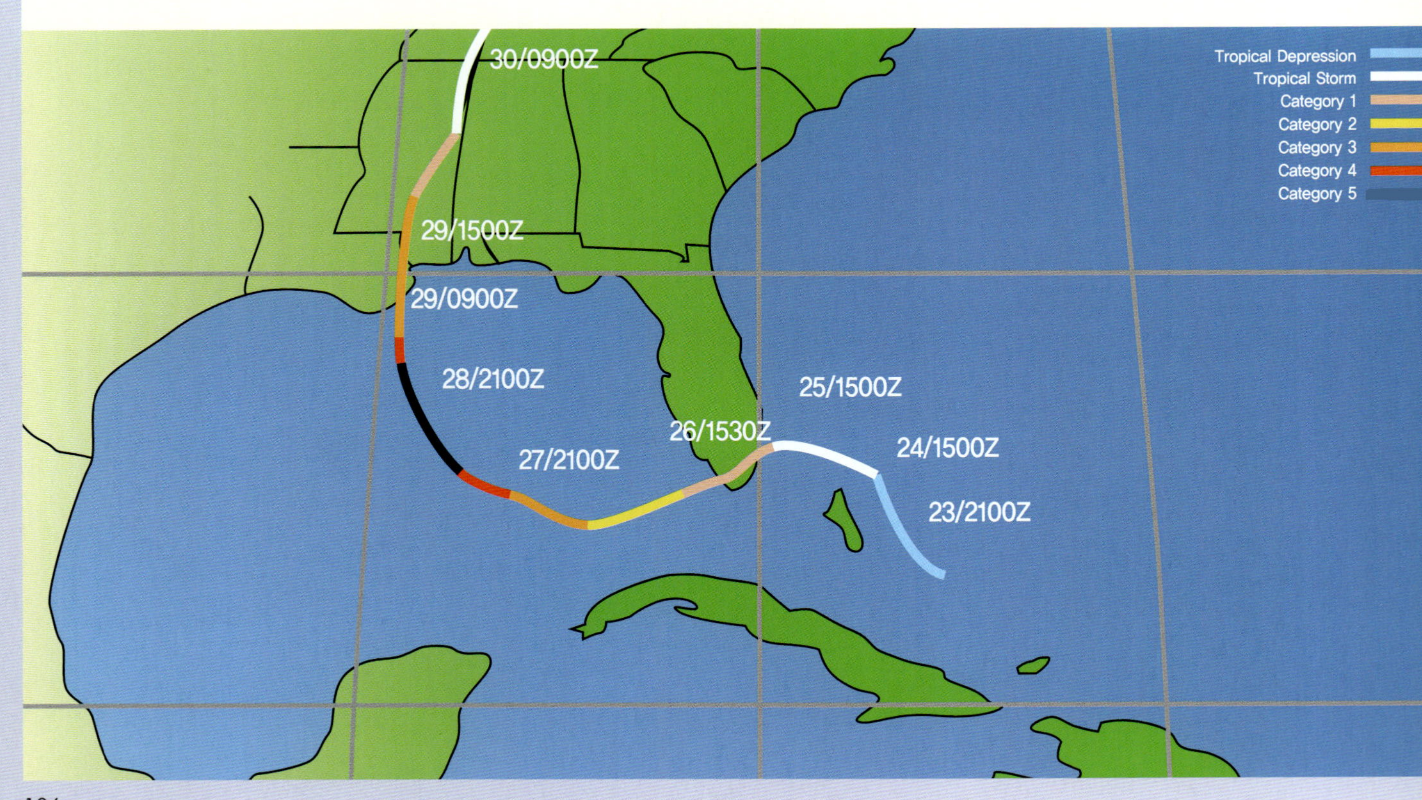

가장 강력한 대서양 허리케인

강도는 오로지 중심시도로만 측정되었다

등급	허리케인	시즌	최소 압력	최고 풍속
1	윌마(Wilma)	2005	882 mbar	175 mph(282 km/h)
2	길버트(Gilbert)	1988	888 mbar	185 mph(298 km/h)
3	'레이버 데이(Labor day)'	1935	892 mbar	160–185 mph(257–298 km/h)
4	리타(Rita)	2005	895 mbar	179 mph(288 km/h)
5	알렌(Allen)	2005	899 mbar	190 mph(306 km/h)
6	카트리나(Katrina)	2005	902 mbar	175 mph(282 km/h)
7	카밀(Camille)	1969	905 mbar	190 mph(306 km/h)
8	미치(Mitch)	1998	905 mbar	180 mph(290 km/h)
9	아이반(Ivan)	2004	910 mbar	165 mph(265 km/h)
10	자넷(Janet)	1955	914 mbar	175 mph(282 km/h)

토네이도의 측정

위, 아래 왼쪽 사우스다코타 부근에 등급 4의 토네이도가 접근했을 때의 위력을 보여 주는 사진들이다. **아래** 후지타 폭풍 피해 척도는 폭풍의 강도에 따라 구조물이 입은 피해 정도(3초 동안의 바람으로)로 정의한다. 개량 후지타 폭풍 피해 척도(Enhanced Fujita Scale of Storm Damage)는 시카고 대학교의 폭풍 연구가 테드 후지타가 1971년에 고안했던 본래의 F척도를 업데이트하여 2006년에 발표되었다. 개량 후지타 폭풍 피해 척도는 2007년 2월 1일부터 미국에서 사용되기 시작하였다.

개량 후지타 폭풍 피해 척도

등급	피해 규모	사용되는 EF 척도
0	지붕널과 판자벽 일부 손실	65–85 mph(105–137 km/h)
1	유리가 깨지고 지붕이 날아감 굴뚝이 붕괴됨	86–110 mph(138–177 km/h)
2	집 전체가 토대에서 밀려 나감	111–135 mph(179–217 km/h)
3	대부분의 벽들이 붕괴됨	136–165 mph(219–265 km/h)
4	집의 완전 파괴	166–200 mph(267–322 km/h)
5	병원과 정부 건축물들까지도 상당한 피해를 입음	>200 mph(>322 km/h)

해수면의 상승

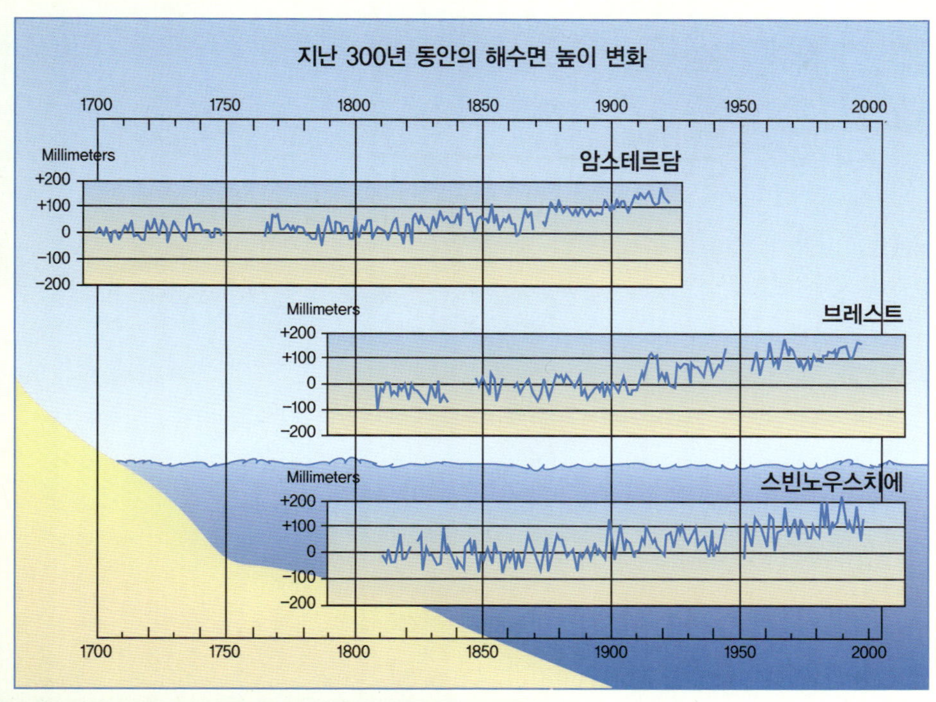

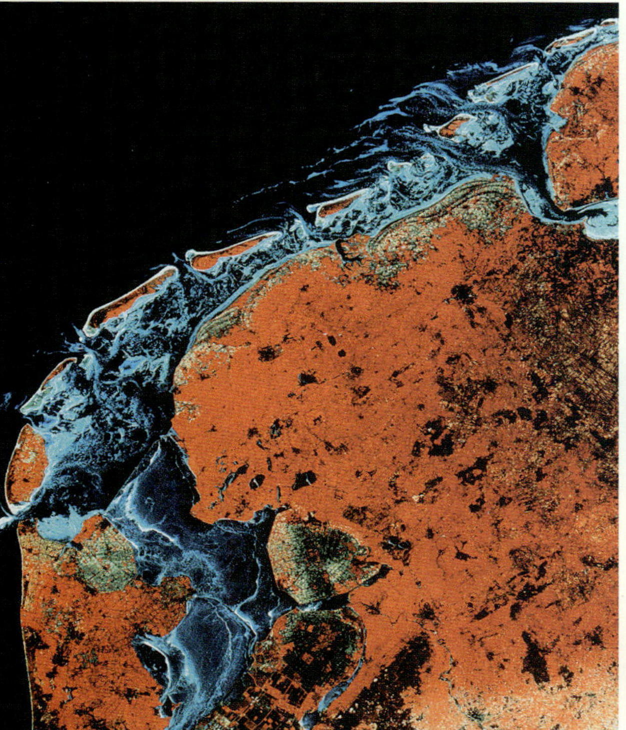

위 기후 변화 정부 간 위원회(IPCC)에 의해 발행된 도표로, 지난 300년 동안의 상대적 해수면의 변화를 보여 주고 있다. 이 표는 유럽 세 군데 지역에서 측정한 자료로 네덜란드 수도인 암스테르담(Amsterdam), 프랑스 브리타니(Brittany) 해안의 항구 브레스트(Brest) 그리고 우제돔 섬(Uznam)과 볼린 섬(Wolin)들을 연결하는 폴란드의 스빈노우스치에(Swinoujscie)이다.

아래 왼쪽 한때 얕은 내륙의 바다로 '주디치(Zuider Zee)'로 알려졌었던 네덜란드 에이셀 호수(Isselmeer)의 간척 프로젝트를 보여 주는 인공위성 사진이다. 북해댐(Afluitsdijk)이 이제는 바닷물의 침범을 막아준다. 댐으로 물의 흐름을 막은 후에 농지를 개발하기 위한 에이셀 호수 지역의 배수로 공사가 이루어지고 있다. 네덜란드 대부분은 해수면 아래에 있기 때문에 모래 언덕과 둑으로 이루어진 복잡한 시스템으로 홍수를 미리 막는다. 전 세계적인 해수면의 상승으로 인해 고도가 낮은 네덜란드는 큰 위협에 처해 있다.

아래 오른쪽 네덜란드 암스테르담의 낡은 창고 건물들이 암스테르담 운하 위에 서 있다.

CHAPTER 7

구름

왼쪽 놀이공원의 관람차 사이로 적운이 보인다. '부푼 솜' 모양의 적운은 주로 맑은 날씨에 볼 수 있다.
위 NASA의 고분해능 기상 센서(MODIS)에 의해 촬영된 것이다. 5대 호수 위에 다양한 유형의 구름이 있다. 핑크색 부분은 주로 빙정들로 구성된 고층의 구름을 나타낸다. 왼쪽 모서리에는 대부분 물방울로 구성된 적운이나 난층운이다. 고분해능 기상 센서는 구름에 의해 복사되거나 반사되어 나오는 복사 에너지를 통해 구름의 유형을 구분할 수 있다.
아래 적운들은 종종 하루가 끝날 무렵 사라지곤 한다.

수 세기 동안 구름은 시인, 화가, 과학자 그리고 몽상가들을 매혹시켰다. 구름의 형태는 밝으면서도 희미한 권운부터, 짙고 무겁고 어두운 적란운까지 다양하다. 구름은 어떤 때에는 지구의 반 정도를 덮을 정도로 넓게 발달한다. 구름이 없었다면 비나 눈이 내리지도 않았을 것이며, 시인들의 시詩도 지금보다 적었을 것이다.

구름은 눈으로 볼 수 있는 공기 중의 수분이다. 구름의 겉모습을 보면 구름과 주변 공기의 안정성을 판단할 수 있다. 수평으로 층을 이루며 발달하는 층운stratiform이 많은 곳의 공기는 상대적으로 안정적이다. 반면에 수직으로 발달하는 적운cumuliform이 많은 곳의 공기는 상대적으로 불안정하다. 불안정하다는 말은 공기가 위아래로 또 양옆으로 활발하게 움직인다는 것을 의미한다.

구름은 대부분 대류권에서 형성된다. 대기권 수분*의 대부분이 대류권에 분포하기 때문이다. 일반적인 날씨에는 대기 중에 약 40조 gal 물이 수증기, 물방울, 빙정들의 형태로 존재한다. 그중 10 % 정도가 매일 비나 눈이 되어 지표면으로 떨어지고 있다. 이 중 일부는 땅으로 스며들고, 대부분은 강과 호수와 바다로 흘러 들어간다. 그러므로 구름은 물의 순환에 있어서 매우 중요한 부분이다.

자연 상태에서 형성되는 구름 외에 인간에 의해 구름이 만들어지기도 한다. 인간의 활동이 기상과 기후에 나름대로 영향을 미치고 있다는 뜻이다.

* 수분 : 물방울이나 수증기 그리고 얼음 알갱이를 통칭하는 단어다(옮긴이).

구름의 형성

우리가 바람이라고 부르는 것은 공기의 움직임이다. 보통 바람이 분다는 표현은 공기의 수평적인 움직임을 두고 하는 말이다. 하지만 공기는 아래위로 움직이기도 한다. 이렇게 공기의 수직적인 움직임에 의해 구름이 형성되고 사라진다.

구름이 형성되는 이유 공기의 수평적인 움직임에 비해 수직적인 움직임은 상대적으로 규모가 작다. 그러나 매일 날씨에는 매우 중요한 요소이다.

간단하게 말하면 상승하는 공기는 단열 팽창으로 냉각된다. 기온이 내려가면 공기에 포함되어 있는 수증기는 응결하고 구름을 형성한다. 그 뒤에 구름이 더욱 발달하면 비나 눈이 내린다. 이런 현상은 뇌우 폭풍에서도 똑같이 적용되지만 뇌우는 매우 강한 상승 기류로 형성된다.

상승하는 공기는 저기압 시스템과 관련이 깊다. 이것이 바로 저기압이 구름과 강수를 동반하는 이유이다. 반면에 하강하는 공기는 단열 압축을 하고 기온이 상승하여 공기를 따뜻하게 하는데, 그렇기 때문에 물방울을 증발시켜 눈에 보이지 않는 수증기로 만든다. 따라서 하강 기류가 발달하는 곳은 날씨가 맑다. 그리고 하강 기류는 고기압과 관련이 깊다. 고기압이 발달하는 곳에 구름이 적고 날씨가 맑은 것도 바로 이러한 이유 때문이다.

이슬점이란? 구름은 공기에 이슬이 생기는 온도, 흔히 '이슬점'이라고 부르는 온도로 냉각될 때 형성된다. 이슬점은 상대 습도가 100 %에 이르는 온도를 말하는데, 해당 온도에 수증기가 최대한 가득 들어가서 포화 상태에 이르는 온도이다. 따라서 이슬점 이하로 기온이 내려가면 공기에서는 수증기가 응결되어 이슬이 된다(이슬점이라는 명칭도 이런 사실에서 유래). 이슬점은 농업과 기상 예보에서 자주 언급되는 용어이다.

이슬점은 일상적인 경험을 통해 쉽게 이해할 수 있다. 예를 들어 다음과 같은 경우를 상상해 보자. 지금은 봄이 시작되는 4월이다. 외부 온도는 21 ℃ 정도이고 햇빛이 강하고 건조하여 구름 한 점 없다. 아이들이 스프

위 연의 꼬리들은 공기의 수평적 움직임의 방향을 나타낸다. 반면에 구름은 공기의 수직적인 이동에 의해 형성된다.
아래 온도가 21 ℃ 정도이고 상대 습도가 낮아 건조한 날 스프링클러로 물장난을 하면 매우 춥다. 이런 날 물은 빠른 속도로 증발하여 피부를 식힌다.

비행기 안에서 본 구름의 다양한 모습이다. 현재 보이는 구름은 공기의 수직적인 움직임으로 형성되고 발달하는 고적운이다. 고적운은 낮은 온도의 공기가 상승할 때 수증기의 응결로 형성된다.

링클러로 물장난을 하고 있다. 하지만 몸을 물에 적시고 얼마 되지 않아 아이들은 추위를 느끼며 집으로 다시 들어온다. 피부가 건조할 때는 상쾌하게 느껴지는 공기가 물에 젖은 피부에는 몸이 떨릴 정도로 차갑게 느껴지기 때문이다.

무슨 일이 일어난 것일까? 봄은 상대 습도가 낮으므로 공기 중에 수분이 매우 적다. 따라서 물이 빨리 증발하게 된다. 공기 중에 분포하는 물 분자들 사이에 물이 들어갈 빈틈이 많으므로 이 빈틈을 채우기 위해 물 분자가 빨리 빠져나가는 것이다. 이와 같이 빠른 증발 현상은 냉각 효과를 동반한다.

반면에 기온이 21 ℃까지 올라가고 무덥고 습한 7월의 아침을 상상해 보자. 물에 젖은 피부는 10분 이상 마르지 않고 젖은 상태로 남아 있으므로 오전 9시에 스프링클러에 뛰어들어도 별로 시원함을 느끼지 못한다. 이런 날은 상대 습도가 높아 공기 중에 수증기가 포화되어 있으므로 수분이 아주 천천히 증발하기 때문이다. 이처럼 같은 온도이지만 시원함을 느끼는 정도에 차이가 나는 것은 이슬점 차이 때문이다. 7월 아침의 이슬점은 공기의 온도와 매우 비슷하다. 반면에 4월에는 이슬점이 매우 낮아 약 10 ℃ 이하 공기의 온도와 차이가 매우 크다.

한편 이슬점은 공기 중 수증기의 양을 알려 주는 효과적인 지표이기도 하다. 이슬점이 높다는 것은 공기 중에 수증기가 풍부하다는 것을 의미한다. 이슬점이 현재 기온과 비슷하다는 것은 지금 공기가 포화 상태인 것이다. 또 상대 습도가 100%에 이르렀음을 의미한다. 참고로 이슬점은 기온보다 절대 높아지지는 않는다. 반대로 이슬점이 기온보다 훨씬 낮은 경우에 공기는 매우 건조하다. 하지만 상대 습도와 달리 이슬점은 기온의 변화에 따라 변하지는 않는다. 따라서 다양한 기단 내에 들어 있는 수증기의 양을 비교할 때 자주 사용된다.

만약 공기가 포화되는 온도가 영점 이하일 경우에는 이슬점 대신에 '서리점 frost point' 이란 용어를 사용한다. 기온이 서리점 이하로 떨어지는 고요한 밤에는, 수증기는 물방울로 응결되는 과정을 거치지 않고 빙정 서리의 형태로 잔디 위에 바로 얼어붙는다. 이런 과정은 승화 deposition라고 한다. 상승하는 따뜻한 공기가 이슬점 또는 서리점 이하로 냉각되면, 대기의 수증기들은 물방울 또는 빙정로 응축되어 구름을 형성할 수 있다.

이른 아침 잔디 위의 서리는 기온이 서리점 이하로 떨어져서 공기 중의 수증기가 얼 때 발생한다. 이렇게 수증기가 고체가 되기 위해 액체 상태를 뛰어넘는 과정을 승화라고 한다.

구름의 유형

구름의 유형을 처음으로 분류한 사람은 영국의 제약사 겸 아마추어 기상과학자였던 하워드Luke Howard이다. 겉모양을 기준으로 구름을 분류했던 하워드는 1802년에 구름의 종류를 크게 세 종류로 분류할 것을 제안했다.

그 세 종류는 적운cumulus, '더미'를 의미하는 라틴어과 층운 stratus '층' 또는 '시트'를 의미 그리고 권운cirrus, '섬유' 또는 '모발'을 의미이다. 하워드는 이 세 종류의 구름에 난운nimbus, 단순히 '구름'을 의미하는 라틴 어을 추가했는데, 난운은 비를 일으키는 구름으로 분류했다.

몇 년이 지난 후, 하워드와 다른 과학자들은 구름이 형성되는 높이의 중요성을 깨닫게 되었다. 1855년 프랑스의 기상과학자 에밀리앙 레누Emilien Renou는 구름이 발달하는 높이를 구름의 이름에 넣을 것을 제안했다. 예를 들어 중간 정도로 높은 곳에서 형성되는 적운을 고적운altocumulus으로, 또 같은 높이에서 형성되는 층운을 고층운altostratus으로 부르자고 주장했다.

그러다가 1880년대와 1890년대에 들어와서 기상과학자 힐데브란드 힐데브란드손Hugo Hildebrand Hildebrandsson과 랄프 아베르크롬비Ralph

위 초원 위로 높이, 얇게 발달한 권운을 찍은 것이다. 권운은 지평선 가까이에 쌓여 있는 솜 더미처럼 보인다.
아래 이 사진에서는 세 가지 유형의 적운을 볼 수 있다. 사진 중앙에 고도가 높고 옅은 구름은 고층에서 발달하는 권적운(cirrocumulus)이며, 위쪽의 누덕누덕 기운 구름은 중층에서 발달하는 고적운이며, 앞에 있는 무거운 비구름은 저층에서 발달하는 적란운(cumulonimbus)이다.

Abercromby는 하워드의 분류표에 따른 10가지 구름의 주요 유형을 높이에 따라 분류하여 구름의 명칭들을 정리하였다. 또한 그들은 구름 사진 목록을 출간했고, 1891년 국제 기상학 회의에서 구름 위원회를 구성하기도 하였다. 1896년 '국제 구름의 해'를 맞아, 구름 위원회와 다른 모임에서 구름의 이름과 높이에 따른 구름의 분류를 공식적으로 제안하고 채택했다. 이 일로 《국제 구름 도감International Cloud Atlas》이 출간되었다. 이 도감은 그 후로 계속 업데이트가 되었으며, 가장 최근의 것은 1995년 판이다.

오늘날 세계 기상 기구WMO에서 채택한 구름 분류표는 여전히 하워드가 제안했던 명칭의 조합을 사용한다. 현재 인정되는 10가지의 기초 구름 유형에는 높은 구름적운, 권적운, 권층운, 중간 구름고적운, 고층운 그리고 낮은 구름난층운, 층적운, 층운, 적운, 모든 층에 수직으로 발달하는 구름적란운 등이 있다. 여기에 여러 가지의 변종과 보완적 형태보조 글 '구름을 구분하는 속, 종 그리고 변종' 참고가 있다. 하지만 이 보조 분류

는 정확도가 떨어진다. 구름 바닥의 높이는 지역의 지형, 공기에 포함되어 있어 사용할 수 있는 수증기의 양 그리고 기상 패턴에 따라 조금씩 다르기 때문이다.

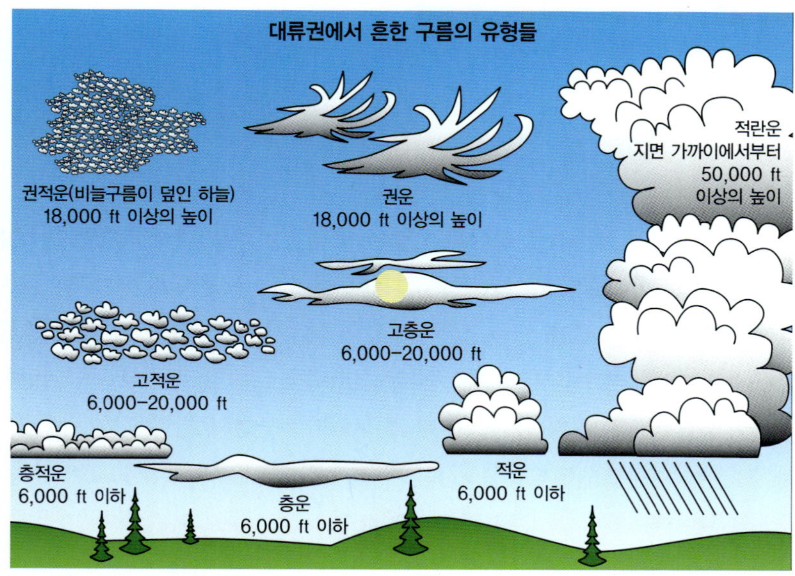

다양한 높이에서 형성되는 구름의 유형을 한눈에 보여 주는 그림이다. 적란운과 같은 구름은 대류권의 여러 층들에 걸쳐 존재할 수 있을 만큼 수직으로 발달한다.

구름을 구분하는 속, 종 그리고 변종

과학 수업 시간에 구름의 분류를 배운 후 파란 하늘에 떠 있는 구름을 보고 저것이 고적운인지 권운인지를 고민해 본 적이 있을 것이다. 그런데 떠 있는 구름이 고적운도 권운도 아니라면 어떤 유형의 구름에 속하는지 판단이 잘 서지 않았을 것이다.

생물학에서도 처음에 이런 분류학적 혼란이 있었다. 그러나 아리스토텔레스, 린네, 다윈과 같은 생물학자들의 노력으로 동물과 식물의 체계적인 구분이 가능해졌다. 하지만 그들은 다른 하위 집단과 명확하게 구분되지만, 여전히 신체 구조와 기원에 있어서 높은 유사성을 지닌 과(family) 단위의 개체가 존재할 수 있다는 것을 알았다. 예를 들어 집에서 키우는 개와 회색늑대 그리고 여우는 모두 카니스(Canis)속에 속한다. 그리고 개는 늑대와 함께 카니스 루퍼스(Canis lupus)종에 속하는데, 개는 또 아종인 카니스 루퍼스 파밀리아리스(Canis lupus familiaris)에 속한다.

세계 기상 기구와 미국 기후학 협회(American Meteorological Society)는 생물학적인 분류와 유사한 방식으로 구름을 속(genera), 종(species), 변종(variety, 아종과 유사)으로 구분한다. 속은 구름

형태의 주요 특징을, 종은 구름 내부 구조상의 차이와 외형적인 특성을 그리고 변종은 구름의 배열과 투명성의 정도를 나타내는 것이 근본적인 개념이다. 하지만 이렇게 하는 것도 역시 불충분하다. 왜냐하면 여기에 또 '부속구름(accessory clouds)'으로 분류하는 소수의 구름 형태가 존재하기 때문이다. 뿐만 아니라 다른 유형의 구름들을 발생시킬 수 있는 '어미구름(mother clouds)'의 분류도 있다. 이처럼 구름의 분류는 생각보다 복잡하고 어려운 것이다.

이 책에서는 권운, 권적운, 권층운, 고적운, 고층운, 난층운, 층적운, 층운, 적운 그리고 적란운 및 몇몇 현저한 변종들을 포함하는 10가지 주요 구름 속의 사진만 보여줄 것이다. 14가지 구름의 종들과, 9가지 변종 구름 등의 특징과 부속구름들에 대한 사진을 보려면 종합 구름 도감을 살펴보면 된다. 그러면 아마 과거에 본 적이 있지만 어떻게 분류할지를 몰랐던 구름의 종류를 알 수 있을 것이다. 또한 종합 구름 도감을 보면 구름이 보여줄 수 있는 여러 가지 아름다운 모양을 관찰하면서 영감을 얻을 수 있을 것이다.

상층운과 중층운

상층운은 주로 빙정들로 구성되어 있으며, 대체로 층이 얇아서 태양을 잘 가리지 않는다. 중층운은 빙정과 물방울을 모두 포함하고 있어 상층운과 비슷한 외형을 보일 수가 있다. 지면의 관측자에게 거리가 더 가까우므로 더 커 보이며 태양을 가릴 수가 있다. 중층운에서는 가끔 적은 양의 비나 눈이 내리기도 한다.

상층운 상층운은 약 6,000 m 이상의 높이에서 형성된다. 기온이 약 −35 ℃ 내외인 온도에서 대기권의 수분은 미세한 빙정의 형태를 띠게 된다. 지면의 온도가 매우 낮은 극 지역에서 상층운은 약 3,000 m의 높이에서도 찾아볼 수 있다.

상층운의 가장 기초적인 유형은 권운Ci인데, 보통 서쪽에서 동쪽으로 이동하는 모습을 관찰할 수 있다. 권운은 때로 암말의 꼬리mare's tails에 비유되기도 한다. 고층의 바람이 권운을 옅고 긴 모발 모양이나 깃털 모양의 꼬임을 가진 형태로 만들어 마치 암말의 꼬리처럼 보이게 하기 때문이다. 권운은 가끔 물체의 그림자를 흐릿하게 보이게 하지만, 태양이나 달을 가릴 만큼 두터워지는 경우는 드물다.

상층운의 또 다른 유형은 권층운Cs이다. 이 구름은 빙정으로 되어 있고 하늘을 옅은 파란색의 빛깔로 만들거나, 낮에도 어둡게 느껴지도록 만들 수가 있다. 권층운은 태양과 달 주변에 무리halo를 만들기도 한다제10장 참고. 실제로 무리는 권층운의 존재를 확인시켜 주는 증거가 되기도 한다. 가끔 권층운은 전선의 접근을 알려주는데, 대개가 온난 전선이다.

권적운Cc은 높은 고도에 작은 솜 모양으로 이루어진 구름이다. 그러나 가끔 고적운으로 오해를 받기도 한다. 이 구름은 지표면에서 봤을 때 대체로 크기가 작다. 잘 발달한 권적운은 은색의 생선 비늘로 보이기도 한다. 그래서 '비늘구름이 덮인 하늘mackerel sky'이라는 별칭도 있다. 때로는 해변에서 물결 모양처럼 만들어진 모래와 비슷한 형태를 띠는데, 이것은 적운 구름의 공통적인 특징이다.

위 권운은 약 6,000 m 이상의 고도에서 발생하며, 주로 빙정들로 구성되어 있다. 이런 고도에서 부는 바람은 구름을 길고 옅은 줄 모양으로 늘어뜨린다.
아래 비록 투명에 가깝지만, 권층운은 태양 주위에 무리를 형성할 수 있다.

중층운

중층운 중층운은 대기권에 포함되어 있는 수증기들이 작은 물방울 또는 물방울과 빙정의 혼합 형태를 띨 수 있을 정도의 온도를 나타내는 2,000−6,000 m 사이에서 형성된다.

별다른 특징이 거의 없는 고층운As은 높이가 좀 낮고 짙다는 점을 제외하면 권층운과 매우 흡사하다. 또한 고층운은 태양과 달 주변에 무리를 만들지 못할 만큼 두꺼워지기도 한다. 그래서 고층운으로 가려진 태양은 흰색이다. 여러 가지 색의 코로나로 둘러싸인 밝은 점으로 보인다. 고층운은 낮에 지표면에 물체의 그림자가 형성되지 않을 정도로 태양 빛을 흐트러뜨릴 수 있다.

한편 고적운Ac은 외형적으로 누덕누덕 기운 모양이나 뚜렷한 띠 모양으로 보인다. 고적운 중에서 일부는 특정한 기상 현상을 상징하는 것이어서 기상과학자나 파일럿에게 특별한 의미를 준다. 예를 들어 렌즈구름lenticularis이라 불리는 렌즈 모양의 구름때로는 팬케이크 더미로 보이기도 함은 바람이 울퉁불퉁한 모양의 산 위를 지나갈 때 주로 형성되므로, 산 위에서 가끔 발견된다.

하와이 마우나케아(Mauna Kea) 산 위에서 촬영된 렌즈구름 사진이다. 렌즈구름은 너무도 특이하게 생겨서 종종 비행접시(UFO)로 오해를 받는다. 이 독특한 구름은 여러 개의 산 위에서 상승 기류가 발달할 때 상승 기류의 꼭대기 지점에서 생성된다.

뉴욕에 있는 조지 호수의 일몰 광경이다. 고적운들이 '비늘구름이 덮인 하늘'로 유명한 일몰 패턴을 연출하고 있다.

하층운과 적운형 구름

우리가 눈으로 보는 구름 중에서 극적인 광경을 연출하는 구름은 주로 지면 가까이에서 발생한 구름이거나, 수 킬로미터 길이로 수직으로 발달한 구름일 것이다. 기온이 낮은 지역에서는 빙정을 포함하기도 하지만 낮게 발달하는 구름들은 대부분 물방울만으로 이루어져 있다. 하층운은 다른 모양의 구름으로 쉽게 바뀔 수 있다. 예를 들어 이른 아침에 보았던 층운들은 늦은 아침이면 층적운으로, 또 이른 오후에는 적운으로 바뀌었다가 시간이 좀 더 지나 수직적으로 발달하여 적란운이 되고 뇌우를 일으키기도 한다.

하층운 하층운은 고도 2,000 m 이하의 대기 중에 나타난다. 이 구간의 구름들은 밀도가 높으며 일반적으로 물방울로만 이루어져 있다.

하층운 중에서도 가장 낮은 층운St은 뚜렷한 외곽 구분이 없이 하늘 전체를 회색으로 덮어버리는 경우가 있다. 층운의 두께는 몇백 미터 안팎이지만 수평 방향으로는 여러 주states를 덮을 정도로 넓게 발달할 수 있다. 층운의 바닥이 지면과 닿는 곳은 마치 안개가 덮인 것처럼 보이기도 한다. 층운은 대부분 하늘을 넓고 고르게 덮지만 가끔 가장자리가 흩어진 형태로도 발달한다.

층적운Sc의 바닥은 균일한 높이로 발달하고 약간 수직적인 발달을 보이기도 한다. 지면에서 이 두 유형의 구름을 바라보면 층적운과 층운을 비교할 수 있다. 층운과 달리 층적운은 어둡고 밝은 지역이 교대로 있어 얼룩져 있거나 또는 주름져 있기 때문이다.

난층운Ns은 정도에 차이가 있지만 일정 기간 동안에 가랑비나 눈을 꾸준히 내리게 한다. 또한 난층운은 균일한 회색빛을 띠며 경계가 불명확하기 때문에 난층운의 바닥 높이를 측정하는 것은 쉬운 일이 아니다. 난층운의 범위는 매우 낮은 층에서부터 중간층까지이다. 그래서 어떤 기상과학자들은 난층운을 중층운으로 취급하기도 한다.

위 솜털 모양의 적운은 수직으로 발달한다. 적운은 위를 향해 상승하는 공기의 무질서한 움직임으로 생성된다는 것을 보여 준다.
가운데 수직으로 발달한 적란운(소나기구름)이다. 적란운은 모루 모양이며, 번개, 우박, 물기둥, 토네이도와 같은 극적인 기상 현상을 일으킨다.
아래 난층운은 농토에 풍부한 비를 내려준다.

수직으로 발달하는 구름 광대한 규모로 수직적인 발달을 보이는

안개구름으로 불리는 층운이 캘리포니아 샌프란시스코의 금문교 위를 덮고 있다.

구름은 대부분 적운이다. 적운^{Cu}은 가장 흔한 유형의 구름으로 아이들의 그림에서도 쉽게 찾아볼 수가 있다. 밀집되고 무거워 보이는 적운의 가장자리는 각지고 뚜렷해서 팝콘이나 콜리플라워와 많이 닮았다.

봄이나 여름에 날씨가 맑을 때 적운은 일정한 높이에서 형성되고, 부푼 솜 모양이다. 낮에는 구름의 양이 증가하고, 밤이면 흩어진다. 적운은 차가운 기단이 상대적으로 따뜻하거나 더 차가운 육지 위로 이동하면서 형성된다. 기온의 차이 때문에 공기의 운동이 활발해져서 난기류를 유발하기도 한다.

적운은 때때로 수직으로 발달하여 적란운으로 불리는 소나기구름이 된다. 적란운은 구름의 꼭대기가 상층에서 부는 바람에 의해 긴 깃털이나 모루^{anvil} 모양으로 퍼지기도 한다. 또 적란운에서 천둥이나 번개, 그리고 우박이 만들어진다. 그리고 토네이도나 용오름과 같은 특별한 기상 현상의 신호가 되기도 한다. 적란운은 몇천 미터 높이까지 발달하므로 꼭대기는 권운이 있는 높이에 이른다.

적란운의 두드러진 특징 중 하나는 빠른 성장이다. 적란운의 겉모양은 아주 빠른 속도로 변하여 마치 물이 끓는 것처럼 보이기도 한다. 적란운이 크게 발달하면 이따금씩 포유류의 유방을 닮은 '유방구름^{mammatus}'을 형성한다. 이 구름의 바닥은 마치 주머니처럼 보인다. 유방구름은 대기권의 불안정성을 나타내며 강한 뇌우 폭풍을 일으키기도 한다.

어머니의 젖가슴을 닮은 유방구름이다. 적란운에서 나타나며 불안정한 기상 상태를 보여 준다.

인공적으로 형성되는 구름

모든 구름이 자연의 산물은 아니다. 몇 가지 구름은 지난 1세기 동안에 있었던 인간 활동으로 만들어진 발명품이라고 할 수 있다. 대기권 높은 곳에서 형성되는 이 구름들은 대기권의 화학적 구성과 기후에 매우 중요한 변수가 될 수 있다제12장 참고.

위 남극 위를 비행 중인 C-141B 스타리프터(Starlifter)가 만든 비행운이다.
아래 제트기의 배기가스가 얇아지고 퍼지면서 천연 권운과 유사한 형태를 보인다.

비행운 맑은 날 파란 하늘을 배경으로 길게 발달한 구름이 서로 평행하게 교차하고 있는 것을 본 적이 있을 것이다. 이 구름은 대류권 상층에서 비행기 항로로 날고 있는 전투기나 대형 여객기의 제트 엔진에서 배출되는 배기가스 속의 수증기가 차가운 공기와 만나 형성된 빙정들이다. 이러한 구름을 비행운contrail이라고 한다. 비행운은 얼마 동안 모양을 유지하면서 천천히 흩어지고 9-12 km의 고도에서 권운으로 발달하기도 한다. 비행운들은 아주 멀리 또 널리 퍼지므로 지구의 에너지 복사에 영향을 미쳐 지구 기온을 바꾸는 데 큰 영향을 끼친다.

또 다른 문제는 제트기의 배기가스가 수증기로만 이루어져 있지 않다는 사실이다. 제트기 배기가스에는 매연, 금속 입자, 산화된 유황, 하전 분자, 산화질소 그리고 완전히 연소되지 않은 탄화수소가 포함되어 있다. 이런 에어로졸들이 대류권 상층과 성층권의 하층에 배출되면 대기권의 화학적 구성을 변형시키고 기후에 영향을 미칠 수 있다.

극성층권 구름 비행운보다도 높은 곳에 생기는 구름으로 극성층권 구름polar stratospheric cloud이 있다. 주로 남극 상공에서 관찰되는 이 구름은 가끔 북반구에서 관찰되기도 한다. 북반구의 겨울에 스코틀랜드, 스칸디나비아, 알래스카 상공에서 관측된다. 극성층권 구름에는 여러 종류가 있다. 그중에서 가장 장관을 이루는 것은 진주운nacreous cloud, nacreous란 라틴어로 '진주의 어머니'를 의미함으로 불리는 구름이다. 전복 껍데기를 연상시키며 무지갯빛으로 반짝이고, 파도 모양으로 흐르는 진주운은 해가 진 후 2시간까지 관찰이 가능하다. 이 구름은 고도 20-30 km의 성층권 높은 곳에서 발달한다. 이보다는 상대적으로 규모가 작은 극성층권의 구름은 따로 이름이 없으며, 구름의 색이 파랗거나 회색으로 보인다.

한편 신비스럽고 아름다운 구름이지만 극성층권 구름은 기상과학자들

핀란드에서 촬영한 야광운이다. 야광운은 대기권 가장 높이에 있는 구름이다. 약 75~90 km 고도에서 형성되는 야광운은 태양광을 일몰 후 상당한 시간 동안 유지시켜 준다.

에게 큰 걱정거리이다. 진주운은 주로 수증기가 얼어서 된 빙정으로 구성되어 있지만 빙정 외에 여러 화합물이 포함되어 있기 때문이다. NASA에서 띄운 기상 연구용 비행기는 진주운에서 질산nitric acid과 황산sulfuric acid 에어로졸들을 발견했다. 이것들은 비교적 인체와 생태계에 무해한 화합물인 염소가 성층권에 있는 오존층의 오존 분자를 파괴하는 과정을 촉진시킨다. 그 결과 20년이 넘게 계속해서 오존층의 두께가 얇아지고 있으며, 매년 봄에는 남극 상공에 오스트레일리아 대륙만 한 오존 구멍*을 만들었다. 즉, 지표면에서 인간이 만들고 사용하는 화학 물질이 대기권 상층에 깊은 영향을 미치고 있다는 것을 알 수 있다.

야광운 극중간권 구름Polar mesospheric clouds으로도 알려진 야광운noctilucent는 '야광'을 의미하는 라틴 어은 하늘에서 가장 높이 떠 있는 구름이다. 1880년대에 최초로 이름을 얻은 이 구름은 주황색이나 붉은색이 가미된 은색 혹은 푸른빛의 권운과 닮았다. 또한 해가 진 후에도

상당 시간 동안 별이 빛나는 하늘에서 음산한 빛을 낸다. 그래서 이 구름은 기온이 −140 ℃ 이하로 급락하는 75−90 km 고도의 중간권 위에 존재하고 있다고 계산했다.

야광운의 구성 성분은 잘 알려져 있지 않다. 1883년 인도네시아의 크라카타우 화산 대폭발 때 처음 발견되었기 때문에 과학자들은 처음에는 야광운이 비정상적인 고도까지 올라간 화산진volcanic dust이라 생각했다. 그러나 시간이 지나면서 야광운은 줄어들기는커녕 더욱 커지고 밝아지고 흔해졌다. 최근에는 콜로라도와 유타의 남쪽 지역에서도 목격되었다. 과학자들은 야광운이 우주선 발사 직후에 잘 나타나기 때문에 우주선의 엔진 배기가스에서 나온 수증기와 기타 미립자들로 형성되는 것이라 생각한다. 이와 같은 현상으로 볼 때 우주선 발사도 기상 현상에 영향을 주고 있다는 것을 알 수 있다.

스웨덴의 라플란드(Lapland)에서 촬영한 진주운 사진이다. 이런 극성층권 구름은 주로 빙정으로 되어 있다. 그러나 일부 극성층권 구름은 질산과 황산의 에어로졸들을 함유하는데, 이런 물질들 때문에 염소가 오존층의 오존을 파괴하는 과정을 촉진시킨다.

* 오존 구멍 : 구멍이라고 해서 진짜 구멍처럼 뚫렸다는 뜻은 아니다. 오존의 밀도가 주위보다 상대적으로 얇아진 곳을 의미한다(옮긴이).

강수

왼쪽 유타 주의 포코너스에서 장밋빛 일몰이 일어날 때 내리는 수평선 근처의 폭풍우이다.
위 캐나다 미네완카 호수(lake Minnewanka)에서 포플러 나뭇가지들이 눈의 무게를 이기지 못하고 처져 있다.
아래 수컷 황소개구리가 매사추세츠의 여름 소나기를 즐기고 있다. 비는 모든 식물과 동물들을 부양하는 동시에 물의 순환에 있어서도 필수적이다.

강수는 하늘에서 떨어지는 액체나 고체 상태의 물을 말한다. 사람들은 강수라는 말을 들으면 제일 먼저 머릿속에 비나 눈 또는 우박을 떠올린다. 반면에 기상과학자들은 비나 눈 또는 우박 외에도 이슬비나 진눈깨비와 같이 좀 더 세분화되고 특별한 것들도 생각한다. 이들은 강수를 이루는 물방울이나 빙정의 크기, 모양 및 구성을 파악하여 특징을 찾아내고 분류한다.

이슬이나 서리, 안개도 강수의 일종이다. 실제로 이것들은 기후에서도 기본적인 기상 요소이다. 구름 내부와 외부에서 일어나는 과정에 따라 물방울이나 빙정은 비나 눈 그리고 우박 등이 될 것이며, 또 어떤 혼합 형태가 되는지 결정된다.

예를 들어 강수는 지면으로 바로 떨어질 수도 있지만 상승 기류에 반복적으로 말려들어 지면에 떨어지기 전에 구름 속에서 여러 차례 순환하기도 한다. 또 어는점 아래의 공기를 통과할 때 떨어지는 경우는 대부분 눈이 된다. 일부 강수는 지면에 닿기도 전에 증발하기도 한다. 또한 어떤 강수는 구름에서 생기지 않는다.

강수는 동식물의 생존에 필수적이다. 또한 지구 전체적인 물의 순환에서도 매우 중요하다. 비나 눈 그리고 우박 등은 지구 담수의 대부분을 제공해 주는 주요 공급원이다.

비와 눈은 어떻게 내릴까?

비, 눈, 진눈깨비 등 대부분의 강수는 공기에 포함되어 있는 수증기가 응결될 정도로 기온이 낮아지거나 이슬점에 도달할 때 생긴다.

구름의 형성 이슬과 서리를 제외한 모든 강수는 구름에서 시작한다. 공기가 상승하면 기온이 떨어져 공기 속에 포함된 수증기를 응결시킨다. 그러면 수증기가 물방울이나 빙정이 되어 우리 눈에 보이는데 이것이 바로 구름이다. 따라서 구름이 형성되기 위해서는 우선 공기가 상승해야 한다. 공기가 상승하여 구름이 형성되는 몇 가지 조건은 다음과 같다.

첫째, 공기가 산비탈을 따라 상승하는 경우이

위 뉴브런즈윅(New Brunswick) 주 미스쿠 섬(Miscou Island) 해안 부근에 형성된 구름이다. 이 구름 바닥에 있는 물 분자들은 지표면 가까이에 있는 따뜻한 공기와 접촉하여 쉽게 증발한다. 그래서 구름 바닥이 평평하다.
아래 코스타리카(Costa Rica)의 포아스 화산(Poas volcano)의 경사진 비탈면을 따라 상승하는 바다 공기는 산악 강수를 내리게 한다.

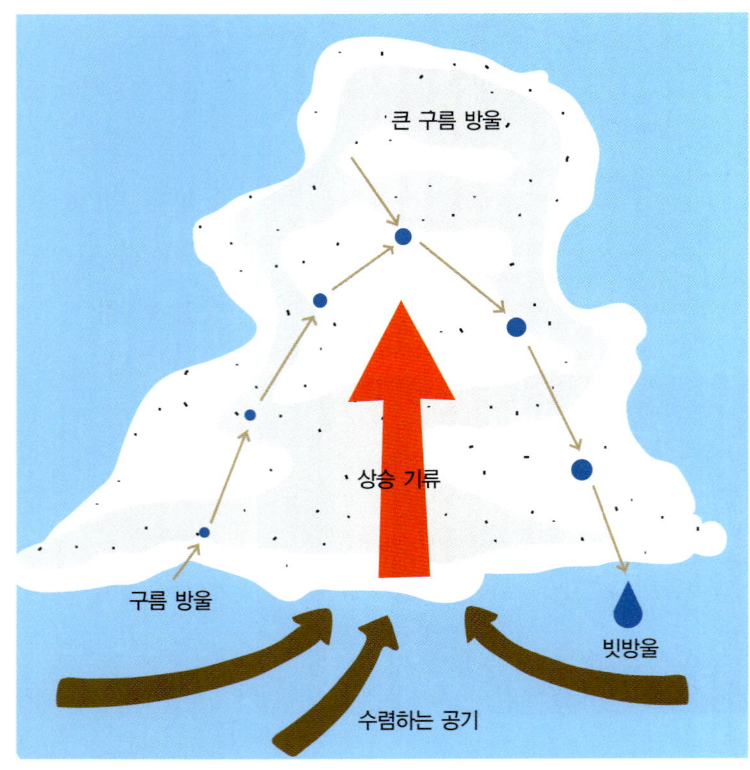

작은 구름 방울들은 구름 내의 상승 기류에 의해 이동하면서 응결핵 주위에 더 많은 물을 응결시켜 빗방울을 크게 만든다.

다. 이것은 바람이 불어오는 쪽에 산악 강수 또는 지형 강수relief precipitation를 내리게 한다. 그리고 바람이 불어 가는 쪽에는 그에 상응하는 '비 그늘'을 만든다. 산악 강수는 습한 바다 공기가, 높고 경사진 화산의 비탈면을 타고 올라가게 하는 하와이 같은 섬 지역에서 흔하게 볼 수 있다. 또한 산악 강수는 해안을 따라 나란히 발달한 산맥의 태평양 쪽 비탈면에 짙은 안개가 잘 형성되는 미국 중부, 북부 그리고 남아메리카의 서해안에서 잘 내린다.

강수 구름을 형성하는 또 다른 경우는 습한 공기가 햇볕으로 가열된 지면 때문에 따뜻해져서 상승하는 것이다. 공기가 상승하면 냉각되어 이슬점에 도달하므로 구름이 생성된다. 이와 같은 대류성 강수 구름은 열대, 아열대 지방이나 플로리다와 같은 미국의 동부 및 중서부의 중위도 지방에서 여름 오후에 형성되는 뇌우 폭풍이 있다.

또한 따뜻하고 밀도가 낮은 공기가 차갑고 밀도가 높은 공기 위로 상승하는 경우, 즉 온난 전선이 형성되는 경우에도 강수 구름이 형성된다. 반면에 차갑고 밀도가 낮은 공기가 따뜻하고 밀도가 높은 공기 밑으로 파고들 경우, 즉 한랭 전선이 형성될 때도 강수 구름은 형성된다. 한랭 전선의 경우는 겨울철 중위도 지방에서 흔히 볼 수 있는 전선형 강수를 내리게 한다.

올랜도(Orlando) 플로리다 빌라인 고속도로(Beeline expressway)에 뇌우 폭풍이 형성되어 있다. 뇌우 폭풍은 습한 공기가 지표면의 열로 데워진 후 빠른 속도로 상승하기 때문에 생긴다.

구름이 지표로 떨어지지 않는 이유

모든 구름이 강수를 동반하지는 않는다. 이것은 구름 방울들이 아주 작아서 중력보다 공기 저항을 더 많이 받기 때문이다. 일반적인 구름 방울의 크기는 지름이 약 0.02 mm이다.

비록 중력 때문에 구름 방울이 지표면으로 떨어지긴 하지만, 공기의 저항으로 인해 속도가 줄어든다. 또한 바람에 날리기도 하고, 따뜻한 상승 기류로 인해 다시 위로 올라가기도 한다. 공기의 움직임이 활발하지 않은 날에는 구름 방울이 상대적으로 아래로 잘 떨어지지만 떨어지면서 쉽게 증발한다. 이것이 맑은 날에 적운의 바닥이 평평해지는 이유이다. 일반적으로 비를 포함한 강수는 물방울이나 싸락우박ice pellets 또는 빙정이 다른 방울들과 충돌한 후 합쳐져서 크기가 증가한다. 그리고 무거워지면 구름으로부터 분리되어 지면으로 떨어진다.

응결과 과냉각

공기 중에 에어로졸아주 작은 먼지 입자나 화산진, 소금 알갱이 또는 오염 물질 등이 존재할 때 수증기는 구름 방울로 응결된다. 에어로졸이 구름 방울을 만드는 응결핵의 역할을 하기 때문이다. 하지만 공기가 단순히 어는점 아래에서 포화 상태에 이른다고 얼음이 생성되는 것은 아니다. 실제로 0 ℃와 −4 ℃ 사이 또는 −10 ℃의 구간에서도 대부분의 구름에는 얼음 알갱이 외에 액체 상태를 유지하는 물방울이 있는데, 이를 과냉각supercooling 물방울이라고 한다. 어는점에 가까운 온도에서 빙정이나 싸락우박들은 빙정핵ice nuclei이 존재할 때 형성된다. 과냉각된 물방울은 지표면이나 지표면 가까운 곳에서도 생기지만, 대류권 아래에는 빙정핵의 역할을 하는 먼지나 꽃가루pollen 등 미립자들이 너무 많기 때문에 과냉각 물방울 상태로 존재하기란 매우 어려운 일이다. 그래서 대부분 물이 얼음 결정으로 변한다.

대기의 온도가 −30 ℃ 이하인 경우에 구름은 주로 빙정으로 구성된다. 그보다 높은 온도에서는 보통 얼음과 과냉각된 물이 섞여 있다. 빙정핵이 없을 경우 수증기가 자연적으로 응결되어 빙정이 되기 위해서는 거의 −40 ℃까지 기온이 떨어져야 한다.

강수를 연구하는 기상과학자들은 구름을 따뜻한 구름과 차가운 구름으로 분류하기도 한다. 따뜻한 구름은 어는점보다 기온이 높으므로 다양한 크기의 물방울이 들어 있다. 반면에 차가운 구름은 어는점보다 기온이 낮으므로 과냉각된 물방울이나 빙정들로 이루어져 있으며 때로는 섞여 있기도 하다. 또한 구름은 공기의 수직적인 움직임으로 구분하기도 한다. 수직적인 움직임이 적어서 안정된 층운형 구름과 수직적 움직임이 활발하여 불안정한 적운형 구름으로 나눈다.

이슬과 서리

이슬과 서리는 구름의 형성과 상관없이 대기권에 포함되어 있던 수증기가 차갑거나 습한 표면 위에 직접 응결되어 형성된다. 이슬과 서리는 지면 가까이에서 적외선을 모아 주는 구름이 없는 맑은 날 밤에 잘 형성된다.

이슬 지구 표면은 컴컴한 밤하늘로 자신이 지니고 있는 열에너지를 효율적으로 내보낸다. 그러면 기온은 빠른 속도로 내려간다. 하늘이 잔잔하고 공기가 이슬점 이하로 냉각될 경우에 대기 중 수증기는 자동차 천정 위나 돌멩이 등에 쉽게 응결되어 이슬을 만든다. 또한 이슬은 식물의 잎에서 증산 작용envirotranspiration, 본질적으로는 식물의 호흡 활동으로 생기는 수증기가 차가운 잎에 응결되어 형성되기도 한다. 또한 차가운 음료수를 담고 있는 유리잔 표면에 응결하는 물방울도 역시 이슬이다. 유리잔에 이슬이 맺히는 것은 유리잔이 실내 공기의 이슬점보다 낮기 때문에 일어나는 현상이다.

서리 이슬점이 어는점 이하일 경우 공기 중의 수증기는 액체 단계를 건너뛰고 초목이나 돌멩이 등의 표면에 곧바로 고체 상태인 얼음으로 응결되기도 한다. 이와 같은 것을 서리라고 하는데, 서리는 공기가 잔잔하고

위 사진의 얼음 결정은 수증기가 승화하여 빙정이 된 것이다.
아래 와이오밍(Wyoming)의 그랜드티턴 국립 공원(Grand Teton National Park)의 초목과 잔디 위에 하얀 얼음 가루와 같은 서리가 맺혀 있다.

밤공기가 식으면서 수증기가 초목 위에 이슬로 응결하여 아침 햇빛에 반짝이고 있다.

구름 한 점 없는 맑은 날 밤에 잘 형성된다.

떠오르는 태양에 의해 지표면이 데워져서 서리가 사라지기 전, 멀리서 서리를 보면 잔디나 잎 위에 하얀 층이 생긴 것처럼 보인다. 그러나 서리를 가까이에서 보면 눈송이로 덮인 나뭇가지들처럼 아름다우며, 섬세한 깃털 모양의 빙정hoar frost, 흰서리 결정으로 이루어진 것을 관찰할 수 있다. 하지만 서리는 농부에게는 큰 피해를 준다. 왜냐하면 늦은 봄의 서리는 어린 초목을 죽여 농사를 망치기 때문이다.

언 이슬 언 이슬frozen dew과 서리는 구조와 생성 기원이 서로 다르다. 언 이슬은 원래 액체였던 이슬이 응결된 후 기온이 어는점 아래로 떨어지면서 언 것이다. 자동차 전면 유리에 언 이슬이 생긴 경우 날이 따뜻해져서 얼음이 녹기 전에는 쉽게 떨어지지 않는다. 그래서 출근을 서두르는 운전자들에게 골칫거리이다.

이슬 광학(dew optics)

아침 해를 등지고 서 보자. 그리고 내 몸의 긴 그림자가 드리워진 이슬방울 가득한 잔디밭을 자세히 보자. 밝고 하얀 후광이 그림자의 머리를 둘러싸고 있는 것을 볼 수 있다.

이런 현상을 '거룩한 빛' 또는 '원광'을 의미하는 독일어 하일리겐샤인(Heiligenschein)이라고 한다. 하일리겐샤인은 이슬방울이 구형을 띠기 때문에 생긴다.

내 몸의 가장자리를 지난 태양 빛은 이슬방울의 내부에서 입사한 방향으로 다시 반사되는데 이를 역반사라고 한다. 이와 같은 역반사 때문에 후광이 생기며, 후광은 이슬방울이 풀잎 위로 살짝 떠 있을 때 더 잘 생긴다. 동일한 광학 원리가 이슬방울이 살짝 언 고속도로 표지판, 자동차 번호판, 일부 횡단보도를 자동차 전조등으로 비출 때 적용된다.

미세한 얼음 알갱이들로 뒤덮인 도로에 서 있으면 그림자의 머리 주위에 후광이 생성된다. 이와 같은 효과를 하일리겐샤인이라고 부른다.

비

비는 모두 구름에서 내리지만 비의 종류가 모두 같은 것은 아니다. 겨울비나 봄비는 조용히 떨어지는 아주 작은 박무mist*와 같아서 구름에서 내리는 것인지 구별이 잘 안 된다. 반면에 여름의 폭풍우는 하늘에 구멍이 난 것처럼 굵은 비를 내려 지면을 치고, 지붕 위를 쿵쿵 때린다. 이런 차이는 빗방울의 크기 때문이다. 작고 가벼운 방울들은 공기 저항의 영향을 더 많이 받으므로 크고 무거운 방울들보다 느린 속도로 떨어진다.

비의 근원 비는 두 종류의 구름에서 내린다. 하나는 '따뜻한 구름'인데, 이 구름 안에서는 아주 작은 물방울이 서로 충돌하고 합쳐져서 빗방울로 자란다. 빗방울이 제 무게를 이기지 못하고 떨어지면 비가 된다. 이런 비는 주로 따뜻한 열대 지방의 상공에서 볼 수 있다.

반면에 '차가운 구름'도 있다. 이 구름 안에서는 과냉각된 물방울이나 빙정에서 증발한 수증기가 빙정에 붙어 빙정을 자라게 한다. 빙정이 제 무게를 이기지 못하고 떨어지면서 녹으면 비가 된다. 이런 비는 주로 우리나라와 같은 중위도나 더 추운 고위도 지방에서 볼 수 있다.

비록 만화 그림에서 빗방울을 뾰족한 눈물방울처럼 묘사하지만 실제로는 그렇지 않다. 실제 빗방울은 약 1 mm 이하의 크기인 경우에는 구sphere형에 가깝다. 하지만 이보다 큰 방울들은 떨어지면서 공기 저항으로 인해 변형되어 바닥이 평평해진다. 가장 큰 폭풍우의 물방울 세로 길이는 가로 길이의 반 정도밖에 안 될 것이다.

보통비 보통 빗방울의 지름은 보통 1–2 mm 사이다. 지면이나 초목 위에 떨어질 때 가볍게 두드리는 소리를 내며, 웅덩이에 떨어지면 눈에 보이는 잔물결을 일으킨다. 비는 두께가 약 1,000 m인 구름에서만 생성된다. 일반적으로 빗방울은 따뜻한 구름에서 떨어지지만 차가운 구름에서 싸락우박이나 눈송이가 지면으로 떨어지면서 따뜻한 공기층을 지나 녹아서 된 비도 있다.

기상과학자들은 따로 떨어져 내리는 빗방울을 쉽게 관찰할 수 있고, 누적 강우량이 시간당 0.5 mm 이하인 비를 가벼운 비light rain로 분류한다. 우리는 이를 흔히 부슬비라고 부른다. 반면에 떨어

위 보통 빗방울은 1–2 mm 정도의 크기이며, 웅덩이에 떨어지면 눈으로 관찰이 가능한 잔물결을 일으킨다.
가운데 폭우가 미송(Douglas fir) 위에 떨어지고 있다. 폭우는 폭이 4–5 mm 정도이고 초당 9 m의 속도로 떨어진다.
아래 빗방울을 흔히 눈물방울처럼 묘사하지만 실제로는 사진의 물방울처럼 떨어지면서 납작한 구형에 가깝다.

져 내리는 빗방울을 따로 구별해서 식별하기 어렵고, 누적 강우량이 시간당 4 mm에 이르는 비를 보통비moderate rain로 분류한다. 이보다 정도가 더 심한 경우, 즉 비가 줄기처럼 떨어지고 도랑에 물이 가득 찰 정도로 내리는 비를 폭우라 한다. 폭우가 내릴 때 빗방울은 폭이 약 4-5 mm 정도이고, 초당 약 9 m의 속도로 떨어진다. 뇌우에서 내리는 비는 빗방울이 꽤 큰데, 드물기는 하지만 8 mm의 크기까지 기록되었다.

소나기는 강도와 무관하게 단기간에 내리는 비를 말한다. 몇 분에서 한 시간까지 지속되며, 하루 종일이나 여러 날 동안 내리는 비와 구별된다. 꾸준히 내리는 비는 넓은 지역을 덮는 폭풍이나 태풍 시스템에 기원을 둔다. 반면에 소나기는 대부분 작은 폭풍 시스템인데 예를 들면 더운 여름에 지표면의 가열로 형성되는 여름 뇌우 등에서 주로 내린다.

이슬비 이슬비drizzle는 부슬비와 다르다. 이슬비는 일반적인 빗방울보다 작으며 지름이 0.2-0.5 mm이다. 이들은 너무 작아서 초당 1-2 m로 천천히 떨어진다. 그래서 웅덩이에 일으키는 잔물결을 눈으로 관찰하기 힘들고 소리도 들리지 않는다.

이슬비는 주로 두께 약 300 m 이하의 층운형 구름에서 내린다. 이런 구름은 상대적으로 낮은 고도에 위치하고, 지면에 닿는 빗방울들이 증발하지 않기 위해서 밑에 있는 공기도 습해야 한다.

미류운 미류운virga이란 빗방울이나 눈송이가 너무 작아 지면에 닿기 전에 공중에서 증발해버리는 비나 눈을 말한다. 때로는 지표면 가까운 곳이나 조금 높은 곳에서 형성된 구름의 바닥 밑에서 잠시 보였다가 사라지는 미류운을 관찰할 수 있다.

구름에서 빗방울이 떨어지지만 땅에 도달하기 전에 증발한다. 이런 비를 내리게 하는 구름을 미류운, 우리말로 꼬리구름이라고 한다.

• 박무(mist) : 대기 중에 떠돌아다니는 아주 작은 입자 중에서 액체 상태로 된 것이다. 질소 화합물 등을 포함한 박무는 스모그의 중요한 원인이 된다(옮긴이).

어는 강수

진눈깨비, 얼어붙는 비 등과 같은 차가운 강수는 보행자나 운전자에게 위험한 얼음 폭풍우를ice storm를 일으킨다. 또한 봉오리가 싹트고 있는 과수원에 내리면 과일 농사를 망칠 수도 있다.

그러나 겨울 풍경을 잠시 동안 찬란한 수정 예술로 변화시키는 멋진 광경을 연출하기도 한다.

어는 이슬비 또는 어는 비 어는 이슬비freezing drizzle나 어는 비는 처음에 어는점 가까운 온도에서 평범한 이슬비나 비로 시작한다. 그러다가 보다 찬 공기를 통과하면서 과냉각된다. 과냉각된 이슬비나 비는 지면에 닿는 순간 얼어

위 오하이오 클리블랜드 도심공원(Cleveland MetroParks)의 로키 강 자연 보호 구역(Rocky River Reservation) 울타리에 고드름이 고른 간격으로 생성되었다. 이 고드름들은 과냉각된 물방울이 만든 것이다.

가운데 어는 비는 아스팔트 도로 위에 투명한 얼음을 만든다. 운전자들에게는 보이지 않아 '검은 얼음'이라고 하는데, 이 얼음 때문에 운전자들은 위험한 상황에 처하게 된다. 위 사진은 보스니아 고르니 바쿠프(Gornji Vakuf) 부근에서 일어난 교통사고로 원인은 도로 위의 투명 얼음 때문이다.

아래 얼음이 덤불의 가지들을 둘러쌌다. 어는 폭풍우는 나뭇가지도 얼음으로 둘러싸서 부러뜨리거나 상하게 한다.

붙으면서 미끄럽고 투명한 얼음이 되어 도로가 젖은 것처럼 보이게 한다. 그런데 이 얼음은 매우 위험한 사고를 일으키는 요인이 되는데, 아스팔트가 조금 더 어둡게 보이는 것을 제외하면 사실상 운전자들에게 안 보이기 때문이다. 그래서 운전자들은 이 얼음을 '검은 얼음black ice' 이라 부르기도 한다.

과냉각된 물방울은 고체로 얼어붙기 전에 짧은 거리를 미끄러져 이동할 수 있다. 그래서 작은 나뭇가지와 봉오리들이 얼음으로 둘러싸이며, 고르고 일정한 간격으로 고드름이 만들어진다. 또한 차가운 폭풍우로 형성된 얼음은 무게 때문에 나뭇가지들을 부러뜨리거나 전선들을 끌어내려 광범위한 피해를 입히기도 한다.

진눈깨비

진눈깨비, 더 정확히 부르면 싸라기눈은 대기의 기온이 낮을 때 형성된다는 점에서 우박hail과는 구별된다. 싸라기눈은 지면으로 떨어지면서 완전히 얼어붙는 비로 형성되는데, 이 비는 지면에 떨어지기 전까지는 액체의 상태를 유지하는 어는 비와 구별된다. 또한 싸라기눈은 떨어지면서 녹았다가 다시 얼어붙는 눈송이 등에 의해서도 형성된다.

우박과 같이134쪽 참고 싸라기눈은 단단하고 깨지기 쉬워서 지면에 닿으면 소란스런 소리를 내며 산산이 부서지기도 한다. 싸라기눈은 보통 소나기처럼 짧은 기간 동안에 내린다. 또한 싸라기눈은 어는 비나 어는 이슬비처럼 매끄럽고 투명한 것이 아니라 하얗고 불투명하며 표면이 울퉁불퉁하다.

강수의 측정

강수를 측정하는 것은 까다롭다. 특히 여러 지역의 총강수량을 비교하는 표준화된 방법이 확립되지 않았기 때문이다.

표준화된 오래된 기법 중 하나는 강수량계를 사용하는 것이다. 이 기구는 눈금이 그려져 있는 좁은 튜브(지름이 20.3 cm인 원형) 안으로 관측하고자 하는 대상을 통과시켜 측정하면 된다. 티핑버킷(tipping bucket gauge, 전도되)을 포함해서 자동화된 수집 기구들은 폭풍이 계속되는 동안의 강우량을 모니터 할 수 있도록 제작되었는데, 시간을 확인하면서 표준량의 물이 차면 자동으로 기울어져 비워진다. 이런 기구들은 바람이 불고 증발이 심할 때는 정확하게 측정하기 어렵다. 특히 지구의 70 %를 차지하는 바다 위에서 정확하게 측정하는 일은 더욱 어렵다.

눈의 형태로 떨어지는 강수량을 확인하기 위해서는 쌓인 눈의 깊이를 막대기로 잰다. 그리고 그 눈의 양에 해당하는 물의 양으로 계산하는데, 보통 25 cm의 눈은 2.5 cm의 물과 비슷하여 10:1의 비율이다. 그러나 이 방법에도 오류가 있는데, 그 이유는 눈이 담고 있는 수분의 양이 매우 다양하기 때문이다. 그래서 다른 장치들이 떨어지는 눈의 무게를 자동으로 측정하여 눈의 깊이를 정확하게 알게 해준다. 이에 대한 대표적인 장치로 표면에 내리는 눈의 무게가 주는 압력을 측정하는 눈베개(snow pillow)를 들 수 있다.

비, 우박, 눈의 규모는 기상 레이더에서 발사되어 되돌아오는 파의 세기를 분석하면 알 수 있으므로 원거리 측정이 가능하다. 안개가 자욱하게 낀 숲 속에서는 나무나 풀에서 나온 수증기로 강수량을 측정할 수 있는 특별한 도구가 필요하다. 예를 들어 촘촘한 그물을 안개에 노출시키기 전과 후에 맺힌 수증기의 질량을 비교하는 것이다.

위 미국 북서부에 설치되어 사용되었던 옛날 설량계(snow gauge)이다. 이 설량계로 강설량을 빗물 측정하듯이 했다.
아래 티핑버킷이다. 이 기계는 폭풍이 불 때도 강우량 등을 정기적으로 측정했다.

눈

눈은 얼음의 결정체빙정로 구성되어 있다. 모든 빙정은 육각형의 구조를 가지고 있지만 겉으로 드러나는 실제적인 모양은 빙정이 형성되는 조건에 따라 매우 다양하다.

구름 안에 있는 빙정의 가장 기본적인 모양은 두 가지인데, 육각형 판hexagonal plates, 육각형의 면들이 빙정의 두께보다 훨씬 크다과 육각형 기둥hexagonal pencils, 두께가 육각형의 면들보다 훨씬 두껍다이다. 육각형 판은 대부분의 사람들이 눈송이라 생각하는 눈의 기본 모양이다. 반면에 육각형 기둥은 바늘 모양 결정snow needle으로 되어 있다.

눈을 이루는 결정체들은 각각의 빙정핵이 발달하여 커진 것이다. 기온이나 습도 등의 외부 조건에 따라 눈송이들은 균일하게 자라서 커다란 판이나 바늘 모양이 된다. 이와 다르게 빙정핵이 구름 안에서 돌아다니면 승화와 같은 냉각 과정을 겪는데, 이때 수증기가 빙정핵 위로 얼어붙는다. 이러한 과정을 통해 가장자리에서 얼음 결정이 자라면서 눈송이는 아름다운 깃털 모양의 가지를 만든다.

눈 결정의 모양 복합적인 아름다움으로 찬란하게 빛나는 육각형의 눈송이는 대기가 몹시 차갑고 건조한 경우에 잘 형성된다. 눈송이의 크기는 폭이 각각 4-5 mm까지 자라고, 평평하고 반사적인 표면들이 달빛이나 가로등 빛에 반사되어 반짝이는 것처럼 보이게 한다. 또한 크기는 작지만 육면체의 바늘 모양 결정들은 길이가 4-5 mm 이상까지도 자란다.

눈이 두껍게 쌓이기 위해서는 큰 눈송이로 떨어져야 한다. 고요하게 떨어지는 커다란 눈송이는 실제로 한 개의 눈 결정이 아니라 다양한 각도로 서로 연결되어 있는 눈송이들의 집합체인데, 보통 12개 정도의 결정이 붙은 것이다. 눈송이를 이루는 눈 결정 집합체들은 구름 안의 환경이 각각 눈 결정들의 표면이 과냉각된 물로 둘러싸일 만큼 따뜻해야 한다. 그래야만 충돌하는 눈송이들이 서로 들러붙을 수 있기 때문이다.

싸락눈 싸락눈Snow grains은 하얗고 불투명하며 크기는 지름이 1 mm 이하로 작다. 싸락눈은 상승 기류에 휘말리지 않았거나, 구름 안에서 순환되었지만 커지지 못한 아주 작은 크기의 눈 결정이다. 주로 낮은 층에 발달하는 층운에서 소규모로 내리는데 언 가랑비와 비슷하다. 환경에 따라서 싸락눈은 바늘 모양의 눈 결정과 섞일 수도 있다.

다이아몬드 가루 매우 추운 극지역의 지면으로 떨어지는 '다이아몬드 가루'는 가지를 뻗지 않은 작은 육각형 판이나 육각형 기둥들로 이루어져 있다. 이들은 부드럽게 밑으로 떠내려 오면서 공기에 보석들이 들어 있는 것처럼 반짝거린다. 다이아몬드 가루는 춥고 상승 기류가 없어 공기가 안

위 테네시(Tennessee) 주 몽테글(Monteagle)에서 찍은 눈 결정 사진이다. 눈 결정들이 가루 모양의 막을 형성하고 있다.
아래 눈 빙정 구조의 근접 사진이다.

정된 대류권의 중간 및 고층에서 주로 형성된다.

눈의 결정은 기온과 포화 상태에 따라 나뭇가지(den-drite) 모양, 바늘 모양, 프리즘(prism) 모양, 기둥(column) 모양, 판 모양 등으로 발달한다.

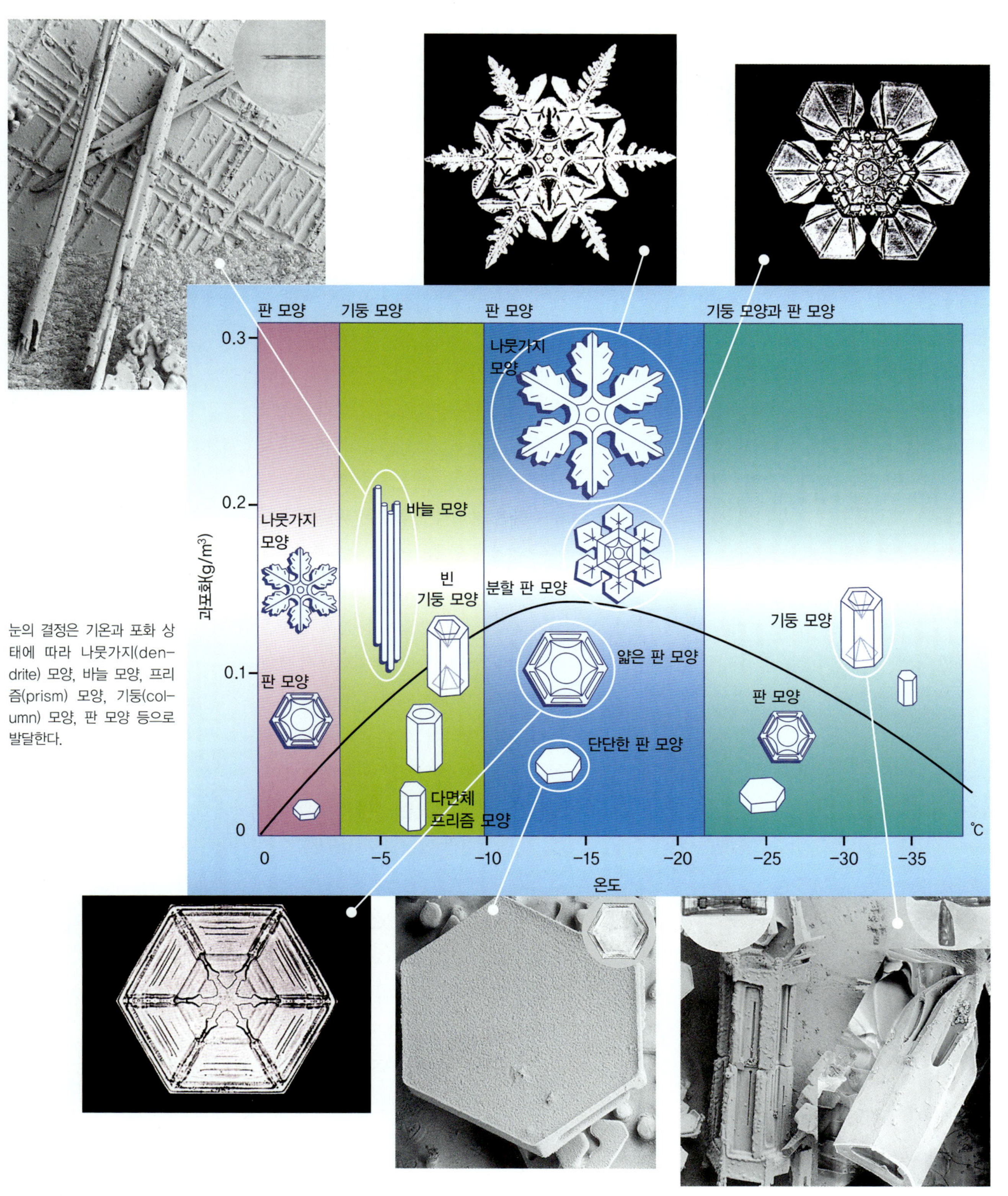

우박, 무빙˙과 싸락눈

우박과 싸락눈은 비슷한 원리로 형성된다. 우박의 경우는 빙정핵, 싸락눈의 경우는 눈송이 등이 반복적으로 상승 기류에 휘말려 구름 내부에서 순환해 과냉각된 물방울과 충돌하면서 형성된다. 이들은 반구 모양이 될 때까지 결정을 형성하지 않고 가장자리에 차례로 껍질을 이루며 성장한다. 그러다가 무거워지면 지면으로 떨어진다.

무빙 무빙rime이란 겉모습은 서리와 비슷하게 생겼지만, 증착accretion이라는 전혀 다른 원리에 의해 형성된다. 무빙은 과냉각된 액체 구름 방울들이 빙정으로 얼어붙어서 큰 눈송이처럼 자란다. 또는 과냉각된 구름 방울들이 나무나 산 위의 건물과 충돌하여 하얀 얼음으로 덮을 때 그 크기가 증가한다.

무빙이 형성되는 과정은 과냉각된 구름이나 안개 방울들이 빙정에 증착하는 것이다. 이 과정은 바람이 부는 날에도 일어난다. 구름 방울이나 안개 방울은 얼음 결정 위에 얼어붙어 쌓이면서 모양을 바꾼다. 그래서 지면에 떨어질 때는 무겁고 단단한 얼음으로 덮인 눈처럼 보인다. 매서운 겨울 폭풍 속을 항해 중인 배의 삭구에 얼어붙는 것이 바로 무빙이다. 무빙은 바람이 불어오는 방향으로 스스로 자라난다.

또한 눈송이나 싸락눈, 우박 등이 상승 기류를 타고 구름 속을 순환하면서 크기가 자라는 과정도 일종의 무빙 형성 과정이다. 충분한 양의 구름 방울이 눈 결정에 증착하여 무빙으로 둘러싸이면 싸락눈으로 변한다.

위 뉴욕 캐츠킬 산맥의 말라붙은 잔디 사이에 떨어진 작은 우박 알갱이들
아래 눈송이에 은색 무빙 방울 점들이 박혀 있다. 무빙은 구름 내부에서 눈 결정에 구름 방울 등이 얼어붙어 형성된다.

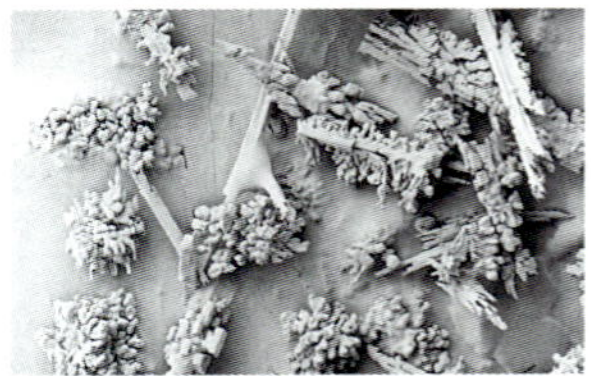

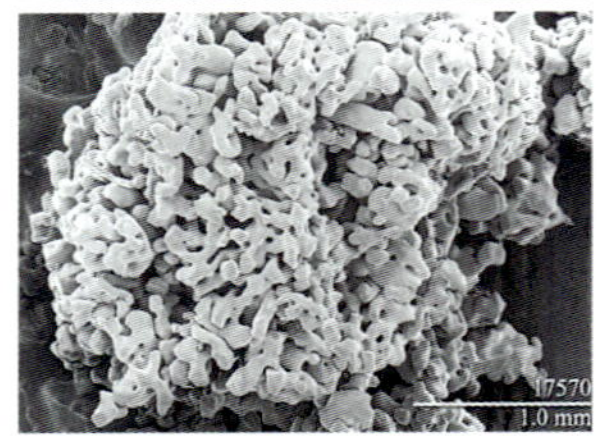

기둥 모양과 바늘 모양 빙정에 작은 방울처럼 보이는 무빙들이 얼어붙어 있다.
빙정에 너무 많은 무빙들로 덮여 있어서 최초의 모양을 알아보기 어렵다.

싸락눈 하얗고 불투명한 싸락눈graupel은 그 크기와 외형 때문에 '눈싸라기tapioca snow'로 불린다. 대충 보면 싸락눈은 작은 우박처럼 보이지만 실

독일 라이프치히 지방에 떨어진 우박들이다. 우박을 보면 동심의 고리가 있는데, 이것은 우박이 어떤 과정을 거쳐 형성되었는지를 보여 준다. 우박은 빙정이 따뜻한 상승 기류와 서늘한 하강 기류를 타고 구름 안에서 수없이 아래위로 순환하면서, 빙정 위에 겹겹이 얼음을 형성하여 만들어진다.

제로는 다르다. 우박은 똑바로 떨어져서 자갈이 땅에 떨어지는 소리처럼 요란한 소리를 내지만, 싸락눈은 바람에 휘날려서 창문이나 자동차 엔진 뚜껑에 맞아도 거의 소리를 내지 않는다. 마치 작은 스티로폼 알과 같다.

동일한 크기의 우박에 비해 싸락눈은 스폰지처럼 가볍고 밀도도 낮다. 그래서 충돌과 동시에 산산이 부서질 정도로 약하다. 이것은 싸락눈이 단단한 얼음이 아니라 무빙 방울들 사이에 공기주머니들을 가두면서 커지는 구조로 되어 있기 때문이다. 싸락눈의 폭은 약 2.5 cm까지도 자랄 수 있지만, 보통 그것보다 훨씬 작으며 피해도 적다.

무빙은 일 년 중 어느 때나 높은 구름 속에서 형성된다. 하지만 지면으로 떨어지는 것은 보통 겨울 기간 동안이다. 특히 차가운 공기가 상대적으로 따뜻한 물 위로 흘러가면 데워져서 상승하여 순환할 때 잘 형성된다. 그래서 미국의 5대 호수 부근에서 잘 형성된다. 일반적으로 호수의 영향으로 발생하는 눈은 싸락눈이 아니다. 하지만 공기가 매우 따뜻한 경우에는 호수 주위에서 싸락눈이 형성되기도 한다.

우박 적란운 내부에서 싸락눈이 격렬한 상승 기류에 휘말려 순환을 계속하면, 과냉각된 물방울과 충돌하여 얼음 층이 반복적으로 성장한다. 그러다가 무거워져서 더 이상 순환을 못하고 우박hail으로 떨어진다. 우박은 미국 전역에서 관찰되지만, 대초원 지역에 자주 내리며 무척 위험

하다.

우박을 반으로 자르면, 같은 중심을 가진 불투명한 고리와 반투명한 고리들을 볼 수 있다. 각 고리들은 구름 안에서 한 번의 순환을 의미한다. 불투명한 고리들은 공기 방울을 가둔 위치를 나타낸다. 반면에 반투명한 고리들은 높고 추운 구름 층으로 운반되어 액체 방울과 충돌하여 천천히 자란 위치를 나타낸다.

대부분의 우박은 콩알 크기지만 어떤 우박은 구슬이나 골프공 또는 야구공 크기까지 자라기도 한다. 구슬보다 큰 우박은 심각한 피해를 끼칠 수 있다. 창문을 깨고, 지붕에 구멍을 뚫고, 가축이나 사람에게 피해를 입히고, 옥수수 밭을 완전히 납작하게 만들기도 한다. 실제로 우박은 매년 세계 농작물의 총 1 % 정도를 파괴하며 미국에서만 연 10억 달러 규모의 손해를 입힌다. 드문 경우지만 폭 15 cm, 무게가 1.6 kg인 우박도 있었다. 이들은 180 km/h 이상의 속도로 지표면을 강타한 것으로 기록되었다.

토네이도나 허리케인 등이 자주 발생하는 지역이 있듯이 우박도 자주 발생하는 지역이 있다. 그런 지역은 우박이 형성되기에 좋은 지형과 기상학적인 환경을 가지고 있기 때문이다. 우박이 가장 빈번하게 발생하는 지역으로는 인도 북부, 콜로라도 동부, 네브래스카Nebraska와 와이오밍 등이다. 이들은 주요 산맥에서 바람이 불어 가는 중위도 지역에 있다.

미국에서 우박이 가장 드물게 발생하는 지역은 태평양 해안 지역과 플로리다이다. 하지만 우박이 전혀 내리지 않는 것은 아니다.

• 무빙(霧氷) : 서리처럼 보이는 얼음 알갱이(옮긴이)

안개

안개를 단순하게 표현하면 지면에 닿는 구름이라 할 수 있다. 이 사실은 높은 산을 등반할 때, 구름 속으로 들어가면 마치 안개에 둘러싸인 것과 같은 느낌을 받을 수 있다. 하지만 대다수의 경우 안개는 구름보다는 상대적으로 좁은 구역에서 형성된다. 예를 들면 골짜기나 계곡 또는 연못이나 시냇물 주변 등이 이에 해당한다.

안개에 대한 국제적인 정의는 '가시거리를 1 km 이하로 줄이는 대기권의 미세한 물방울이며, 그 크기는 구름 방울과 같다.' 이다.

안개는 다양한 방식으로 형성되는데, 항상 주위 온도ambient temperature가 이슬점에 도달할 때만 생긴다. 또한 안개는 기온이 어는점 이하로 떨어질 때도 물방울의 상태로 존재할 수 있다. 아주 추운 곳에서는 안개가 빙정으로 형성될 수 있으며 이를 빙무ice fog라고 한다.

안개의 종류 복사 안개radiation fog는 지면과 가까운 곳에 분포하는 습한 공기 층이 하룻밤 사이에 이슬점까지 냉각될 때 형성된다. 특히 공기가 잔잔하거나 가벼운 바람만 불 때 잘 형성된다.

위 이류 안개가 캐나다 유콘 강 위에 박무(mist)를 형성하고 있다.
가운데 차가운 공기가 몽골 다르하드 계곡의 따뜻한 호수 위로 흐르면서 증기 안개를 생성한다.
아래 캐나다 브리티시컬럼비아 주(British Columbia) 텔레그라프크릭(Telegraph Creek)의 습한 공기가 언덕 위로 이동한다. 이 공기가 기온이 이슬점 이하로 떨어지는 높이에 이르면 냉각되어 수증기가 활승 안개를 형성한다.

복사 안개가 미네소타(Minnesota) 보야저 국립 공원(Voyageurs National Park) 호수의 물풀 위로 떠다니고 있다.

복사 안개는 습기가 많은 해안 지역이나 습지대에서 잘 생긴다. 캘리포니아 센트럴밸리Central Valley가 대표적이다. 그리고 해안에서 상당히 가까운 지역에서는 툴리 안개Tule fog, tule는 이 안개가 흔히 형성되는 습지대에서 자라나는 풀의 이름가 잘 생긴다. 이 안개는 밀도는 높지만 층이 얇아 하늘 위의 달이나 별들은 선명하게 보이는 반면 수평적인 가시거리는 30 m 정도이다.

저지대의 복사 안개는 종종 땅안개ground fog라고도 불린다. 그러나 미국 항공 기상대에서는 땅안개를 하늘의 60 %를 덮지만 구름으로 발달하지 않는 안개로 정의한다.

한편 이류 안개advection fog는 따뜻하고 습한 공기가 그보다 훨씬 차가운 표면, 예를 들어 눈이나 얼음 또는 차가운 바다 위를 이동할 때 발생한다. 그러므로 이류 안개는 늦겨울이나 이른 봄에 가장 흔하게 생긴다.

이와는 대조적으로 증기 안개steam fog는 차가운 공기가 따뜻한 표면 위로 이동할 때 발생한다. 예를 들어 신선한 가을바람이 동이 틀 녘에 따뜻한 호수나 시냇물 위로 지나갈 때 또는 차가운 공기가 가열된 실외 수영장 위로 이동할 때 발생한다. 흔히 북극 지역에서 발생하며 말려 올라간 듯한 겉모양 때문에 '해연sea smoke' 이라고도 불린다.

그리고 활승 안개upslope fog는 습한 공기가 완만한 산 중턱을 따라 상승하여 이슬점 이하로 냉각될 때 발생하며, 특정 고도 이상에서만 발생한다.

전선 안개frontal fog는 온난 전선이 지나가기 전이나 한랭 전선이 지나간 후, 냉각되고 안정된 공기 위로 비가 내리면서 이슬점이 상승할 때 발생한다. 또한 전선 안개는 전선이 지나가는 도중에 고온 다습한 공기가 저온의 공기와 섞일 때도 형성된다.

안개 적하 현상과 구름 적하 현상 짙은 안개와 박무는 캘리포니아 미국삼나무 숲, 태평양 북서부, 코스타리카의 운무림, 멕시코, 안데스 산맥, 하와이, 케냐, 동유럽, 아시아 등 세계 각지의 산맥에 자주 볼 수 있다. 안개 방울 등을 비롯한 숲의 수분은 초목의 잎사귀와 침엽 위에 쌓이며 식물의 줄기를 따라 내려가거나 잎에서 토지로 바로 떨어진다. 이러한 현상을 '수평 강수horizontal precipitation' 또는 '숨은 강수occult precipitation' 라고 부른다. 이런 강수로 공급되는 수분의 양은 생각보다 커서 연간 0.6 m의 강우량과 동등한 양이다. 또한 안개의 수분 또는 구름의 수분은 지하수를 재충전시키는 주요 자원이 된다. 일부 외딴 마을에서는 주민들이 안개의 수분에서 식수를 확보하기 위해 산허리에 촘촘하게 짠 그늘을 설치한다.

안개 수분 수집기에 고인 물은 네팔 단다 바자르(Danda Bazzar) 마을 주민들의 식수가 된다.

물 순환 경보

사람이나 동식물의 생존에 물의 순환은 필수적이다. 비나 눈이 내리지 않으면 식물이 말라죽고 농작물의 수확이 줄어서, 모두가 굶어 죽는다. 그럼에도 불구하고 인간의 여러 활동이 강수와 물의 순환에 좋지 않은 영향을 미치고 있다.

산성 강수 산성비라는 용어는 1960년부터 주목을 받기 시작했다. 인간의 다양한 활동으로 배출된 오염 물질이 대기 중의 수증기와 만나 산성비, 산성 눈, 산성 안개 등의 산성 강수를 만든다. 산성 강수는 수백 킬로미터 떨어진 곳에서 만들어진 구름이 이동하여 오염 물질을 배출하지 않은 곳에 내리기도 한다. 산성 강수를 만드는 주범은 이산화유황, 타지 않은 탄화수소, 다양한 산화질소와 오존이 있다. 이들 오염 물질은 자동차나 금속 제련소 그리고 발전소 등에서 화석 연료를 태울 때 방출하는 것들이다. 이들이 구름 속의 수증기나 물방울과 결합하면 질산이나 황산과 같은 산성 물질로 화학 변화를 한다. 그래서 내리는 비나 눈의 산성도가 레몬주스와 자동차 배터리 용액 중간 정도에 해당한다.

산성 강수는 석회석, 유리, 강철, 플라스틱 및 페인트를 포함한 건축 자재들을 부식시킬 뿐만 아니라 나무, 농작물, 어류, 야생 생물 등의 발육을 정지시키고, 병들게 하며 죽이기도 한다. 또

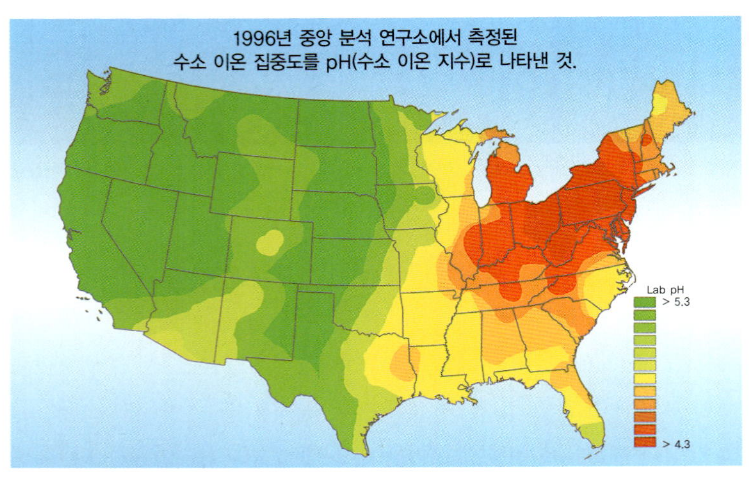

위 중국 베이징의 오염된 하늘 사이로 태양이 떠오른다. 사람이 배출한 오염 물질과 공기 중의 수증기가 만나 강한 산성비를 만든다.
아래 1996년 미국 하늘에서 내린 비나 눈의 산성도를 나타낸 지도이다. 붉은색으로 표시된 북동부 지방이 산성비로 가장 많은 피해를 입었다.

한 가축과 인간특히 유아에게도 치명적인 피해를 준다. 최근 대륙의 공기 오염으로 극 지역에서 겨울과 이른 봄에 연속적인 연무haze가 형성되었다. 특히 유럽의 북극 지역에서 심하다. 눈이나 비 등이 내릴 때 그 속에 연무 에어로졸이 녹아 눈밭에 떨어진다. 그리고 기온이 올라 눈밭의 눈이 녹으면 산성의 오염 물질이 급속도로 녹아 강으로 유입된다. 그러면 강에 살고 있는 담수 어류와 기타 수생 동식물에 치명적인 영향을 준다.

삼림 개간으로 줄어드는 강수량 건조한 계절에 안개가 가득한 숲 속에서는 안개 방울이 가장 큰 수원水原이다. 그 지역 지하수의 80~90 %가 안개 방울로 형성된다. 이와 같은 곳에서 농지나 도시를 개발하기 위해 삼림을 개간하는 것은 매우 위험하다. 왜냐하면 이곳에서는 나무가 대기권으로부터 수분을 끌어모으고, 또 나무가 수분을 공급한다.

왼쪽 캘리포니아 빅 파인 크리크(Big Pine Creek)에서 한 남자아이가 송어를 잡고 있다. 산성비는 애팔래치아 산맥(Appalachian Mountains)의 시냇물에 서식하는 송어의 수를 현저하게 줄였다.
오른쪽 물이 오염되어서 물고기의 등뼈에 기형이 생겼다.

일부 생태학자들은 사람들이 지나치게 삼림을 개간하면서 운림지안개가 풍부한 숲가 건조한 목초지나 사막으로 변하는 것을 걱정한다. 이것은 안개 수분으로 유지되는 지하수를 식수원으로 삼는 주민들에게 잠재적으로 큰 재앙이 된다.

지구 온난화와 변화하는 강수

첫째, 지구의 기온이 점점 높아지면 물의 순환이 점점 빨라진다. 따뜻한 공기는 차가운 공기보다 더 많은 수분을 담을 수 있다. 더 따뜻한 기후는 바다로부터 더 많은 증발을 일으켜 더 많은 잠열latent heat을 대기권으로 공급한다. 대기 중에 있는 수증기는 그 자체가 온실 효과를 일으키는 온실 기체이므로 온난화를 더욱 가속화시킨다. 비록 구름이 햇빛을 반사하여 지구의 기온을 떨어뜨리는 일을 할 수도 있을 것이다. 하지만 높은 기온과 많은 양의 수증기가 어떤 상호 작용을 하는지는 아무도 예상할 수 없는 일이다.

둘째, 지구 온난화는 세계적인 강수 패턴을 변화시킨다. 미국과 국제 사회에서 작성한 보고서에서 지구 온난화가 세계적인 강수 패턴에 미치는 잠재적인 효과를 계산하였다. 예상된 결과는 매우 복잡하고 놀라웠다. 그리고 일부는 이미 관측되고 있다. 강수량은 세계적으로 증가할 것으로 보인다. 이 강수는 주로 비의 형태로 내릴 것이며 태풍이나 허리케인 등과 같은 격렬한 기상 현상을 동반하여 집중 호우로 내릴 것이다. 봄이 일찍 와서 산의 눈이 녹아 흘러내리는 시기는 점점 빨라질 것이다. 그러면 일부 지역은 식물의 생장 기간이 길어질 수 있지만, 대부분의 다른 지역, 즉 미국의 대초원이나 아프리카의 대초원은 길고 강한 가뭄을 겪을 수도 있다.

기온이 높아지면 가뭄은 더 심해질 수 있다. 나무나 풀이 수분을 함유하고 있으면 증발의 속도를 늦출 수 있지만, 가뭄으로 식물이 죽게 되면 증발 속도는 더 빨라져서 가뭄의 순환을 악화시킨다. 강화된 가뭄으로 사람들은 더욱 많은 지하수를 끌어 올려 사용할 것이다. 그러면 5대 호수 및 주요 강들의 수위water level가 낮아져서 항해에 영향을 미칠 수가 있다. 물의 양이 줄면 수온도 역시 상승할 것이다. 이미 강이나 호수의 수온이 상승하여 찬물에 사는 어류인 송어와 연어의 개체수가 현저하게 줄어들었다. 이와 동시에 몹시 추운 극 지역의 바다에는 열대 어류의 종류와 개체수가 증가하였다.

알래스카 프린스 윌리엄 해협(Prince William Sound)의 한 개울에서 헤엄치고 있는 연어다. 산성비는 캐나다 노바스코샤(Nova Scotia) 14개의 강에서 연어 개체들을 멸종시켰으며, 노르웨이에서도 비슷한 피해를 입었다.

CHAPTER 9

매우 비정상적이고 난폭한 기상 현상

왼쪽 뇌우에서 벼락이 치고 있다. 뇌우를 일으키는 적란운의 꼭대기는 보통 모루 모양이다. 뇌우와 같은 격렬한 폭풍우는 폭우, 우박, 토네이도를 발생시킬 수 있다.
위 3명의 남성들이 1998년 9월 25일 플로리다 키웨스트(Key West)를 강타한 허리케인 조지(Georges)로부터 탈출하기 위해 144 km/h의 강풍과 씨름하고 있다.
아래 2003년 6월 24일 사우스다코타 주 맨체스터 부근에서 거대한 토네이도가 농지를 위협하고 있다.

매년 수천 명의 사람들이 난폭한 기상 현상 때문에 죽거나 부상을 입고, 집을 잃는다. 노약자들은 열파heat wave나 일시적인 한파cold snap로 목숨을 잃고 골퍼들은 번개에 맞으며 토네이도와 허리케인 그리고 홍수로 인해 집이 통째로 날아가기도 한다. 가뭄도 역시 마찬가지의 피해를 입힌다.

어떤 기상 현상은 전혀 예상하지 않은 곳에서 돌발적으로 일어나기도 한다. 예를 들어 누가 스태튼 섬Staten Island이나 샌프란시스코에서 토네이도가 발생할 것을 예상할 수 있겠는가? 스태튼 섬이나 샌프란시스코는 토네이도가 발생할 조건을 갖추지 못한 곳이다. 난폭한 기상 현상도 계절에 따라 정기적으로 발생한다. 예컨대 플로리다와 멕시코 만에서 발생하는 허리케인과, 태평양에서 발생해 동아시아로 가는 태풍이 그렇다.

왜 난폭한 기상 현상들이 일어나는 것일까? 사실 격렬한 기상 현상은 일반적인 일이다. 기상 현상이 일어날 만큼의 대기권을 갖춘 태양계의 모든 행성에서는 매우 난폭한 기상 현상이 일어나고 있기 때문이다. 금성의 난폭한 바람에서부터 화성의 모래 폭풍 그리고 몇백 년까지도 지속되는 목성, 토성, 천왕성과 해왕성의 소용돌이 태풍제11장 참고을 보면 잘 알 수 있다. 난폭한 기상 현상을 일으키는 것은 거대한 폭풍 시스템이며 그중에서도 회전형 폭풍 시스템이다. 폭풍의 회전은 코리올리 힘에서 비롯된 것인데, 이 힘은 지구가 자전하기 때문에 생기는 가상적인 힘이다.

지구 최고 온도와 최저 온도

사람들이 계절 변화에 순응하기 전에 예상치 못한 추위나 더위가 찾아오면 건강에 큰 위협을 받고, 노약자들의 경우 목숨을 잃기도 한다.

기상이 인간에게 미치는 영향을 연구하는 생물 기상과학자들은 열파와 한파를 두 가지 온도로 분류해서 설명한다.

첫째는 절대적 극단absolute extreme 온도로, 절대 온도 눈금absolute temperature index을 초과하는 현상을 말한다. 예를 들어 −40 ℃나 55 ℃는 북극이나 사하라에 사는 사람들에게도 극단적인 온도일 것이다.

두 번째는 상대적 극단relative extreme 온도로, 특정 기후나 계절에 비해 상대적으로 높거나 낮은 온도를 말한다. 예를 들어 5월 20일에 27 ℃의 온도는 미국 남부에서는 정상적인 온도이지만, 2002년 알래스카 페어뱅크스Fairbanks에서는 기록적으로 높은 온도이다.

일반적으로 사람들은 상대적 극단 온도에 주목을 하는데, 이것은 인간이나 동식물이 특정 지역의 기후에 순응하고 살기 때문이다. 앞에서 말한 27 ℃라는 온도는 앨라배마Alabama에서는 정상적인 온도이지만 알래스카에서는 엄청나게 높은 온도이다.

최고 온도 기록 극단적인 더위는 인간이나 동물 모두에게 가혹하다. 특히 높은 온도와 높은 습도가 결합해서, 정상적인 땀의 증발로 몸을 식히는 일이 힘들어질 때 더욱 그렇다. 또한 초목도 잎사귀들로부터 수분을 급격하게 빨아들이는 건조한 더위에서 큰 고통을 겪는다.

건조하고 습한 더위는 사람이 느끼는 정도의 차이가 크다. 미국 남서부 일부와 캘리포니아 내륙은 여름이 건조한데, 이는 상대 습도가 낮기 때문이다. 반면에 미국 중서부와 동부 해안선은 여름이 매우 습한데, 그 이유는 바

위 한 남성이 리비아 사하라 사막의 모래 언덕 위로 낙타를 이끌고 있다. 세계 최고 온도 기록은 58 ℃로 리비아 엘 아지재(티 Azizia)에서 기록되었다.
아래 미국의 최고 온도 기록은 57 ℃이고, 캘리포니아 죽음의 계곡에서 측정되었다.

다와 가까워 상대 습도가 높기 때문이다. 건조한 북캘리포니아에서는 낮에 약 32 ℃까지 기온이 오르는데, 이 기온은 불쾌감을 주지 않는 온도로 편안하게 해변 날씨를 즐긴다. 그러나 밤에는 기온이 16 ℃까지 내려가서 재킷을 입어야 할 정도로 춥다. 반면에 상대 습도가 훨씬 높은 뉴욕에서는 여름에 북캘리포니아와 같이 32 ℃라면 견딜 수 없을 정도로 무덥게 느껴진다. 반면에 저녁에 16 ℃까지 내려가면 산책을 나갈 정도로 기분 좋은 온도로 느낀다. 이러한 차이는 미국 국립 기상국과 기타 기관들

이 제작한 온도와 습도 지수표temperature-humidity index를 보면 잘 알 수 있다.

미국에서 기록된 최고 온도는 세계 기록인 리비아Libya의 58 ℃보다 조금 낮은 57 ℃로, 캘리포니아 죽음의 계곡에서 기록된 것이다. 그리고 애리조나, 캔자스, 네바다, 뉴멕시코, 노스다코타, 오클라호마, 사우스다코타, 텍사스의 기상 관측소에서는 49 ℃를 기록했다.

최저 온도 기록 사람들이 극단의 추위로부터 받는 가장 큰 위험은 체온을 위험 수위로 떨어뜨리는 저체온증과, 손가락과 발가락 등 피부와 사지를 얼어붙게 하는 동상이다.

남극의 얼음 조각들이다. 지구에서 기록된 가장 낮은 온도는 남극 보스토크의 러시아 연구 기지에서 기록된 것으로 −89.2 ℃이다.

매우 낮은 기온에서는 잔잔한 공기보다 빠르게 움직이는 공기가 체온을 급속도로 낮추어 생명을 빼앗아가기도 한다. 기상과학자들은 풍속에 따라 추위를 느끼는 불쾌함의 수준이나 실제 위험 정도를 숫자로 나타내기 위해 풍속 냉각 지수표windchill chart를 개발했다.

어느점보다 약간 낮은 온도는 중위도나 극 지역에 사는 사람들에게는 별로 춥지 않은 날씨이다. 그러나 아열대나 열대 기후에 적응하여 자라는 감귤 농작물이나 기타 초목들에게는 생명에 위협을 주는 냉해를 입힐 수 있다. 또한 평소 단열을 하지 않고 난방 시설이 없는 그 지역의 사람들에게는 큰 추위가 될 수 있다.

미국에서 기록된 기온으로 가장 낮은 온도는 알래스카에서 측정한 −62 ℃이다. 그리고 콜로라도, 미네소타, 몬태나, 노스다코타, 유타, 와이오밍에서는 −51 ℃의 기온을 기록했다. 지구에서 기록된 공식적으로 가장 낮은 온도는 1983년 남극 보스토크의 러시아 연구 기지에서 측정된 −89.2 ℃이다. 이 기록은 1997년에 비공식적인 기록으로 갱신되었을 것이다. 그 당시의 온도는 드라이아이스보다 차가운 −91 ℃에 가까웠기 때문이다.

만약에 이와 같은 극단의 계절 기온 변화를 즐기려면 바다와 멀리 떨어진 기온 변화의 완충 역할을 함 시베리아로 가면 좋다. 지구에서 가장 높은 온도와 낮은 온도를 기록한 곳이 바로 시베리아의 베르호얀스크Verkhoyansk이기 때문이다. 그곳에서는 겨울의 기온이 −70 ℃까지 떨어졌다가 여름에는 37 ℃까지 치솟는다.

국립 기상국
풍속 냉각 지수 도표

온도(℉)

풍속\Calm	40	35	30	25	20	15	10	5	0	−5	−10	−15	−20	−25	−30	−35	−40	−45
5	36	31	25	19	13	7	1	−5	−11	−16	−22	−28	−34	−40	−46	−52	−57	−63
10	34	27	21	15	9	3	−4	−10	−16	−22	−28	−35	−41	−47	−53	−59	−66	−72
15	32	25	19	13	6	0	−7	−13	−19	−26	−32	−39	−45	−51	−58	−64	−71	−77
20	30	24	17	11	4	−2	−9	−15	−22	−29	−35	−42	−48	−55	−61	−68	−74	−81
25	29	23	16	9	3	−4	−11	−17	−24	−31	−37	−44	−51	−58	−64	−71	−78	−84
30	28	22	15	8	1	−5	−12	−19	−26	−33	−39	−46	−53	−60	−67	−73	−80	−87
35	28	21	14	7	0	−7	−14	−21	−27	−34	−41	−48	−55	−62	−69	−76	−82	−89
40	27	20	13	6	−1	−8	−15	−22	−29	−36	−43	−50	−57	−64	−71	−78	−84	−91
45	26	19	12	5	−2	−9	−16	−23	−30	−37	−44	−51	−58	−65	−72	−79	−86	−93
50	26	19	12	4	−3	−10	−17	−24	−32	−38	−45	−52	−60	−67	−74	−81	−88	−95
55	25	18	11	4	−3	−11	−18	−25	−32	−39	−46	−54	−61	−68	−75	−82	−89	−97
60	25	17	10	3	−4	−11	−19	−26	−33	−40	−48	−55	−62	−69	−76	−84	−91	−98

동상에 걸리기까지의 시간　□ 30분　□ 10분　□ 5분

풍속 냉각(℉)=35.74+0.6215T−35.75($V^{0.16}$)+0.4275T($V^{0.16}$)
단 T=Air 기온(℉)　V=풍속(mph)

2001년 미국 국립 기상국은 풍속 냉각 지수를 업데이트해서 발행했다. 표를 보면 약 8 km/h 속도의 느린 바람도 풍속 냉각 효과에 기여하는 것을 알 수 있다. 다양한 색깔은 사람이 얼마 동안 해당 기온과 풍속에 노출되면 위험해지는지를 나타낸다.

뇌우

뇌우란 번개와 천둥이 치고, 가벼운 비에서 폭우나 우박을 동반하는 폭풍을 말한다. 태평양 해안이나 지중해 연안에서는 드물게 발생하지만, 미국의 중서부와 동해안 및 기타 세계 각 나라에서 흔하게 발생하는 기상 현상이다. 뇌우는 대류가 일어나기 좋은 조건을 갖춘 곳에서 주로 발달한다. 뇌우가 발생하기에 좋은 조건이란 지면과 가까운 곳에 따뜻한 수분이 풍부하고 상승 기류가 강하며, 상승한 공기가 계속 상승할 수 있도록 공기가 불안정한 것을 말한다.

번개 번개는 지구에서만 발생하는 것이 아니다. 금성이나 목성 등과 같은 태양계 행성에서 흔하게 발생하는 자연 현상이며, 행성 대기권의 전기적 중립 상태를 유지해 주는 역할을 한다. 번개는 정전기의 방전으로 생기는 현상이다. 가죽으로 된 신발을 신고 모직물로 만든 카펫 위를 걸은 다음 문의 손잡이를 만지면 몸이 찌릿해지는 느낌을 받게 해주는 정전기도 번개와 본질적으로 같다. 다만 번개는 그 규모와 범위가 매우 크다는 점이 다를 뿐이다.

적란운 내부에서 구름을 이루고 있는 작은 물방울이나 빙정 또는 싸락눈은 상승 기류와 하강 기류를 따라 상승하고 떨어지고 순환하면서 마찰을 일으키는데, 그 결과 작은 물방울 등은 하전되어 전기를 띠게 된다.

양전하는 적란운의 꼭대기 가까이에 축적되고, 비와 우박은 음전하를 적란운의 아랫부분으로 운반한다. 공기는 훌륭한 절연체이므로 양전하와 음전하를 서로 분리시키고 가두어 구름을 거대한 충전기로 만든다.

그러다가 어느 순간 충전된 전기 에너지가 한꺼번에 방전되는데, 1,000,000분의 1초보다 짧은 시간 동안에 일어나며 이때 번개가 발생한다. 번개가 발생하면 주위의 공기가 순간적으로 가열되고 부풀어 기압파air-pressure wave를 발생시킨다. 그리고 그 속도가 빨라 소닉붐sonic boom・을 일으켜 매우 큰 소리가 난다.

번개의 약 90 %는 구름과 구름 사이에서 생긴다. 번개가 많이 칠 때 비행기가 지나가면 매우 위험하다. 그리고 나머지 10 %는 구름에서 지면으로 내리치는 번개로 벼락이라고 부른다. 벼락은 가끔 나무나 빌딩 또는 지면의 구조물을 강타하기도 한다. 집이나 빌딩이 이런 벼락에 맞을

위 애리조나의 선인장 사이로 구름에서 땅으로 내리치는 번개와 구름과 구름 사이에 치는 번개가 모두 보인다.
아래 갈라진 번개가 핀란드 도시 근교의 지면을 강타한다. 적란운 꼭대기가 모루 모양이다.

콜로라도 침니 락(Chimney Rock)에서 촬영한 수평 번개이다. 번개의 90 %가 구름에서 다른 구름으로 건너뛴다.

확률은 생각보다 매우 높으며, 연간 200:1 [**] 이다. 어떤 지역은 지난 30년 동안 평균 8:1로 확률이 매우 높았다. 미국 전역에 걸쳐서 매년 50명 정도의 사람들이 벼락을 맞고 목숨을 잃는다.

단일 세포 및 다세포 뇌우

대부분의 뇌우에는 상승 기류와 하강 기류가 있다. 하나의 상승 기류와 하나의 하강 기류를 갖는 적란운을 세포라고 부른다. 펄스 폭풍pulse storm이라고도 부르는 단일 세포로 된 뇌우는 20분–30분 사이에 머리 위를 지나갈 수가 있다. 만약 한 개의 폭풍 시스템이 함께 이동하는 여러 개의 상승 기류와 하강 기류를 갖고 있으면 다세포 뇌우라 부른다. 뇌우의 가장 흔한 형태는 다세포 무리 안에서 각 세포들이 서로 묶여 있는 것인데, 각 세포는 서로 다른 단계에 있다. 그중 일부 세포는 약해져서 사라지는 반면에 다른 것들은 강해져서 최대 강도에 도달하기도 한다. 또 일부는 계속 에너지를 모은다. 그러므로 다세포 뇌우는 여러 시간 동안 지속될 수 있으며 강우량이 높을 경우에는 돌발 홍수flash flood를 일으킬 수도 있다.

상승 기류와 하강 기류들이 촘촘히 발달할 때 뇌우를 펼친다면 160 km 이상이며, 속도도 100 km/h 이상이다. 이러한 뇌우를 다세포선multicell line 또는 스콜선squall line이라고 한다. 이런 뇌우 안에서 비행기가 다니는 것은 매우 위험하다. 또한 지면의 나무와 빌딩을 손상시킬 수도 있는 강력한 하강 기류인 마이크로버스트microburst, 폭이 4 km보다 작을 경우나 매크로버스트macroburst, 마이크로버스트보다 폭이 큰 경우를 만든다.

슈퍼셀 뇌우

뇌우 중에서 가장 강력하고 위험한 것은 슈퍼셀supercell이다. 슈퍼셀은 폭이 10–15 km이며, 다세포 뇌우보다 크기가 훨씬 작다. 단일 세포 폭풍과 마찬가지로 슈퍼셀도 하나의 상승 기류와 하강 기류로 이루어져 있다.

그러나 단일 세포 폭풍들과는 달리 이 상승 기류는 매우 강력하고 풍속이 225–260 km/h에 이른다. 가장 중요한 것은 상승하는 바람들이 메조사이클론mesocyclone으로 알려진 시스템 안에서 회전을 한다는 것이다. 다세포 뇌우에 비해 발생 빈도가 낮은 슈퍼셀 뇌우는 고도로 조직화되어 있으며 수 시간 동안 지속된다. 슈퍼셀 뇌우에서는 골프공이나 야구공만 한 거대한 우박이 내리기도 한다. 때로는 6개 이상의 조직을 이뤄서 발생하기도 하는데 이것은 강력한 토네이도의 근원이 된다.

캔자스의 슈퍼셀 뇌우에서 발생한 번개이다. 이 뇌우는 야구공만 한 우박을 내리기도 했다.

• 소닉 붐 : 음속 폭음이라고도 하는데, 항공기의 초음속 비행에서 발생하는 폭발음을 말한다. 천둥은 자연적으로 발생되는 소닉 붐이며, 번개의 방전에 따른 급격한 공기의 가열과 팽창 때문에 생긴다(옮긴이).

•• 해당 지역에서 벼락이 200번 쳤을 때 한 번 맞는 것을 의미한다. 그러나 대부분 피뢰침이 설치되어 있기 때문에 큰 피해를 입지는 않는다(옮긴이).

토네이도

토네이도는 가장 파괴적인 기상 현상 중 하나다. 보통 뇌우에 의해서 생성되는 토네이도는 몇 시간 동안 계속되는 격렬한 소용돌이 바람이다.

슈퍼셀 토네이도 슈퍼셀 뇌우로 발생하는 토네이도가 가장 위험하고 파괴적이다. 지금까지 관찰된 것을 비교했을 때, 가장 강력한 토네이도는 풍속 약 400 km/h, 지름 1.6 km였다. 이 토네이도가 지나갈 때는 마치 화물 열차가 지나가며 내는 소리와 같은 소리가 난다. 수명이 긴 토네이도들은 몇 시간 이상씩 지속되기도 하고, 수백 킬로미터를 이동하면서 이동 경로에 있는 집들을 파괴하고 사람들의 목숨을 앗아간다.

그중에서 가장 강력했던 토네이도는 1925년 3월 18일에 발생하여 3개 주를 동시에 강타했다. 이 토네이도는 3시간 30분 이상 지속되었으며 미주리에서 일리노이를 건너 인디애나로 거의 300 km를 이동하면서 약 700명의 목숨을 빼앗아 갔다.

슈퍼셀 뇌우의 무리가 나타나는 곳에는 토네이도가 한 번에 6개 또는 그 이상 발생하기도 한다. 이처럼 토네이도가 6개 이상 무리를 지으며

위 어두운 색을 띤 토네이도가 미네소타 걸 호수(Gull Lake) 부근의 지평선에 흐릿하게 보인다.
아래 토네이도가 지나간 파키스탄의 피해 현장이다. 어린아이가 폐허에서 자신의 물건을 찾고 있다.

미국에서 토네이도가 가장 많이 발생했던 2004년에 F3 등급으로 분류된 토네이도가 캔자스 부근의 한 가정집을 강타했다.

나타나는 것을 아웃브레이크outbreak라고 한다. 지금까지 기록된 것 중 최대 규모의 토네이도 아웃브레이크는 1974년 4월 3일과 4일에 발생한 슈퍼 아웃브레이크Super Outbreak였다. 무려 148개의 토네이도들이 앨라배마에서 오하이오까지 이동하면서 315명의 목숨을 앗아 갔다.

토네이도들은 종종 순차적으로 일어난다. 그래서 하나의 긴 파괴 경로로 보이는 것이 사실은 마지막 토네이도가 멈춘 위치에서 새로운 토네이도가 다시 시작하는 방식으로, 여러 개의 연속적인 토네이도들에 의한 피해일 수도 있다. 토네이도는 어느 시간에나 발생할 수 있지만, 뇌우가 잘 형성되는 오후나 저녁 시간에 가장 자주 발생한다.

후지타 토네이도 강도 척도

1971년에 기상과학자 후지타는 손상의 정도를 관찰하여 토네이도의 강도를 추정할 수 있게 해주는 척도를 개발했다. 약함weak/F0, 표지판을 날림에서 굉장함incredible/F5, 집 전체가 토대로부터 밀려나감으로 등급이 매겨진다. 후지타는 더욱 강한 토네이도 등급을 만들었지만 미국 국립 기상국은 F5 이상의 등급을 인정하지 않는다. 후지타 토네이도 강도 척도는 2006년에 다시 등급이 매겨졌다. 건축물의 종류에 따른 손상의 정도 차이를 반영하지 않았기 때문이다.

일반적으로 토네이도는 약한weak, 강한strong 그리고 난폭한violent으로 나뉜다. 난폭한 토네이도는 300 km/h 이상의 풍속을 가지며 가정집을 무너뜨릴 정도로 강력하다. 다행히도 토네이도 중 약 2 % 정도가 난폭한 등급에 속한다. 일반적인 가정집이라도 튼튼하게 건축된 집은 강한 토네이도의 직접적인 타격을 받아도 심하게 손상되지 않는다.

세계적인 토네이도

미국에서는 연간 약 800개의 토네이도가 발생한다. 그래서 미국은 세계 토네이도의 수도라고 할 수 있다. 그 뒤를 잇는 것은 호주이다. 그 외 방글라데시, 중국, 영국, 독일, 인도 그리고 러시아를 포함한 기타 국가들에서도 발생한다. 어떤 경우에는 사람의 목숨을 앗아가는 살인적인 토네이도가 발생하기도 한다.

미국의 50개 주 모두 토네이도를 겪었다. 하지만 토네이도로 가장 유명한 곳은 뇌우를 형성하기 좋은 조건을 갖춘 남부의 대초원 지대이다. '토네이도 골목길tornado alley'로 유명한 이 지역은 텍사스 주 남부의 멕시코 만 연안 평야에서 북쪽으로 캔자스 주를 통하여 사우스다코타 주의 동부까지 뻗는다. 하지만 이 지역에서만 토네이도가 발생하는 것은 아니며, 계절이 고정되어 있지도 않다. 3월 특히 봄에 토네이도가 가장 많이 발생한다. 그래서 이 무렵에는 토네이도 발생 지역이 오하이오 골짜기까지 길게 뻗는다.

겨울철에 토네이도가 주로 발생하는 '토네이도 골목길' 지역은 멕시코 만 연안 평야에서 동쪽의 플로리다까지 뻗는다. 여름에 이 골목길은 남북 다코타 주에서부터 펜실베이니아Pennsylvania를 건너 뉴욕 주New York State까지 뻗는다.

미국의 중부 지방은 그 지역을 강타하는 토네이도들의 강도와 빈도 때문에 토네이도 골목길이라 불린다.

태풍과 허리케인 그리고 저기압

태풍과 허리케인은 열대 저기압 폭풍으로 같은 기상 현상이다. 발생 장소가 달라 다르게 불릴 뿐이다. 태풍은 중국어에서 온 이름으로 국제 날짜 변경선 서쪽의 북태평양에서 형성되는 열대 저기압 폭풍이다. 반면에 허리케인은 스페인 어에서 온 이름으로 국제 날짜 변경선 동쪽에 위치한 대서양, 카리브 해, 멕시코 만, 북태평양에서 형성하는 열대 저기압 폭풍을 부를 때 사용한다.

남반구를 포함한 세계 여러 지역에서 열대 저기압 폭풍이 발생한다. 이들 지역에서는 태풍이나 허리케인으로 부르지 않고 단순히 열대 저기압, 즉 사이클론이라고 부른다. 북반구에서의 열대 저기압은 주로 인도양의 남서부, 호주 지역 그리고 남태평양에서 형성되며, 주로 호주와 아프리카의 남동부에 영향을 미친다.

기원 열대 저기압 폭풍은 열대 수렴대ITCZ의 열대성 저기압tropical depression에서 주로 발생한다. 이 지역은 기압이 상대적으로 매우 낮은 저기압 지역으로, 적도에서 북쪽이나 남쪽으로 위도 10° 떨어진 구간에 해당한다. 이곳에서 발생한 열대 저기압 폭풍들은 바다의 수증기가 증발한 후 냉각될 때 공급되는 잠열로 더욱 강력해진 후 극 지역을 향해 이동하는데, 이 중 일부는 더욱 강력해져 태풍 또는 허리케인으로 발달한다.

열대 저기압 폭풍은 적도에서는 생길 수 없다. 그 이유는 위도에 비례하여 증가하는 코리올리 힘이 적도에서는 거의 작용하지 않고, 코리올리 힘의 작용을 받지 않으면 태풍이나 허리케인으로 발달하기 어렵다. 또한 이들은 적도를 건너 이동할 수도 없다.

허리케인의 세기 모든 열대 저기압 폭풍은 사피르–심슨 척도에 따라 등급이 매겨지며, 등급 3 이상의 저기압 폭풍은 대규모로 분류된다. 열대 저기압 폭풍에 동력을 제공하는 에너지의 주공급원은 바닷물의 열에너지이다. 이들은 육지 위에서는 힘을 잃게 되는데, 이것이 바로 허리케인이 미국에 상륙한 후 힘이 약해지고 소멸하는 이유이다.

그런데 플로리다에 상륙한 후 힘이 약해진 허리케인은 멕시코 만으로 이동을 계속하면 힘을 다시 충전할 수가 있다. 이것이 2005년 허리케인 카트리나에게 타나났던 현상으로 당시 엄청난 피해를 입었다.

사피르–심슨 허리케인 척도

풍속 및 폭풍 해일 분류

	mph (km/h)	ft (m)
1	74–95 (119–153)	4–5 (1.2–1.5)
2	96–110 (154–177)	6–8 (1.8–2.4)
3	111–130 (178–209)	9–12 (2.7–3.7)
4	131–155 (210–249)	13–18 (4.0–5.5)
5	156 (250)	>18>(5.5)

추가 분류

	mph (km/h)	ft (m)
열대 폭풍	39–73 (63–117)	0–3 (0–0.9)
열대성 저기압	0–38 (0–62)	0 (0)

위 1980년 8월 8일 허리케인 알렌이 멕시코 만 위에서 휘몰아치고 있는 인공위성 사진이다. 오른쪽으로 태풍으로 발달하고 있는 열대 저기압 폭풍이 관찰된다.

아래 사피르 심슨 허리케인 척도이다. 서반구(western hemisphere)에서 발생하는 열대 저기압의 세기를 분류한다.

한편 열대 저기압 폭풍은 27 ℃ 이하의 상대적으로 온도가 낮은 수역을 지나갈 때도 힘을 잃는다. 이것이 하와이나 캘리포니아 해안으로 허리케인이 지나가지 못하는 이유이다. 허리케인이 하와이나 캘리포니아 동쪽 해안으로 가려면 상대적으로 차가운 수역을 지나야 하고, 동쪽에서 서쪽 방향의 경로를 따라가야만 한다.

열대 저기압 폭풍의 성장에서 바닷물의 수온이 가장 중요한 요소이다. 따라서 열대 저기압 폭풍이 가장 잘 발달하는 계절은 바닷물이 여름 최고점의 온도에 이르는 초여름과 초가을 사이다. 공식적으로 북반구의 허리케인 철은 6월 1일에서부터 11월 30일까지이며, 그 절정은 8월에서 10월 사이다. 태풍 철은 공식적으로 정해지지는 않았지만 대개 5월부터 11월까지 이어진다. 남반구에서는 계절이 반대이기 때문에 남반구의 절정기는 10월 말에서부터 5월까지이다.

그동안 기상과학자들은 수온이 낮고, 바람의 방향이 자주 바뀌며, 열대 수렴대가 잘 발달하지 못하는 대서양 남부 지역에서는 저기압 폭풍들이 허리케인으로 발달하지 못할 것이라 믿었다. 하지만 2004년 3월 대서양 남부 해상에서 수온이 24–26 ℃에 해당하는 비정상적으로 따뜻한 바닷물이 형성되었다. 그러자 카타리나 사이클론Catarina cyclone이라는 저기압이 발달하면서 풍속 160 km/h에 이르는 등급 2 허리케인으로 발달했다. 이 사이클론은 3월 27일 브라질 해안을 강타하여 3명의 목숨을 앗아가는 피해를 입혀 주민들과 기상과학자들을 놀라게 했다.

1900년 9월 발생한 갤버스턴 허리케인은 텍사스 주 도시의 수많은 빌딩들을 무너뜨렸으며 8,000명 이상의 목숨을 앗아 갔다. 미국 역사상 최악의 자연재해 중 하나로 기록되었다.

가장 피해가 컸던 허리케인들

1851년에서 2004년 사이 미국을 강타한 허리케인 중 가장 치명적이었던 것은 1900년 9월 텍사스 주 갤버스턴Galveston에 상륙하여 8,000명 이상의 인명 피해를 입힌 허리케인이다. 2005년 8월 29일 약 1,330명의 목숨을 빼앗은 카트리나는 경제적인 피해를 가장 크게 입힌 허리케인이다. 카트리나는 피해액이 약 960억 달러로 1992년 8월에 발생하여 약 330억 달러의 피해를 입힌 허리케인 앤드류의 기록을 능가했다.

허리케인 리타가 형성된 시기의 해면 온도를 나타낸 그림이다. 허리케인을 형성하고 지속시키는 온도보다 높은 28 ℃ 이상의 온도는 주황색으로 표시되어 있다.

홍수와 눈보라

미국에서 홍수는 사망자 수와 경제적 손실 면에서 20세기 제일의 자연재해라고 할 수 있다. 홍수는 한 지역에서 일정 기간 동안 배수시킬 수 있는 물보다 많은 양의 물이 누적될 때 발생한다. 주된 원인은 과도한 강우량이지만, 토지의 포화 또는 배수구가 막혀 정상적인 배수가 안 되는 것도 중요한 요인이 될 수 있다. 홍수는 강수 지역과 멀리 떨어진 곳에서도 일어날 수 있으며, 둑이나 댐의 건설 등과 같은 인위적인 건축물에 의해 피해가 더욱 악화될 수도 있다.

홍수의 종류 기상 관련자들이 기상 보고서에 홍수를 기록할 때, 흔히 소규모 홍수minor flood와 대규모 홍수major flood로 나눈다.

물이 강둑이나 시냇물 둑의 경계면을 따라 흐르면서 조금씩 흘러넘치거나 또는 흘러넘치지 않는 정도의 소규모 홍수는 대체로 얕으며 물이 천천히 이동하는 편이다.

반면에 대규모 홍수는 홍수를 차단하기 위해 설치된 제방이나 도랑, 댐 및 기타 구조물 등을 넘쳐흐르고 도시의 도로에 물이 범람하며, 가정

위 2005년 1월의 심한 홍수로 영국 칼라일(Carlisle)의 주민들이 집을 떠나고 있다. 이때 36시간 동안 한 달 분량의 비가 내렸다. **아래** 이 도표는 20세기의 주요 홍수들과 그 원인 및 위치를 나타낸다.

홍수의 종류	날짜	홍수 지역 또는 물줄기	보고된 사망자 수	비용의 근삿값 (인플레이션 없이)
지역 홍수	1913 3–4월	오하이오 주 전체	467	$1억 4천 3백만
	1927 4–5월	미시시피 강, 미주리에서 루이지애나 주까지	미상	$2억 3천 2백만
	1936 3월	뉴잉글랜드	150+	$3억
	1951 7월	캔자스 및 네오쇼(Neosho) 강 유역	15	$8억
	1964 12월– 1965 1월	태평양 북서부	47	$4억 3천만
	1965 6월	사우스플랫(South Platte) 및 콜로라도 아칸소 강(Arkansas River)	24	$5억 7천만
	1972 6월	미국 북동부	117	$32억 8천만
	1983 4월– 1986 6월	유타(UT) 그레이트 솔트 호숫가(Great Salt Lake)	미상	$6억 2천 1백만
	1983 5월	미국 중부 및 네브래스카와 미시건	1	$5억
	1985 11월	버지니아(VA) 및 웨스트 버지니아(WV) 주의 셰넌도어(shenandoah), 제임스(James), 로어노크(Roanoke) 강	69	$12억 5천만
	1990 4월	텍사스, 아칸소, 오클라호마 주의 트리니티 강, 아칸소 강, 레드 강	17	$10억
	1993년 1월	애리조나 주의 힐라 강, 솔트 강, 산타 크루스 강	미상	$4억
	1993년 3–9월	미국 중부의 미시시피 강 유역	48	$200억
	1995년 5월	미국 중남부	32	$55억
	1995 1–5월	캘리포니아 주	27	$30억
	1996년 2월	태평양 북서부 및 지중해 서부	9	$10억
	1996년 12월– 1997년 1월	태평양 북서부 및 지중해	36	$20–30억
	1997년 3월	오하이오 강 및 지류들	50+	$5억
	1997년 4–5월	노스다코타 북부와 미네소타의 레드 강	8	$20억
	1999년 9월	노스캐롤라이나 동부	42	$60억
돌발 홍수	1903년 6월 14일	오리건 주의 윌로우 크리크(Willow Creek)	225	$미상
	1972 6월 9–10일	사우스다코타 주의 래피드 시티(Rapid City)	237	$1억 6천만
	1976년 7월 31일	콜로라도 주의 빅 톰슨 강과 카셰라푸드르 강	144	$3천 9백만
	1977년 7월 19–20일	펜실베이니아 주의 콘마 강	78	$3억
폭풍 해일 홍수	1900년 9월	텍사스 주의 갤버스턴	6,000+	$미상
	1938년 9월	미국 동북부	494	$3억 6백만
	1969년 8월	멕시코 만, 미시시피 주 및 루이지애나 주	259	$14억
댐 붕괴로 인한 홍수	1972 2월 2일	웨스트 버지니아 주의 버펄로 크리크	125	$6천만
	1976년 6월 5일	아이다호 주의 티턴 강	11	$4억
	1977년 11월 8일	조지아 주의 토코아 크리크	39	$280만

20세기 주요 홍수

1947년 9월 허리케인에 의해 발생한 폭풍 해일이 플로리다 마이애미 해변 북쪽 부근에서 방파제와 부딪히며 거대한 파도를 일으켰다.

집 및 건축물에 흘러 들어간다. 대규모 홍수의 물은 깊고 빠르며 파괴적이다.

대부분의 홍수는 12–24시간 동안에 발달하지만 일부는 6시간 이하의 짧은 시간 동안에 발달하기도 한다.

급격하게 발달하는 홍수들은 돌발 홍수로 알려져 있으며 시냇물과 지류의 물이 빠른 속도로 흐른다. 홍수 기간이 짧으며 산이나 언덕이 많은 지형에서 흔히 발생한다. 돌발 홍수는 미국 남서부의 사막들과 같이 건조한 지역이나 비가 매우 적은 지역에서도 흔히 발생한다. 일부 경험이 없거나 부주의한 야영객들이 모래 바람을 피하기 위해 물기가 없는 강바닥arroyo 안에 텐트를 설치하고 잠들었다가 큰일을 당할 수 있다. 수 킬로미터 떨어진 산에서 폭풍우에 의해 발생한 돌발 홍수가 물기가 없는 강바닥을 따라 밀려오는 경우가 종종 생기기 때문이다.

늦겨울이나 이른 봄에 눈이 녹아 발생하는 홍수snow-melt flood도 상당히 위험할 수 있다. 왜냐하면 눈밭은 아주 많은 양의 물을 담고 있기 때문이다. 또한 겨울에는 물의 흐름이 얼음과 나뭇가지, 기타 잔해들로 막힐 수도 있다. 이런 방해물들을 얼음 댐ice dam이라 부르는데, 정상적인 물의 흐름을 막고 근접한 땅으로 물이 퍼져 나가도록 만든다.

앞에서 말한 두 종류의 홍수는 방출되는 물의 수온이 거의 어는점에 가까울 정도로 차갑다는 것이다. 그러므로 이런 물이 범람하여 사람을 덮치면 매우 큰 피해를 입힌다.

허리케인이 자주 발생하는 지역에서는 해안선을 따라 분포해 있는 지역으로 허리케인의 세찬 바람이 육지 쪽으로 바닷물을 밀어주는데, 이를 폭풍 해일storm-surge이라고 한다. 폭풍 해일이 일 때 바닷물이 내륙으로 밀려오면 강의 수위를 높여 폭풍으로 생긴 홍수의 피해를 더욱 크게 만든다. 특히 폭풍 해일은 인도 동해안에서 자주 발생한다. 2005년 허리케인 카트리나가 발생했을 때 폭풍 해일이 함께 일어났으며, 이로 인해 미국 멕시코 만 해안의 피해는 더욱 컸다.

지역적인 홍수regional flood는 자연재해 중에서 피해 범위가 넓은 경우에 속한다. 때로는 12개 이상의 주state에서 수천 제곱미터 위를 뒤덮기도 한다. 미국에서 발생하는 지역적 홍수는 주로 겨울에 폭우가 내릴 때 발생하는데, 이것은 지면이 얼거나 포화되어 물을 잘 흡수하지 못하기 때문이다. 20세기에 중서부 일부와 미시시피 강의 대부분을 완전히 뒤덮었던 대규모 지역적 홍수는 1912년, 1913년, 1927년, 1937년, 1993년에 일어났다. 다른 시기에는 이보다 작은 규모의 홍수들이 발생하여 미국의 다른 지역에 큰 피해를 입혔다.

눈보라 미국 국립 기상국에서는 약 55 km/h 이상의 풍속, 가시거리를 400 m 이하로 떨어뜨릴 정도로 대기 중에 눈을 뿌리는 기상 현상을 눈보라blizzards로 정의한다. 어떤 눈보라는 지면에 수 미터의 눈을 쌓아서 모든 이동 수단을 무력화시킨다. 또한 추가적으로 눈이 내리지 않은 상태에서 이미 내린 눈이 날리면서 가시거리를 떨어뜨리는 강한 바람을 동반한다. 눈보라가 주는 가장 큰 위험은 몇 분 만에 노출된 피부를 얼릴 수 있는 아주 강력한 풍속 냉각 효과이다. 미국에서 눈보라가 가장 흔히 발생하는 곳은 대초원 지대가 많은 북부 지역이지만, 중서부, 대서양 중부 및 동부에서 발생하기도 한다.

1888년 눈보라 이후에 부서진 차양이 밑으로 기울어져 있다. 거리에는 눈이 높이 쌓였다.

가뭄

가뭄은 어떤 지역에 상대적으로 긴 기간 동안 물이 부족한 현상을 말한다. 숲보다 사막이나 기타 건조한 기후 지역에서 연간 강우량이 낮은 것은 그 기후의 일반적인 기상이므로 가뭄에 큰 타격을 받지는 않는다. 물론 사막이나 건조한 기후의 지방에서도 각각의 기준에 따라 상대적인 가뭄에 시달릴 수는 있다. 그리고 우기와 건기가 있는 지중해 및 기타 기후 지역에서 매년 주기적인 가뭄을 겪는 것도 크게 문제가 되지는 않는다.

가뭄이 주기적으로 발생하지 않는 곳에서는 홍수나 눈보라와 같은 다른 극단적인 기상 현상에 비해 훨씬 느린 속도로 발달한다. 또한 가뭄으로 인한 피해는 잔혹하면서도 매우 오래 지속될 수가 있다. 1968–1973년에 사하라 사막 북부를 괴롭힌 5년의 가뭄과 1930년대 미국 대초원 지대에 '황진dust bowl'이 내렸던 기간이 그 예가 된다.

가뭄의 종류 가뭄은 다양한 방식으로 분류된다. 가장 일반적인 측정 방법은 두 가지이다. 첫째는 계절과 지역의 표준적인 물의 양과 비교해서 알아본 부족한 물의 양이고, 둘째는 물의 양이 부족해서 생기는 여러 가지 결과들이다.

기상학적 가뭄meteorological drought이란 강수의

위 아프가니스탄의 농부가 2002년 3월 세 차례의 가뭄이 지난 후 밭에서 죽은 농작물을 걷어내고 있다.
가운데 바람직하지 못한 농업 습관과 가뭄 때문에 1935년 캔자스에서는 큰 모래 폭풍이 일어났다.
아래 2005년 브라질에서 한 달 동안 지속된 가뭄으로 레이 호수의 수위가 줄어들었다. 호숫가에 죽은 어류들이 널려 있다.

총량이 가뭄에 시달리고 있는 기후의 표준량에 비해 상당히 낮은 것을 의미한다. '상당한'의 정도는 지역 정책 담당자들의 판단에 달려 있지만 흔히 일주일, 한 달, 또는 계절 단위로 정해진 기간 동안의 비율로 따진다. 기상학적 가뭄은 오로지 하늘에서 내리는 물에만 관련이 있고, 저수지나 지하 대수층aquifer에 보관된 물의 양과는 상관이 없다. 일반적으로 기상학적 가뭄은 가뭄의 첫 신호가 된다.

수문학적 가뭄hydrological drought이란 한 지방의 물의 양이 한 해 동안 해당 시기의 표준에 비해 상당히 낮은 것을 의미하며, 강의 수위, 물이 흐르는 속도, 호수 및 저수지 수위, 우물 그리고 기타 분수계watershed 지표로 측정이 된다. 수문학적 조건에 따라 기상학적 가뭄이 일어나는 시기를 늦출 수 있다. 예를 들어 저수지 등에 보관된 물로 짧은 건조기 동안에 그 지역에서 필요로 하는 물 수요를 충당할 수 있기 때문이다. 이는 장기간 동안에 비나 눈이 내리지 않아서 호수나 대수층들의 재충전 기간을 오래 걸리게 한다.

한편 농업적 가뭄agricultural drought은 물의 양이 부족하여 특정 농작물이 잘 자라지 못하는 현상이다. 미리 저수지 등에 물을 충분하게 비축해 두지 못한 지역에서 강우량의 부족은 금방 알 수 있는 일이다. 그러나 농업적 가뭄은 지하수가 완전히 마른 후에 일어나므로 알기 어렵다.

사회경제적 가뭄socioeconomic drought이란 물의 부족이 너무 오랫동안 지속되어 인간의 생활 환경이나 생계에 영향을 미치는 현상을 의미한다. 기상학적 가뭄의 초기부터 사람들은 물 보존 규정으로 인해 잔디밭에 살수하는 것에 제한받을 수 있다.

수문학적 가뭄이 심해지면 농부들은 농작물, 가축, 어류 등을 키울 수가 없으며, 수력 발전을 할 수 없어 에너지 공급이 축소될 수 있다.

뿌린 대로 거두기 자연적인 가뭄은 인간 활동으로 인해 더 악화될 수가 있다. 그 대표적인 예가 미국 대초원의 황진이다. 많은 농부들이 이 지역의 토지가 비옥하다는 잘못된 정보를 듣고 이주하였다. 잘못된 정보가 만들어진 까닭은 19세기 초 이 지역에 최초로 정착한 사람들이 비정상적으로 습한 시기에 이주했기 때문이다. 그들은 습한 기후에 적합한 농업 기술을 사용하였다. 토지를 보존하는 방법들은 잘 알려져 있었지만 1920년대와 1930년대는 토지를 보호하지 않았다. 그 이유는 밀wheat값이 하락했고, 농부들은 값비싼 대규모 경작 기술을 활용하여 더 많은 소득을 얻으려고 넓은 땅을 경작했기 때문이었다.

그런데 1930년대에 연속으로 4차례나 가뭄이 들자 농지는 바짝 말랐고, 말 그대로 거대한 모래 폭풍으로 날아갔다. 빚을 갚지 못한 많은 농부들은 가족과 함께 소유지에서 쫓겨나서 다른 지역으로 이주하게 되었다. 대초원 지대에서 부적절하게 토지를 이용하고 가뭄으로 농업 경제가 나빠지자, 이 일은 전국적인 대공황Great Depression을 더 악화시켰다.

2000년 에티오피아 남부에서 촬영한 사진이다. 이 소년은 오랜 가뭄으로 고통받고 있는 지역에 살고 있다.

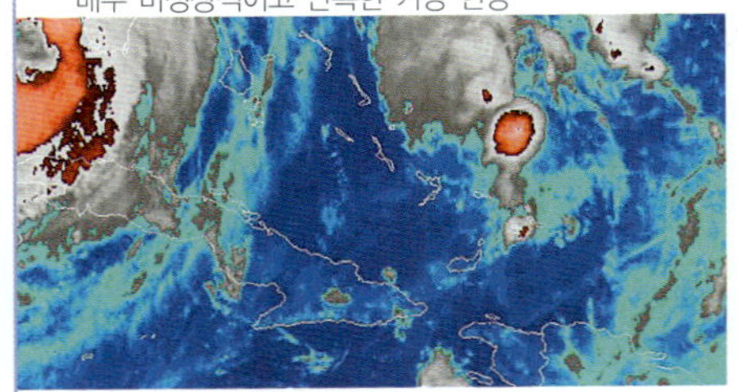

이상 기후 경보는 어떻게 할까?

지난 수십 년 동안 기상과학자들과 기후학자들은 지구 온난화가 더욱 난폭한 기상 현상을 일으킬 것이라고 이야기해 왔다. 세계 기상 기구 WMO와 국립 대기권 연구소National Center for Atmospheric Research, 기후 변화 정부 간 위원회IPCC 및 기타 기관들은 허리케인의 발생 빈도와 파괴력이 더욱 증가할 것이고, 열파와 가뭄들은 더욱 지속적으로 악화될 것이며, 뇌우, 토네이도, 강우, 홍수의 정도도 강해질 것이라고 주장했다.

2005년 대서양에서 발생한 여러 허리케인들의 활동 기록은 사람들로 하여금 기상과학자와 기후학자들의 주장이 현실화되고 있는 것은 아닌지 고민하게 만들었다. 28개의 열대 및 아열대 저기압 중에서 15개가 완전한 허리케인으로 발달했는데, 이런 일은 전례가 없었다. 너무 많은 허리케인이 발생하는 바람에 허리케인의 이름을 정하는 알파벳을 모두 사용하여 그리스 문자로 확장되었다. 어떤 허리케인은 다음 해2006년 1월까지도 활동을 멈추지 않았다. 허리케인 윌마는 기록상 대서양에서 발생한 가장 강력한 허리케인으로 중심 기압이 882 mb였다. 이것은 대서양 허리케인 최저 기압 기록에 거의 근접한 것이었다. 또한 1분 이상 지속한 풍속은 약 295 km/h에 이르렀다. 또 뉴올리언스New Orleans에 큰 피해를 입힌 허리케인 카트리나와 리타도 빠뜨릴 수 없다.

이처럼 허리케인의 활동이 크게 늘어나고 그 피해가 증가되었다고 해서 기상 현상이 극단적으로 변했다고 단정 짓기에는 어려움이 있다. 일반적으로 허리케인이 자주 발생하는 철은 이미 알려져 있지만 아직 밝혀지지 않은 수많은 기상 요소들의 영향을 받기 때문이다. 실제로 2006년의 허리케인 철은 비정상적으로 잠잠했으며, 완전히 발달한 허리케인이 미국에 상륙한 경우도 없었다.

그럼에도 불구하고 높고 낮은 온도, 연간 최고 온도와

위 2005년 10월 22일 플로리다 연안에서 발달한 허리케인 윌마(왼쪽)와 열대 폭풍 알파(오른쪽)의 적외선 사진이다. 알파는 그 해에 22번째로 발생한 열대 폭풍에 붙여진 이름이었는데, 알파벳 문자를 다 사용한 바람에 60년 만에 처음으로 그리스 문자를 사용하게 되었다.

아래 독수리가 개미탑 위에 앉아 에티오피아에서 4년간 지속된 가뭄으로 죽은 소의 사체를 내려다보고 있다. 이 사진은 2000년 4월 13일에 촬영한 것이다.

최저 온도 간의 차이, 서리 맺힌 날의 수, 강우량, 우기 및 건기 기간, 생장기의 시작과 기간의 변화가 세계 각 지역에서 일어나고 있고, 이들을 관측해서 얻은 수치들은 또 다른 면을 보여 준다. 2006년 미국 기후 연구 대학 협력체UCAR, University Corporation for Atmospheric Research가 발행한 보고서에 따르면, 지난 몇십 년간 변화를 거듭해 온 이런 수치들의 패턴은 전반적으로 지금보다 더 따뜻한 지구의 기후 패턴과 일치한다.

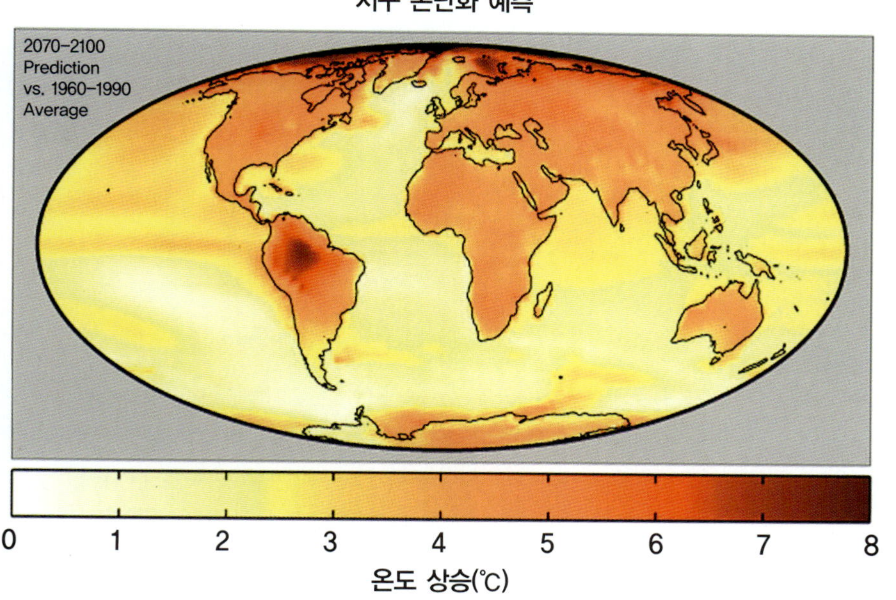

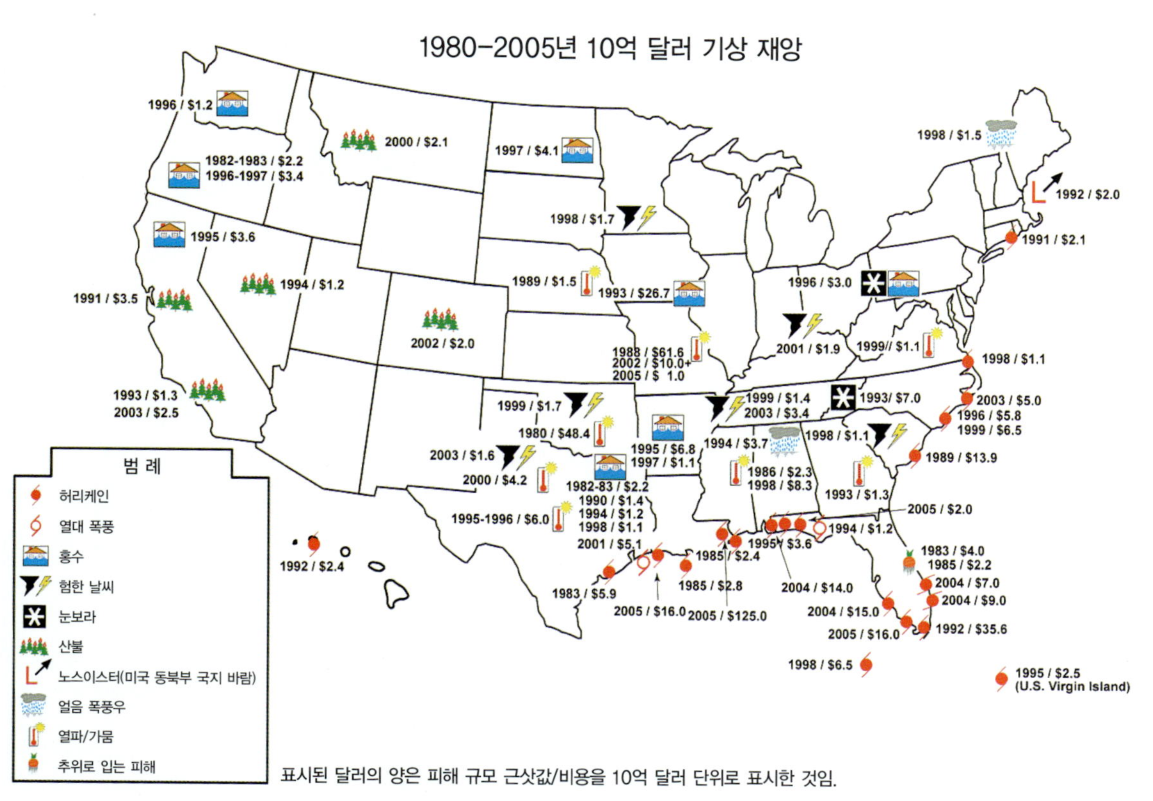

표시된 달러의 양은 피해 규모 근삿값/비용을 10억 달러 단위로 표시한 것임.

위 해들리 센터(Hadley Centre)의 HadCM3 기후 모델에 의해 지구 온난화가 일어났을 때 지구 평균 온도의 상승을 보여 주고 있다.
아래 국립 기후 정보 센터(National Climatic Data Center)에서 그린 지도이다. 1980–2005년 사이에 발생한 극한 기상 현상과 그로 인한 피해 규모를 달러로 표시하였다. 대부분 10억 달러 이상 피해를 입은 지역들이다.

CHAPTER 10

대기권에서 볼 수 있는 멋진 자연 현상들

밤에는 달과 별 그리고 행성들이 예쁜 보석이 되어 깜깜한 하늘을 장식한다.

반면에 낮에는 무지개, 태양의 무리 halo, 신기루 mirage 등이 하늘을 멋지게 꾸며 준다. 붉은색 또는 황금색의 해기둥 sun pillar 은 일몰이나 일출 때 태양 바로 위에서 화려함을 자랑한다. 또 구름이 만드는 그림자 사이로 길게 비치는 틈새빛살 Crepuscular ray 역시 신비로움을 자아낸다.

낮에 하늘을 환상적으로 만드는 이런 기상 현상은 희귀한 것으로 알려져 있는데 사실은 그렇지 않다. 이런 현상은 발생 빈도가 낮아서라기보다 관찰하는 사람이 적어서 희귀한 것으로 알려졌을 수도 있다. 사람들이 낮에 하늘을 제대로 보지 않는다는 사실이 이를 반증한다. 태양과 구름이 함께 있는 날 낮에 여유를 두고 하늘을 자주 자세히 관찰한다면 한 달 안에 앞에서 말한 기묘하고 아름다운 자연 현상들을 대부분 감상할 수 있을 것이다.

앞에서 열거한 기상 현상들을 연구하는 과학 분야를 대기 광학 atmospherical optics 또는 기상 광학 meteorological optics이라고 한다. 광학적 전시물 중 일부는 매우 특별한 기상 조건하에서 잘 일어난다. 대표적인 예로 오로라를 들 수 있다. 오로라는 밤에만 볼 수 있으며, 태양에서 온 하전 입자들이 대기권 가장 외부의 층에 있는 기체 입자들과 충돌할 때 발생한다. 지금부터 페이지를 넘겨 자연이 스스로 펼치는 라이트 쇼 light show를 감상하도록 하자.

왼쪽 우리가 대기권에서 볼 수 있는 가장 친숙한 그림은 무지개일 것이다. 무지개는 빛이 빗방울을 통과할 때 반사와 굴절을 하고, 빗방울이 프리즘의 역할을 하여 백색의 가시광선을 분해시키기 때문이다. 그러나 사진의 붉은색 무지개를 보면 우리가 흔히 알고 있는 것처럼 모든 무지개가 일곱 가지 무지개 색으로 되어있지 않다는 것을 알 수 있다.
위 태양을 둘러싼 무리의 사진이다. 쇄빙선에서 띄운 기상기구가 보인다.
아래 북반구 하늘을 초록으로 수놓은 오로라다. 오로라가 만드는 환상적인 그림은 태양풍을 타고 날아온 하전 입자들이 지구 대기권의 상층에 있는 기체 분자와 충돌하면서 생긴다.

대기 광학 개론

빛이 대기권을 통과하면 어떤 현상이 일어날까? 이 문제에 대한 답은 최소한 네 가지로 정리할 수 있다. 첫째, 빛은 물방울이나 빙정의 내부 혹은 외부 표면에서 반사된다. 이것은 빛이 거울에서 반사되는 것과 같은 원리이다. 둘째, 빛은 물이나 얼음 사이를 통과하면서 굴절되거나 휠 수가 있다. 또 빛은 프리즘을 통과할 때처럼 무지개 색으로 분해된다. 셋째, 빛은 먼지와 같은 작은 입자와 충돌하여 여러 방향으로 분산된다. 마지막으로 빛은 빛의 파장보다 작은 미립자들을 스쳐 지나가면서 분산되거나 산란될 수 있다.

위 네 가지 과정 중에서 두 종류 이상의 과정이 동일한 광선에 영향을 주며, 기상학적 조건에서 특별한 광학 과정을 일으키게 한다. 이런 광학 과정을 이해하면 하늘에서 펼쳐지는 숨 막히게 아름다운 자연 현상들이 언제 어떻게 형성되는지를 발견하는 데 큰 도움이 된다.

반사 빛의 반사는 거울 속 자신의 모습을 바라본 적이 있다면 쉽게 이해할 수 있는 매우 친숙한 광학 현상이다. 반사는 빛이 물방울이나 빙정에 들어가 되돌아 나올 때 일어나는 과정이다. 물방울이나 빙정이 반사시키는 빛의 양은 표면의 평평함과 들어오는 빛의 각도, 즉 입사 각도에 달려 있다. 평평하고 거울 같이 매끄러운 표면은 특정한 방향으로만 대부분의 빛을 반사한다. 반면에 표면이 거칠면 여러 방향으로 빛을 반사한다. 빙정은 보통 표면이 매끄럽고 평평하다. 물방울의 표면은 곡선 형태로 매끄럽지 못하다. 이와 같은 다양한 형태의 표면은 빛을 반사시키거나 초점을 맞추는 데 영향을 준다.

위 빛은 공중에 떠 있는 먼지와 같이 작은 입자들과 충돌하게 되면 산란하게 되는데, 이를 틴들 효과(Tyndall effect)라고 한다.

아래 프리즘이 빛을 굴절시켜 무지개를 만들고 있다. 빛에 들어 있는 백색광은 무지개 스펙트럼을 이루는 여러 가지 종류의 색으로 구성된 것이다. 이 색들은 광선이 굴절할 때 나타나는데, 각각의 색들이 서로 다른 각도로 굴절되기 때문이다.

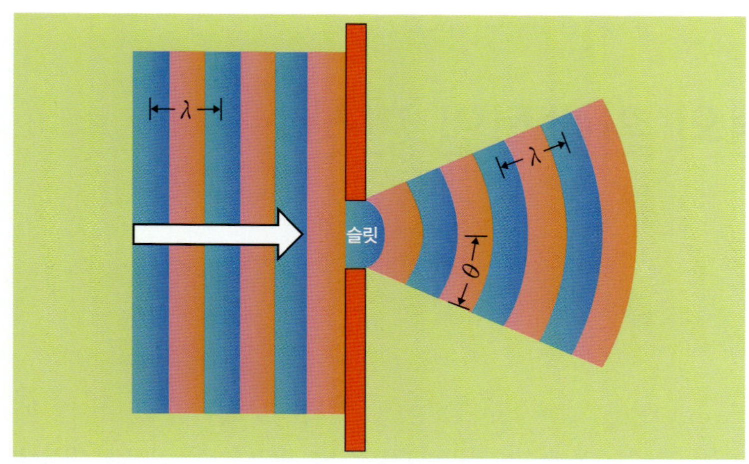

회절은 빛이 빛의 파장과 비슷한 길이의 좁은 틈 사이를 통과한 후 퍼지는 현상이다.

굴절 굴절은 렌즈나 프리즘을 가지고 놀아본 사람이면 누구에게나 친숙한 광학 현상이다. 굴절은 빛이 유리나 물 또는 얼음에 들어갈 때 일어난다. 유리나 물 또는 얼음이 주위 공기보다 높은 밀도를 가지고 있기 때문이다.

빛은 밀도가 높은 물질을 지나갈 때 속도가 느려진다. 만약에 빛이 지나가고자 하는 물질의 표면에 각도를 이루며 부딪치면 먼저 도달한 빛과 나중에 도달한 빛 사이의 속도 차이 때문에 굴절을 하게 된다. 그러므로 물이 담긴 유리잔에 빨대를 비스듬하게 세우면 빨대가 아래쪽으로 휘어져 보인다. 이러한 현상은 낮에 태양을 관측할 때, 또 밤에 별을 관측할 때 일어난다. 빛의 굴절 때문에 태양은 수평선 아래로 넘어간 후에도 보이고, 별은 실제보다 좀 더 하늘 높이 있는 것처럼 보이는 것이다.

백색광은 우리 눈에 마치 색이 없는 것처럼 보인다. 그런데 굴절 현상 때문에 우리는 백색광이 사실 무지개 스펙트럼의 색으로 구성되어 있다는 것을 알고 있다. 짧은 파장의 빛파란색은 긴 파장의 빛빨간색보다 더 많이 굴절된다. 그래서 빛이 프리즘을 지나면 무지개 색으로 펼쳐져 보이는 것이다.

산란 산란scattering은 빛이 먼지나 기타 에어로졸과 같은 매우 작은 입자들을 지나갈 때 일어난다. 빛이 입자와 충돌하게 되면 방향은 여러 갈래로 달라지지만 파장은 변하지 않는다. 따라서 무지개 색으로 펼쳐지지는 않는다.

입자들의 크기가 클수록 산란도 증가한다. 입자들의 크기가 약 100 nm 보다 클 때 그 존재를 눈으로 확인할 수 있다. 입자의 크기가

이보다 작으면 빛이 그냥 지나가므로 볼 수 없는 것이다.

이런 현상을 처음으로 발견한 과학자는 1868년 영국의 물리학자 틴들이다. 그리고 1871년 레일리Lord Rayleigh에 의해 원인이 밝혀졌다. 그래서 이와 같은 현상을 틴들 효과 또는 레일리 산란Rayleigh scattering이라고 부른다. 틴들 효과는 숲 속에 여러 갈래로 태양 광선이 지나가는 모습이나, 먼지가 떠다니는 어두운 방 안에서 태양 광선을 볼 수 있는 이유를 설명해 준다. 그리고 레일리 산란은 하늘이 파란색인 이유, 말려 올라가는 담배 연기가 파란색으로 보이는 이유를 설명해 준다. 이와 같은 현상은 파란색의 짧은 파장이 붉은색의 긴 파장보다 16배 정도 산란이 더 잘 되기 때문에 일어난다.

회절 빛이 장애물의 가장자리를 스치거나 좁은 틈을 통과하게 되면 회절diffraction을 한다. 회절은 빛의 파동적 속성을 입증하는 현상이다. 회절은 점광원point source에서 빛으로 비춘 네모 반듯한 물체의 그림자가 원래 물체의 것처럼 네모 반듯하지 않게 되는 이유를 설명해 준다. 대기 광학에서 회절은 작은 물방울, 빙정, 먼지 및 기타 미립자들이 나타내는 색깔로서 설명된다. 이들은 빛의 파장과 동일한 크기의 지름 정도로 작기 때문에, 굴절을 발생시키지 않는다.

물은 공기보다 밀도가 더 높은 물질이다. 그러므로 빛이 공기에서 물로 지나갈 때는 밀도 차이 때문에 굴절을 하고, 그 결과 빨대가 휘어져 보이는 것이다.

대기권의 환상적인 현상

구름이나 먼지가 없을 때도 빛은 환상적인 그림을 그린다. 순수한 공기 자체에서도 굴절이 일어나기 때문이다. 일정한 두께와 밀도를 가진 공기층은 렌즈와 프리즘, 거울과 같은 역할을 한다.

신기루 태양이 내리쬐는 사막의 모래나 얼음으로 덮인 바다 또는 호수 가까이에 위치한 지면에서는, 기온의 지역적인 변동으로 가끔 대기권 밀도에 단계적인 변화가 생긴다. 빛이 공기에서 밀도가 높은 프리즘으로 들어가면 굴절되고 반사되는 것처럼 대기권을 이루고 있는 공기층의 밀도 차이는 빛을 굴절시킨다. 이와 같은 굴절 때문에 멀리 있는 물체의 이미지를 가깝게 보이게 하는 신기루mirages가 생긴다.

우리가 가장 흔하게 접할 수 있는 신기루는 햇볕에 의해 뜨겁게 달궈진 고속도로나, 바짝 마른 사막 모래 위에 나타나는 물웅덩이일 것이다. 그러나 이 물웅덩이는 사람이 가까이 가려고 하면 계속 뒤로 후퇴한다. 또 어떤 신기루는 머리 위의 파란 하늘이 실제 하늘보다 낮게 보이게도 하는데, 이런 신기루를 아래 신기루inferior mirage라고 부른다. 아래 신기루는 기온이 높이에 따라 감소하고, 그 때문에 공기의 밀도가 높이에 따라 증가하기 때문에 생기는 현상이다. 빛이 하늘 위에서 공기층을 통과하여 지표로 내려올 때, 위층에 있는 공기의 밀도가 아래층에 있는 공기의 밀도보다 높으므로 빛은 위로 굴절한다. 따라서 관측자가 땅에 있는 어떤 물체를 볼 때, 물체에 반사된 빛은 위로 향하게 되어 관측자의 눈에는 그 물체가 마치 물 위에 뜬 것처럼 보인다. 기온과 밀도의 변동이 유달리 심할 날에 아래 신기루가 잘 생긴다. 가장 흔한 예로 뜨거운 도로 위에 물웅덩이가 생기고 자동차의 상이 뒤집혀 보이는 것을 들 수 있다.

빙원이나 상대적으로 차가운 수역 위에서는 새로운 종류의 신기루를

위 사하라 사막의 파타 모르가나에서 관찰된 신기루이다. 산맥이 하늘에 떠 있는 것으로 보이지만 사실은 지평선 아래에 있다.
아래 사진에 보이는 물웅덩이와 차의 반사된 이미지는 사실 뜨거운 도로 위나 사막 모래 위에서 자주 발생하는 아래 신기루이다. 이런 종류의 신기루는 빛이 지면과 가까운 저밀도의 공기와 마주치면서 위쪽으로 굴절하면서 생기는 것이다.

1888년에 출판된 프랑스 예술가 까밀 플라마리옹(Camille Flammarion)의 판화 '대기권' 이다. 1869년 12월 파리에서 발생한 유명한 신기루 현상을 보여 준다. 기온의 변동이 매우 심한 날에 일어난 신기루 현상으로 다리의 이미지가 이중으로 생성되어 실제 다리 위에 뒤집혀서 보인다.

볼 수 있다. 위 신기루 또는 '떠오름looming' 신기루라고 부르는 것으로, 먼 곳에 있는 물체의 이미지가 실제 위치보다 위쪽에 있는 것으로 보이는 것을 말한다. 위 신기루는 먼 곳의 산이나 항구에 정박해 있는 배가 실제로는 지평선 아래에 있지만 하늘 위에 떠 있는 것처럼 보이게 한다.

위 신기루superior mirage는 기온이 높이에 따라 증가하고, 따라서 공기의 밀도가 높이에 따라 감소하는 경우에 발생한다. 이 경우 머리 위로 지나갈 빛이 눈 쪽으로 굴절된다. 온도의 변동이 매우 심할 때 위 신기루는 이미지가 뒤집힌 모습으로 보인다. 어떤 때는 물체를 더 크게 만들기도 하고, 또 위쪽으로 이동시키며 곤두세우기도 한다.

아래 신기루와 위 신기루를 형성하는 조건들이 서로 가까운 곳에서 형성되면 매우 희귀한 신기루를 볼 수 있다. 이런 신기루를 파타 모르가나 Fata Morgana라고 한다. 이 이름은 아더 왕의 이복누이이면서 자신의 모습을 자유자재로 바꿀 수 있었던 마법사 모건 르 페이Morgan le Fay에서 유래된 것이다. 파타 모르가나는 일종의 연합 신기루라고 할 수 있다. 파타 모르가나에서는 아래 신기루가 위 신기루와 합쳐져서 한 이미지가 다른 이미지 아래에 뒤집혀서 나타나는 이중 이미지를 생성한다. 이 효과는 멀리 떨어져 있는 산, 해안, 빌딩들을 수직 방향으로 늘려서 하늘에 떠 있는 거대한 성처럼 보이게 한다.

녹색 섬광

순수한 공기층은 프리즘과 같은 역할을 하여 백색광을 무지개 색 광선으로 분산시킨다. 대기권을 이루고 있는 공기층의 밀도가 높

이에 따라 다르기 때문에 무지개 색들이 수직적으로 분산되어 보인다. 그러므로 지평선 가까이에서 일어나는 일몰이나 일출 때 하늘의 붉은색은 낮은 곳에, 파란색은 높은 곳에 분포하는 것처럼 보인다. 그런데 공중에 있는 먼지와 에어로졸로 레일리 산란이 일어나 파란색을 보이지 않게 하는 동시에 수증기가 노란색 빛을 흡수하기 때문에 파란색은 눈에 잘 보이지 않는다. 따라서 우리 눈에 보이는 색은 주로 붉은색이며 아주 가끔 녹색을 볼 수 있다.

그런데 매우 드물게 아주 맑은 날 저녁에 해가 지는 마지막 순간, 또는 아침에 해가 뜨기 시작하는 순간에 지평선 부근에서 에메랄드 색이 빛나는 것을 볼 수 있다. 이런 것을 녹색 섬광green flash이라고 한다. 이것은 대기권 굴절로 생기는 프리즘 효과와 밝기를 더해 주고 수직적인 길이를 키워주는 신기루의 복합적인 작용으로 생기는 현상이다.

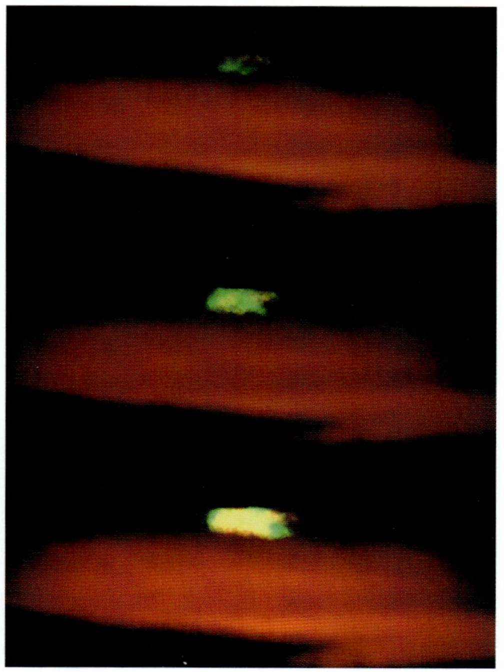

녹색 섬광은 드물게 관측된다. 일몰 마지막 순간에 빠른 속도로 연속 촬영된 녹색 섬광 사진이다.

아름다운 저녁

공기에는 눈으로 보는 것 이상의 무언가가 있다. 눈에 보이지 않는 다양한 기체 분자 외에 공기에는 눈에 띄지 않는 수많은 성분의 물질들이 들어 있다. 다양한 크기의 작은 물방울, 구름이나 안개를 구성하는 빙정, 먼지, 연기, 산불이나 화산 폭발로 생긴 재, 꽃가루, 스모그smog 미립자 등이 그 예이다. 이들은 모두 태양 빛을 분산시킬 수 있다.

일몰의 색들 일몰 때 서쪽 하늘의 색이 왜 주황색과 붉은색인지 생각해 본 적이 있는가? 태양이 지평선 근처에 있을 때 태양 빛은 사람의 눈에 도달하기 전에 평소보다 더욱 두꺼운 공기층을 지나간다. 이때 레일리 산란으로 파란색 빛은 우리 눈에 도달하지 못한다. 따라서 붉은색 계통의 빛만 우리 눈까지 도달하므로 일몰 때 태양 주위의 하늘은 주황색이나 붉은색으로 가득 차 보이는 것이다.

일몰은 일출보다 더 붉은데 이것은 하루가 끝날 때쯤이면 사람들이 공기 내의 먼지를 증가시키고 바람이 대기권을 섞어놓기 때문이다. 만약 대기권에 스모그나 거대한 산불에서 생성된 연기 입자들, 화산에서 온 화산재들이 분포하고 있다면 일몰은 유난히 붉은빛을 띠게 되며 낮에도 태양이 붉어 보일 수가 있다.

틈새빛살 틈새빛살crepuscular ray은 화가들이 그린 그림에서 예술적인 표현으로 친숙해진 이미지이지만, 구름 뒤에 숨어 태양으로부터 드리워진 구름 그림자의 푸르스름한 빛줄기들은 실생활에서도 얼마든지 쉽게 관찰할 수 있다. 보통 해가 질 때쯤 서쪽 지평선 근처나 해가 떠오를 때쯤

위 도시 하늘의 매우 인상적인 일몰 실루엣이다.
아래 틈새빛살은 빛의 산란으로 일어나는 현상이다. 가끔 일몰 무렵에 볼 수 있는 틈새빛살은, 사진에서 보듯이 한낮에 태양이 구름 뒤에 숨을 때 관찰할 수 있다.

동쪽 지평선 가까이에서 나타나는 이 회화적인 효과들은 틈새빛살이라는 이름으로 불리는데, crepuscular라는 단어는 '황혼의' 또는 '황혼 같은'을 의미하는 라틴 어에서 온 것이다.

틈새빛살은 황혼에 가장 흔하게 볼 수 있는 현상이지만, 태양이 높은 구름 뒤에 있을 때는 한낮에도 쉽게 볼 수 있다. 이런 경우 광선은 모든 방향으로 뻗는 것처럼 보인다. 때때로 틈새빛살은 하늘 전체를 횡단하여 반대편 지평선에서 수렴하는 것처럼 보이기도 하는데, 이런 현상을 역틈새빛살anti crepuscular ray이라 한다. 일몰 이후나 일출 이전에 틈새빛살의 광선이 태양 반대편의 지평선에 있는 고립된 구름을 비추면 어둡고 희미한 하늘이 약간이나마 밝아진다. 평행을 이루는 철도 레일가 멀리서 수렴하는 것처럼 보이듯이 틈새빛살과 역틈새빛살과의 수렴도 원근감에 의한 것이다.

또한 틈새빛살은 고적운에서 나타나기도 하지만, 낮은 고도의 부푼 적운에서 더 흔하게 나타난다. 이들은 연중 어느 시기에나 관찰이 가능하다.

관측자가 사는 곳과 아주 먼 곳일지라도 대규모 화산 폭발이 일어나거나 큰 산불이 일어난 후에는 이때 발생한 재나 먼지들이 대기권을 떠돌면서 성층권과 대류권 상층에서 빛을 산란시킨다. 그럴 때면 일몰이나 일출은 더욱 붉어져 장관을 연출하게 된다. 따라서 멋진 이미지를 보려면 이런 일이 있은 후 얼마 동안은 하늘을 열심히 관찰해야 할 것이다.

지구의 그림자 구름이 없는 새벽에 태양을 등지고 서쪽을 바라보자. 외관상 깨끗한 공기 내에 부유하는 에어로졸의 티끌 쪽으로 바라보면, 지

새벽에 촬영한 사진이다. 붉은 하늘 아래 시커멓게 띠를 이루는 지구의 그림자를 관찰할 수 있다.

구의 반구 그림자가 지평선 위의 하늘에 쐐기 모양의 띠로서 나타날 것이다. 이 띠는 태양이 멀리 있는 언덕이나 빌딩들을 비추기 시작할 때면 조금씩 가라앉다가 사라질 것이다.

햇무리가 여성의 손에서 발산되는 것처럼 보인다. 사진을 찍는 사람이 광각 렌즈를 사용하여 구도를 넓게 잡아 전체적인 현상을 가늠하도록 해주었다.

대기 광학 현상 촬영하기

대낮의 대기 광학 현상을 발견하는 것보다 실제로 사진을 찍는 일이 훨씬 더 힘들다. 대기 광학 이미지들은 매우 순간적이어서 몇 초 안에 사라져 버린다. 그러므로 멋진 사진을 찍으려면 항상 좋은 사진기를 옆에 두고 있어야 한다.

또 사진에 대해 공부해야 한다. 어떤 디지털 카메라나 자동 카메라는 대기 현상을 찍을 때 과노출(overexpose)시켜서 원래의 색조나 섬세한 구조를 완전하게 담지 못한다. 또한 대기 현상 전체를 담을 만큼 넓은 시야를 가지지 못한다.

무리를 촬영하기 위해서는 가로등이나 사람의 손으로 태양 자체의 눈부신 이미지를 막을 수 있는 위치에 자리를 잡고, 렌즈 플레어(렌즈 홍채의 필름 위의 육각형 모양 인공물)를 피하기 위해 각별한 주의를 기울여야 한다. 또 카메라의 초점이 무한거리(infinity)에 맞춰져 있는지 확인한다.

사진을 예쁘게 찍기 위해서는 시야에 전선이 나오지 않도록 위치를 잡아야 한다. 그리고 가능한 사진을 많이 찍는다. 가끔 노출을 적게 했을 때 멋진 사진이 나오므로 노출을 다양하게 해서 여러 번 찍어야 한다. 또한 대기 광학 현상이 완전히 끝날 때까지 자리를 뜨면 안 된다. 종종 구름 뒤에서 태양이 갑자기 나타나면서 무지개나 해기둥을 볼 수 있기 때문이다.

물방울의 굴절과 반사

공기 중에 있는 물방울이 빗방울보다 크면 거울처럼 태양 광선을 반사시킬 수 있으며, 프리즘처럼 빛을 굴절시키고 다양한 색으로 분산시킬 수 있다. 물방울에서 반사는 보통 물방울 안의 뒷부분 표면에서 일어난다. 이 반사는 일종의 전반사로 쌍안경에서 프리즘을 거울로 사용할 수 있게 해주는 현상과 원리가 같다.

무지개 무지개는 뇌우가 지나간 이후의 하늘이나 안개 속 또는 폭포나 분수에서 볼 수 있다. 또 정원용 호스를 사용하면 자체적으로 무지개를 만들 수도 있다. 공기 중에 있는 물방울의 크기가 상대적으로 클수록, 모양이 균일할수록 무지개의 색은 선명해진다. 굴절은 태양광을 스펙트럼 내 모든 색들, 즉 빨간색, 주황색, 노란색, 초록색, 파란색, 남색, 보라색 순서로 분산시킨다.

한편 정밀한 기계로 태양 광선을 분산시키면 빨간색 너머에는 적외선 영역이, 보라색 너머에는 자외선 영역이 존재한다는 것을 알 수 있다.

무지개의 높이는 태양의 고도에 의해 결정된다. 무지개는 항상 태양이 있는 위치와 정반대쪽 점antisolar point을 중심으로 형성된다. 지평선 위에 무지개가 나타나려면 태양이 42° 보다 낮게 떠 있어야 한다. 실제로 태양이 낮을수록 무지개는 높이 나타나서 무지개의 더 많은 부분을 관찰

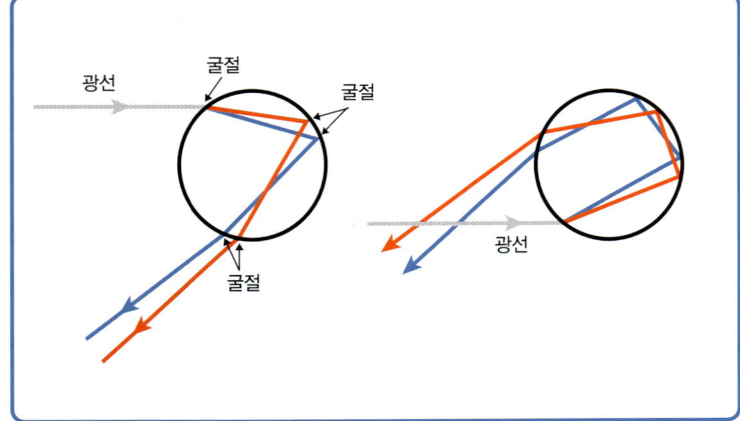

위 뉴질랜드에서 촬영한 쌍무지개이다. 무지개의 안쪽 곡선은 거의 하얀색으로 보인다.
가운데 무지개는 평범한 정원 연못의 물안개로 형성될 수도 있다.
아래 이 그림은 무지개가 형성되는 원리를 나타낸다. 태양 광선은 물방울을 통과하면서 굴절되고, 물방울에서 반사되어 나오면서 여러 가지 색들로 분산이 된다. 붉은색이나 푸른색의 광선이 그림에 화살표로 나타나 있다. 쌍무지개는 내부 반사가 두 번 일어날 때 나타난다.

할 수 있다. 여름에 어떤 무지개는 오후 9시까지도 관찰할 수 있다. 정원 호수의 안개를 통해 보는 무지개는 완전한 원형일 수도 있다.

쌍무지개 무지개들은 가끔 이중으로 나타난다. 1차 무지개primary rainbow는 바깥쪽에 빨간색을 띠고, 안쪽에는 보라색을 띤다. 반면에 2차 무지개secondary rainbow는 1차 무지개와 같은 중심을 가지지만 더 크고 흐릿하며 색 층이 역전되어 나타난다. 즉, 안쪽이 빨간색이고 바깥쪽이 보라색이다. 또 약 51°의 각도로 나타난다. 1차 무지개는 각각의 빗방울 내부에서 일어나는 반사에 의해 형성되며, 2차 무지개는 두 개의 내부 반사에 의해 형성된다. 이중의 내부 반사 과정에서 빛이 상쇄되므로 2차 무지개는 1차 무지개보다 항상 흐릿하다.

빗방울들은 빛을 굴절시킬 뿐만 아니라 산란시키기도 하여 1차 무지개 안쪽의 하늘이 바깥쪽의 하늘보다 밝아보이게 한다. 같은 원리로 산란된 빛은 2차 무지개 바깥쪽의 하늘을 안쪽의 하늘보다 밝게 한다.

과잉 무지개 정원에 물을 뿌리면 다양한 무지개를 만들 수 있다. 어떤 무지

사진에서 보이는 것과 같이 몹시 밝은 무지개의 안쪽에 나타나는 추가적인 띠들은 매우 미세한 물방울들을 통해 회절되는 빛에 의해 발생하는 것이다. 이런 추가적인 띠들은 과잉 무지개라 불린다.

개는 유난히 밝고, 또 쌍무지개에서 1차 무지개의 안쪽과 2차 무지개 바깥쪽에 나타나는 여러 개의 폭이 좁고 흐릿한 무색의 띠를 볼 수 있다. 이런 무지개를 과잉 무지개supernumerary rainbow 또는 간섭 무지개interference rainbow라 부르는데, 매우 작은 물방울을 통과할 때 빛이 회절하기 때문에 나타나는 현상이다.

나미비아(Namibia)에서 촬영한 노란색 무지개의 사진이다.

단색의 무지개

모든 무지개들의 색깔이 7가지는 아니다. 일몰에 발생하는 무지개는 무지개 색이 아니라 순수하게 빨간색으로만 이루어져 있다. 안개 속에서 보이는 무지개들은 희끄무레한 색으로 보인다. 이것은 안개 방울들이 너무 작아서 빛의 간섭 현상이 증가하고 빛의 파장들이 겹쳐 하얀색의 무지개로 보이는 것이다. 달빛에 의해 생기는 무지개들의 색깔은 너무 어슴푸레하여 회색의 그림자로 보일 수도 있다.

물방울의 회절

대기 광학 효과의 또 다른 근원은 회절이다. 회절과 굴절의 차이는 색의 순서로 알 수 있다. 여러 색이 나타나는 회절 현상에서는 고리의 파란색 부분이 태양이나 다른 광원에 가장 가까이 있는 반면에 굴절 현상에서는 고리의 빨간색 부분이 태양이나 광원에 가장 가깝게 위치한다.

글로리 글로리the glory란 비행기 승객들이 가끔 관찰하는 무지개 색의 고리를 말한다. 태양이 관측자의 등 뒤에 있을 때 아래에 있는 구름이나 무봉fog bank 위로 비치는 비행기의 그림자를 무지개 색의 고리가 둘러싸는데, 이를 글로리라고 한다. 글로리는 태양 광선이 구름 안에 있는 작은 물방울에 의해 회절할 때 생긴다. 고리의 크기는 빛의 파장과 물방울의 크기에 따라 달라지며 물방울이 작을수록 고리의 크기는 증가한다. 하나의 고리를 가장 흔하게 볼 수 있으나, 물방울들이 균일한 크기를 가질 때는 여러 개의 동심 고리들을 관측할 수도 있다. 지금까지 찍은 사진을 보면 최고 5개의 고리까지 관측된 적이 있다.

위 부분 월식이 일어나면 달 주위에서 기상학적 코로나를 볼 수 있다.
아래 무지개 동심 고리로 보이는 브로켄의 요괴의 사진이다. 이 사진은 애리조나 그랜드 캐니언 국립 공원(Grand Canyon National Park)에서 촬영되었다. 이 현상을 보기 위해서는 관측자가 구름보다 높이 위치해야 한다.

브로켄의 요괴 '브로켄의 요괴specter of the brocken' 는 글로리와 연관된 현상이다. 브로켄의 요괴는 이 현상이 자주 목격되는 독일 중부의 하르츠 산맥Harz Mountains의 가장 높은 봉우리 이름에서 따온 것이다. 높은 산봉우리 위에 올라간 사람은 관측자의 등 뒤에 태양이 상대적으로 낮게 위치할 때 아래에 있는 구름이나 무봉 위에 비치는 자신의 그림자를 볼 수 있다. 때로 이 그림자는 브로켄의 무지개라고 불린다. 브로켄의 무지개란 무지개로 둘러싸인 작은 머리를 가진 거대한 그림자 형상을 말한다. 그림자의 거대한 크기는 근본적으로 착시optical illusion 현상이다. 반면에 고리들은 글로리와 같이 구름 속 미세 물방울들에 의한 태양 광선의 회절로 생긴 것이다.

기상학적 코로나

기상학적 코로나meteorological corona는 태양 대기권의 외부 층인 코로나와 이름만 똑같다. 그 외의 공통점은 없다. 기상학적 코로나란 물방울이나 빙정, 꽃가루와 같은 입자들로 구성되어 옅은 구름 사이로 보이는 같은 중심을 가진 둥근 고리들이다. 태양이나 달 주위에서 관측되며 여러 가지 색을 띤다. 코로나 고리들은 보름달 일 때 가장 관찰하기가 쉽다. 또한 안개 속 가로등 불이나 김이 서린 창문 유리 위에서도 관찰이 가능하다.

코로나 고리는 각지름이 약 10°에 이를 정도로 넓게 퍼지는데 이것은 보름달 각지름의 약 20배에 해당한다. 천문학자들은 지평선으로부터 천정까지 전체 하늘을 기준으로 했을 때, 지평선의 반대 하늘까지를 180°로 나타낸다. 코로나 고리에서는 흔히 흐릿한 갈색 고리로 둘러싸인 푸르스름하고 하얀 부분을 볼 수 있는데 이를 광환aureole이라고 한다. 때때로 하얀색을 띤 중심으로부터 파란색, 초록색, 노란색, 갈색의 순서로 이어지는 명확한 연속적인 색들을 볼 수 있다. 또 드물기는 하지만 이런 색의 연속이 더 크고 희미한 고리들로 반복되기도 한다.

꽃구름

가끔 구름에서 비눗방울의 무지개 색깔과 비슷하고, 한편으로는 금속성 광택을 띤 파스텔 핑크, 보라, 초록색과 같은 색을 볼 수 있다. 이런 구름을 꽃구름iridescent cloud이라고 한다. 꽃구름이 내는 화려한 색은

실제로 비눗방울의 경우와 같이 빛의 간섭 현상으로 생긴 것이다. 즉, 태양 광선이 구름의 가장자리에서 증발하는 아주 작은 구름 방울을 통과할 때 일어나는 회절 때문에 생긴다. 가장 밝은 꽃구름은 보통 태양으로부터 얼마 안 떨어진 곳에 나타난다. 이 구름은 너무 눈부셔서 직접 맨눈으로 보기 힘들다. 그래서 햇빛의 눈부심을 줄이기 위해 잔잔한 웅덩이에 반사된 것을 관찰한다.

위 꽃구름은 고적운과 같은 높은 구름 층에서 태양과 가까이에 나타난다.
아래 브로켄의 요괴는 본질적으로 크게 확대된 관측자의 그림자 위에 나타나는 글로리라 할 수 있다. 이런 그림자는 구름 층들이 방향을 전환할 때 자연적으로 움직이는 것처럼 보이기도 한다.

빙정들이 만드는 멋진 현상들

대기권에 있는 수백만 개의 작은 보석 같은 빙정들이 태양 광선을 받아 굴절, 반사, 회절을 할 때 다양한 대기 광학 현상들이 일어난다.

빙정이 보여 주는 대기 광학 현상은 권운이나 고층운에서 가장 흔히 볼 수 있다. 빙정의 결정은 거의 납작한 육각형 판 모양이나 긴 육각형 기둥 모양이다. 이들은 태양이나 달의 고도에 따라 들어오고 나가는 빛의 각도가 달라져서 다양한 형태의 대기 광학 현상을 일으킨다. 또한 빙정의 크기와 모양은 대기 광학 현상의 완성도를 결정짓는 데 큰 영향을 끼친다. 빙정의 크기와 모양이 적당하면 흰색의 후광이 발생하고, 무지갯빛을 띠게 한다.

무리 'halo' 라는 영어 단어는 보통 원을 의미한다. 하지만 기상학에서는 권운이나 기타 얇은 구름, 빙무 위에 나타나는 흰색 또는 여러 색의 고리나 호 모양의 빛을 의미한다. 무리는 겨울에 가장 흔하게 발생하고 또 화려하다. 그리고 무리는 지구 대류권의 상층에서는 아무 때나 관찰할 수 있다. 그것은 대류권의 상층은 일 년 내내 언제나 물을 얼릴 수 있을 정도로 기온이 낮기 때

위 일몰 때 밝게 빛나는 무리해이다. 무리해를 형성하는 빙정들의 상태에 따라 무지개 색을 띨 수도 있다. 이 사진은 뉴멕시코에서 촬영한 것이다.
아래 무리해가 태양의 양쪽에 나타나 해기둥을 형성하고 있다. 이런 현상은 굴절과 반사에 의해 발생한다.

문이다. 가장 흔한 무리는 태양이나 달에 중심을 두고 22°의 각도로 분리된 흰색 또는 무지갯빛 고리들이다. 그러나 태양을 둘러싸고 46°를 이루는 고리는 관찰하기 어려운데, 이 무리는 22° 무리나 기타 하늘 위에 생기는 호들과 만나서 생기는 것이기 때문이다.

무리해 태양 자체의 광명과 견줄 수 있는 광환을 띤 무리해단수형으로는 parhelion는 종종 선 독sun dog 또는 모크 선mock sun 으로 불린다. 무리해는 태양과 같은 고도에서 측면에 매우 밝은 반점 형태로 흔히 나타난다. 이들은 흰색일 수도 있지만 때로는 붉은색 부분이 태양 가장 가까이에 발생하여 무지갯빛을 띨 수도 있다. 달빛으로 인해 형성될 경우에는 달무리paraselene라 한다. 달무리를 관찰했다는 보고는 대부분 북극의 하늘을

살피는 탐험가들에 의한 것이다.

다른 무리들처럼 무리해 현상도 높은 고도의 권운 속에 작은 육각형 빙정들에 의한 햇빛의 굴절과 반사로 발생한다. 태양이 61° 이하의 고도에 위치할 때 나타날 수도 있지만, 태양이 더 낮게 위치할 때 뚜렷하게 나타난다. 태양이 낮은 고도에 위치할 때 무리해는 22° 무리와 접하거나 겹친다. 태양이 높은 고도에 위치할 경우 무리해는 희미해지며 태양으로부터 멀어진다. 오후에 무리해가 수직적으로 뻗쳐 있는 것은 일몰과 해기둥이 함께 나타난다는 신호일 수도 있다.

해기둥 일출이나 일몰 때 관찰 가능한 해기둥sun pillars은 태양 위로 수직으로 뻗는 진홍색 또는 금색의 광선이다. 기둥의 색은 태양의 색과 동일하며 지평선 위로 5°에서 20° 이상까지도 뻗을 수 있다. 이렇게 길게 뻗는 현상은 태양이 지평선에서 1°−2° 위에 위치할 때 흔히 발생한다. 이 기둥들은 달과 금성 위에서도 관찰되었다. 눈과 빙무를 형성할 만큼 추운 지역들에서는 인공 가로등 위에도 기둥을 형성하기도 한다. 그리고 공중에서 볼 때는 기둥들이 광원 아래로 뻗어 나가는 것처럼 보이기도 한다. 해기둥은 대체로 고도가 낮은 곳에서 형성된다. 태양 광선이 대기 중에서 수평 방향으로 떠돌아다니는 육각 모양의 빙정들 아래쪽 지표면에서 반사되고, 반사된 빛이 빙정에서 다시 반사되기 때문이다.

왼쪽 빙정이 만드는 호화스러운 무리 사진이다. 이 사진에서 태양의 무리가 피사체를 둘러싸고 있다. 또한 사진의 좌측, 피사체의 어깨 부근에서 가로선으로 보이는 무리해를 관찰할 수 있으며, 사진의 위쪽에는 무리해와 접하는 호를 볼 수 있다.
오른쪽 지평선 근처에 형성된 해기둥들이다.

특수한 대기 광학 현상들

무리해나 기타 무리들은 추운 계절이면 일주일에 여러 번씩 볼 수 있으나, 일부 빙정으로 생기는 대기 광학 현상들은 자주 관찰하기 어렵다. 그럼에도 불구하고 뉴잉글랜드, 대서양 중부, 중서부 주들에서는 낮에 하늘을 주의 깊게 관찰하면 희귀한 대기 광학 현상들을 한 달에 한 번까지도 관찰할 수 있다. 희귀한 대기 광학 현상들은 추운 계절에 더욱 잘 볼 수 있다. 그리고 볼 수 있는 확률을 높이려면 안개 같은 권운들로 덮여 있는 밝고 맑은 날에는 하늘을 봐야 한다.

빙정이 만드는 멋진 현상들 중 무리해테와 수평 무지개circumhorizontal arc는 하늘에서 너무 넓게 발생하기 때문에 일반적인 광각 렌즈 카메라로 모두 담는 것은 거의 불가능하다.

무리해테 가끔 흰색의 무리해가 태양 반대 방향으로 수평으로 길게 뻗어 있는 밝고 푸르스름한 흰색의 꼬리를 달고 나타난다. 이런 꼬리들은 무리해테parhelic circle의 일부분이다. 무리해테는 흰색의 수평 원형 무리로, 태양과 정확히 같은 고도에서 지평선과 나란하여 하늘 전체를 에워싸는 듯이 보이기도 한다.

무리해테를 따라서 다른 무리해 현상이 나타날 수 있다. 이 중의 하나는 폭이 약 2°이고 태양의 정반대에 나타나는 흐릿한 하얀 점인 맞무리

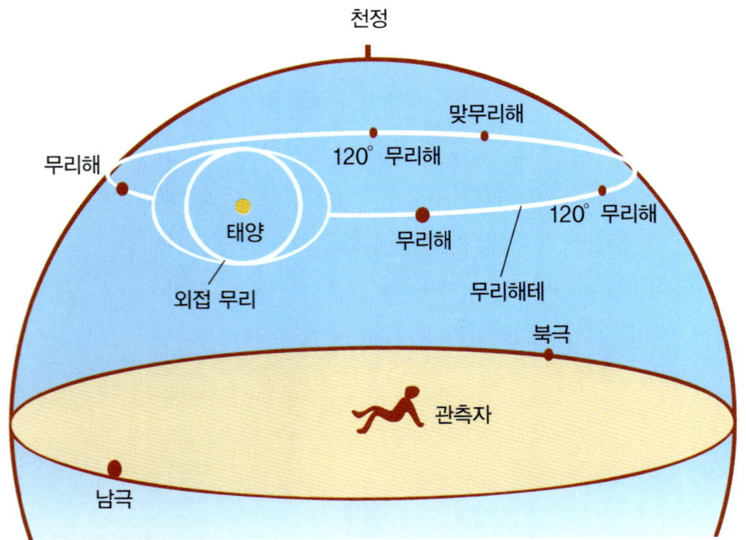

위 천정호의 아랫부분이 미소를 띤 것처럼 보이게 한다.
가운데 관측자가 남서 방향을 바라보고 있을 때 하늘에서 관측할 수 있는 다양한 대기 광학 현상들의 위치를 나타낸 그림이다.
아래 사진의 왼쪽에서는 22° 외접 무리를 볼 수 있으며, 오른쪽에서는 무리해테를 볼 수 있다.

해anthelion이다. 무리해의 또 다른 종류는 무리해테에서 120° 떨어진 곳에서 발생하는 먼무리해paranthelia이다. 이들은 흐릿하거나 색깔이 없는 흰색 점들로 약 1° 정도의 폭으로 다른 흐릿한 무리들의 무리해테와 교차하는 지점을 표시한다.

천정호　천정호circumzenithal arc는 태양 바로 위에서 천정에 중심을 두고 붉은색의 띠들이 태양을 향하여 형성되는 호이다. 색이 화려하지 않고 사람들의 머리 위에 수직으로 형성되어 눈에 잘 띄지 않는다. 연중 어느 때나 관찰이 가능하며, 단독으로 나타나기도 하지만 종종 무리해와 22° 무리를 동반하여 나타나기도 한다. 천정호는 태양이 지평선 위로 32°의 고도보다 낮게 위치할 때만 나타날 수 있다. 태양의 고도가 22°일 때 뚜렷하고 섬세하게 나타나며 기타 고도에서는 상대적으로 흩어져서 나타난다.

수평 무지개　빙정이 만드는 또 다른 광학 현상으로 수평 무지개circumhorizontal arc가 있다. 이것은 태양의 고도가 58° 이상일 때만 나타난다. 따라서 하지 무렵 미국 북부, 남유럽 및 일본에서만 관찰이 가능하다.

　종종 놀라운 색조를 띠는 이 현상은 실로 거대한 광경이라 할 수 있다. 지평선과 평행을 이루는 불룩한 수평 무지개는 지평선 길이의 3분의 1 정도까지도 뻗

을 수 있다. 빨간 띠는 위쪽에 있는 태양을 향하고 중심은 태양 바로 아래에 위치한다. 천정호와 같이 수평 무지개도 가끔 22° 무리와 동시에 나타나기도 한다. 하지만 천정호와 동시에 관찰될 수는 없다.

화려한 녹색 오로라는 태양풍으로부터 온 하전 입자가 지구의 자기권과 충돌하면서 발생한다. 오로라는 극 지역과 가까운 위도에서 가장 흔히 관측되지만, 가끔 중위도 및 적도 가까이에서도 관측된다.

눈으로 관찰 가능한 대기권의 화학 작용

대기권도 자체의 글로리를 가지고 있으며, 그중에 최고는 북극이나 남극에서 볼 수 있는 오로라로, 마치 빛이 춤을 추는 것처럼 보인다. 오로라는 태양으로부터 온 하전 입자들이 지구의 자기장과 충돌하여 극 지역으로 떨어지면서, 이온층의 공기 분자들과 충돌하는 과정에서 발생한다. 충돌로 인해 공기 분자들은 네온사인 안의 기체들처럼 빛나며, 산소로 생성되는 녹색과 질소로 생성되는 적색을 띤다. 오로라는 태양 표면이 흑점으로 가득 찰 때 가장 많이 발생하고 화려하다. 비록 북쪽이나 남쪽의 고위도 지역에서 흔히 관찰되지만, 태양 활동이 왕성할 때는 적도나 열대 지역에서 관찰되기도 한다.

또한 아름다운 유성(shooting star)은 대기권 상층에서 빛을 내며 지구 표면으로 떨어지는 현상이다. 유성은 초당 수십 킬로미터의 속도로 날아오는 우주의 작은 천체들로부터 대기권이 우리를 보호해 주고 있다는 것을 보여 주는 증거이다. 유성은 공기 분자들과 충돌하여 마찰을 일으키고 가열되어 연소되면 긴 꼬리를 그리며 사라진다.

CHAPTER 11

태양계 행성의 기상 변화

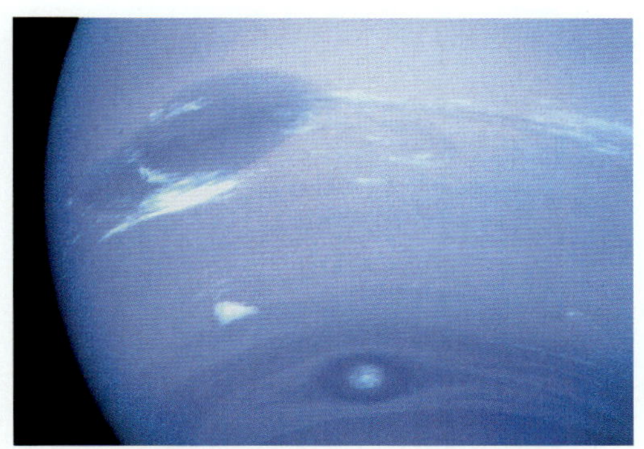

왼쪽 NASA가 보낸 행성 탐사선 보이저 1호가 촬영한 목성의 대적점(great red spot)이다. 이 대적점은 지구 크기의 약 3배에 이르는 거대한 소용돌이 폭풍으로, 지구에서 태풍이 회전하는 방향과는 반대 방향으로 회전하고 있다. 그 아래쪽의 타원 모양은 목성의 대기권에 있는 차가운 구름들이 만든 소용돌이 폭풍으로 대적점보다는 규모가 작다.
위 해왕성 대기권에 발달한 소용돌이 폭풍이다. 적도에 위치한 것은 대흑점(great dark spot)이며, 그 바로 아래에 있는 하얀 지역은 보이저 2호 과학자들이 '스쿠터(scooter)'라고 별명을 붙인 소용돌이이다. 더 남쪽의 오른쪽에 위치한 것은 밝은 핵을 가진 소용돌이 폭풍으로 흑점 2라고 부른다.
아래 보이저 2호가 촬영한 토성의 고리이다. 보라색으로 보이는 것은 토성의 C-고리이고, 노란색으로 보이는 것은 B-고리이다. 이들 고리는 수많은 빙정들이 만든 것이다.

지구에서만 기상 현상이 일어나는 것은 아니다. 태양계의 다른 행성들이나 위성들에서도 기상 현상이 일어난다. 그 이유는 이들 천체에도 대기권이 있기 때문이다. 그리고 일부 천체에서는 지구에서 보기 어려운 특이한 기상 현상이 일어나고 있다.

수성이나 달은 대기압이 매우 낮아서 대기가 거의 없다고 생각하지만 엄밀하게 따지면 대기권이 존재한다고 볼 수 있다. 특히 달에서는 끊임없이 움직여 정전기를 띠는 먼지 입자들이 많이 분포하고 있는데, 일부 과학자들은 이를 대기권으로 인정하기도 한다. 금성의 대기권은 밀도가 높으며 산성을 띤 물질로 구성되어 있다. 이들 물질 때문에 온실 효과가 심하게 일어나 금성의 표면은 늘 지옥처럼 뜨겁다. 반면에 화성에는 주로 이산화탄소로 이루어진 얇은 대기권이 존재한다. 수증기가 거의 없어 매우 건조한데 특히 여름철에는 행성 전체에서 몇 달 동안 먼지 폭풍들이 심하게 일어난다.

한편 가스 덩어리gas giant 목성에는 약 300년 동안 지속되고 있는 소용돌이 폭풍이 발달해 있다. 또한 토성은 겉으로 볼 때는 평온하고 아름답게 보이지만 대기권에서는 번개와 오로라들이 심하게 일어나고 있다. 쌍둥이 행성인 천왕성과 해왕성은 표면 온도가 매우 낮다. 그리고 한때는 태양계 행성이었다가 행성의 자격을 박탈당하고 왜소 행성dwarf planet으로 등급이 낮아진 명왕성은 표면 온도가 매우 낮고, 대기권의 밀도가 높다. 또한 대기권이 점점 두꺼워지고 있는 것으로 추정된다.

공기가 없는 달과 수성의 대기 환경

달과 수성에도 지구의 외기권과 비슷한 환경의 대기권이 존재한다. 그곳에는 생각보다 다양한 원소들이 있지만 두께는 얇은 편이다. 특히 달은 먼지 입자들로 이루어져 있으며 그것들이 쉬지 않고 움직여 전기 현상을 띠는 층이 있는데, 일부 과학자들은 이 층을 대기권으로 분류하기도 한다.

수성 겉으로 볼 때 수성의 표면은 분화구가 가득 차 있어서 달과 거의 비슷하다. 크기도 달과 비슷하다. 하지만 수성의 중력장gravitational field은 달보다 훨씬 강하게 관측되므로 구성 성분의 밀도가 큰 물질로 추정할 수 있다. 따라서 과학자들은 수성의 주된 구성 물질이 암석이 아니라 철이라고 생각한다.

수성의 외기권은 매우 얇고 희박하다. 외기권에 분포하는 물질의 원자와 분자들이 절대 충돌하지 않을 만큼 물질이 멀리 떨어져 분포한다. 이 외기권은 지표에서 1,000 km 정도까지 뻗어 나간다. 매리너 10호를 비롯하여 지상에 있는 6대의 천체 망원경으로 분석한 결과 그 외기권에는 태양풍에서 온 헬륨과, 그 외 수성 표면에서 증발한 것으로 짐작되는 나트륨, 아르곤, 네온, 수소, 칼륨 등이 있었고 심지어 산소도 분포하고 있음을 알 수 있었다. 과학자들은 수성의 외기권

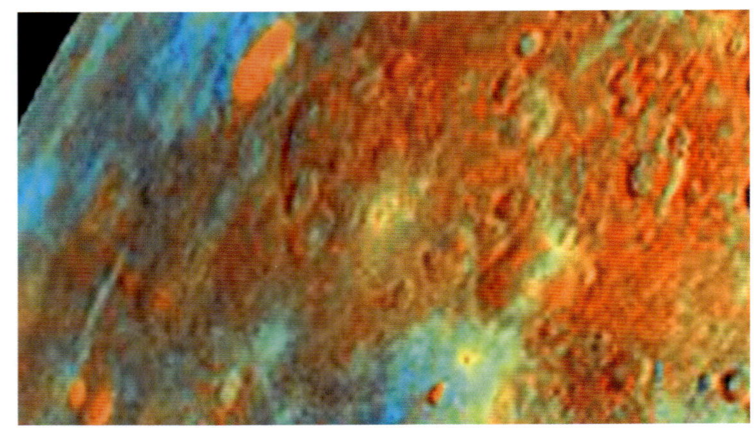

위 탐사선 갈릴레오(Galileo)호가 촬영한 달 사진이다. 어두운 부분들은 용암이 굳어서 된 암석이나 충돌에 의해 형성된 충돌 분지(impact basin)가 분포하는 곳이다. 달의 가장 아랫부분에 위치한 밝은 지역은 티코 충돌 분화구이다(Tycho impact basin). 달의 극 지역에 위치한 분화구에는 얼어붙은 물이나 휘발성 물질이 포함된 얼음 층이 분포할 가능성이 매우 높다.
아래 수성 표면을 촬영한 사진에 색을 입힌 것이다. 과학자들은 태양으로부터 온 태양풍이 수성 표면에 있는 암석들을 증발시켜 수성 대기권에 지속적으로 물질을 공급하고 있는 것으로 추정한다.

에서 산소가 차지하는 비율이 약 40 %에 이를지도 모른다고 생각한다. 과학자들은 수성의 외기권에 분포하는 물질은 대부분이 태양으로부터 온 강력한 에너지를 가진 입자나 광자 등이 수성의 표면과 충돌하여 암석을 증발시키는 과정에서 나온 것으로 보고 있다.

수성은 태양으로부터 겨우 5천 8백만 km 떨어져 있기 때문에 태양 빛을 받는 면의 낮 기온은 약 450 ℃ 이상으로 치솟는다. 이것은 납을 녹일 수 있는 높은 온도이다. 하지만 태양 빛을 받지 않고 그림자가 진 수성의 극 지역은 온도가 매우 낮으며, 그곳에는 물을 포함한 휘발성 물질들로 구성된 얼음이 분포하는 것으로 추정된다.

달 옛날, 천문학자들이 달과 지구가 별개의 천체임을 처음으로 깨달았

을 때, 그들은 몇 가지 흥미로운 의문을 제기했다. 달도 대기권을 갖고 있을까? 만약 달이 대기권을 갖고 있다면 생명체들도 살고 있을까?

하지만 이런 질문들에 대한 명쾌한 답은 20세기에 들어서기까지 아무도 제시하지 못했다. 그러다가 마침내 1969년과 1972년 사이에 달에 갔던 달 탐사선 아폴로 11, 12, 14, 15, 16과 17호 등의 탐사 활동으로 답을 얻게 되었다. 만약에 외기권을 대기권의 일부로 친다면 달에도 대기권이 존재한다고 볼 수 있다. 그러나 생명체가 존재하지는 않았다.

달의 외기권은 수소, 헬륨, 네온과 소량의 나트륨, 칼륨 등이 비슷한 비율로 구성되어 있고, 그보다 더 무거운 분자들로는 이산화탄소, 메테인, 암모니아, 수증기 등이 있다. 지구에 비해 달은 중력이 6분의 1로 매우 약한 편이다.

그러므로 달에 있는 물질의 원자와 분자들은 태양열에 의해 대기권에서 탈출할 수 있을 만큼의 속도로 가속화되고, 달의 중력이 이를 붙들지 못하므로 밖으로 모두 탈출해 버린다. 그래도 달의 외기권에 일부 물질의 분자들이 분포한다는 것은 항상 어디선가 이들 분자들을 보충해 주고 있다는 결론에 이른다. 과학자들은 이러한 일을 하는 것이 태양풍이라고 생각하는데, 태양풍은 달의 표면을 증발시키기 때문이다. 또한 달 표면에 운석이나 혜성들이 충돌할 때도 일부 물질들이 외기권으로 공급된다. 그리고 달에서 일어나는 지진 활동으로 달의 내부에서 방출되는 헬륨과 아르곤이 외기권에 보충된다.

달의 외기권은 매우 탁하다. 이 사실은 달에 직접 간 아폴로 우주비행사들의 관측으로 처음 알려졌다. 그 후 다양한 장비들을 사용하여 측정한 결과 생각보다 많은 양의 먼지 입자들이 달의 표면 위에 떠돌아다니

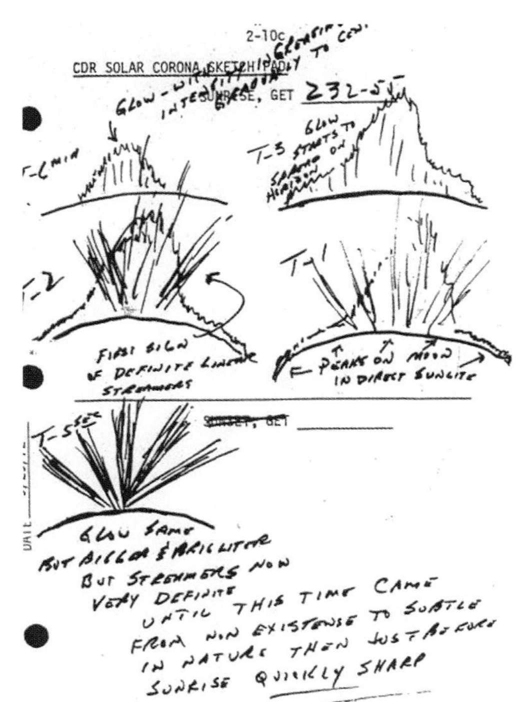

달의 궤도를 선회하는 아폴로 17에 탑승한 우주비행사들이 달의 일출과 일몰 중에 발생한 광선들을 관측하고 그린 것이다. 우주비행사들에 의해 '밴드즈(bands)', '스트리머스(streamers)', '황혼의 서광' 등으로 불렸던 이 현상은 달 표면 위에 정전기로 하전된 먼지 입자들이 날아다니면서 태양 빛에 산란되어 나타난 것이다.

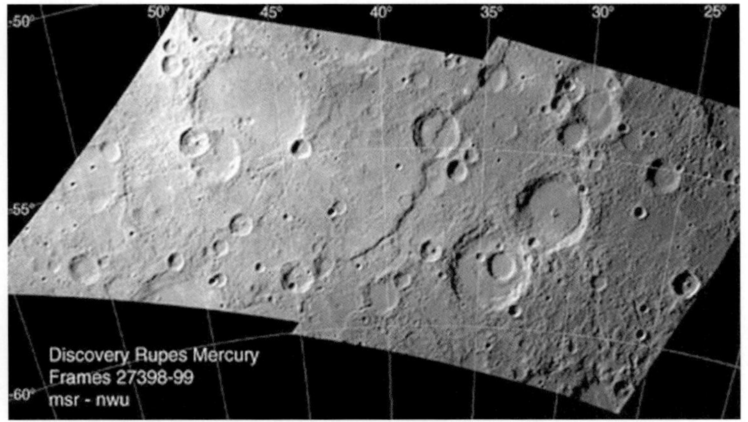

사진 중앙에 단층선(fault line)이 보이는데, 이것이 디스커버리 절벽(Discovery rupes)이다. 이것은 수성이 냉각되어 수축되면서 형성된 것으로 보인다.

고 있다는 것을 알게 되었다. 어떤 천문학자들은 이런 먼지는 태양에서 오는 강력한 자외선과 태양풍 때문에 생긴다고 주장했다. 강력한 자외선과 태양풍들이 달의 표토에서 맨 위층 물질들의 외부 전자를 분리시키고 이온화시켜 달 표면에서 수십에서 수백 킬로미터 상공까지 날려 보낸다고 생각하기 때문이다. 이때 먼지 입자들은 정전기 때문에 전기를 띠게 된다. 기체 분자들과 달리 먼지 입자들은 달을 탈출할 수 있는 탈출 속도까지 이르지 못하므로 결국 표면으로 다시 떨어진다. 결국 이런 일이 계속 반복되므로 달은 움직이는 먼지 입자들로 구성된 대기권으로 둘러싸여 있는 것이다. 수성과 마찬가지로 달의 극지역에도 태양 빛을 절대 볼 수 없는 깊은 분화구들이 분포한다.

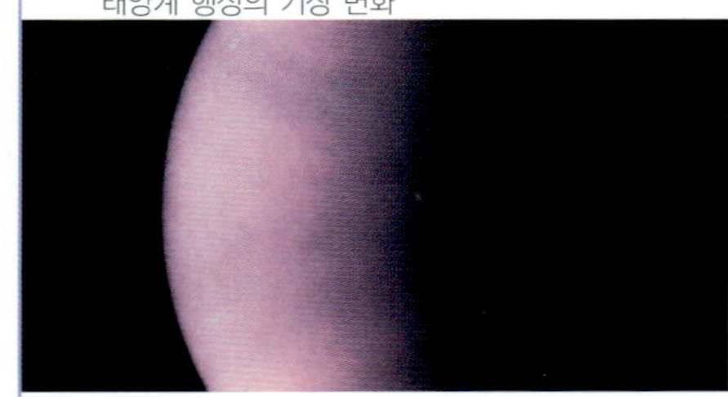

거대한 온실 금성

금성은 지구와 크기가 비슷한 행성으로 여러 가지 닮은 점이 많다. 하지만 온도는 아주 다르다. 생물이 살기에 적당한 온도를 가진 지구에 비해 금성은 거의 지옥이라고 할 정도로 뜨겁다. 지구에서 보낸 금성에 착륙시킨 모든 탐사 기계들은 거의 한 시간 안에 작동을 멈췄을 정도로 온도가 높다. 밀도가 아주 높고 부식을 잘 시키는 금성의 대기권은 다양한 보호 장비를 장착한 탐사 장비들을 짧은 시간 안에 녹이고 부식시켜 버린다.

독성 물질로 가득 찬 온실 금성의 지름은 약 12,100 km로 지구 지름의 95 %에 이른다. 그래서 20세기 초반까지만 해도 천문학자들은 금성을 둘러싼 공기도 지구의 공기와 비슷할 것이라 생각했다. 하지만 그것은 틀린 생각이었다.

지구에서 발사하여 금성에 착륙한 모든 탐사선들은 이산화탄소 95 %, 질소 5 %로 구성된 노란색 대기권을 통과해야 했다. 탐사선들은 유독한 산성 물질인 황산 방울 때문에 부식이 심했지만 금성의 구름층을 뚫고 금성 표면으로 내려갔다. 금성 표면에 착륙하게 될 무렵에는 탐사선의 장비들이 높은 열 때문에 점점 기능을 잃었다.

금성은 태양으로부터의 거리가 수성보다 약 2배 먼 거리이지만 태양계에서 가장 뜨거운 행성이다. 낮과 밤의 평균 온도는 거의 480 ℃에 이른다. 금성이 이처럼 높은 온도를 갖게 된 것은 금성의 대기권을 이루고 있는 많은 양의 이산화탄소 때문이다. 이산화탄소는 파장이 긴 적외선들을 효율적으로 가두는 일종의 열 장벽 역할을 하여 금성의 표면 온도를 높인다.

또한 금성에서 탐사선들은 지구 대기압의 약 90-100배에 해당하는 매우 높은 대기압을 견뎌야 했다. 이것은 바다 밑 1 km 지점의 수압과 비슷한 높은 압력이다. 지구보다 약간 작은 행성의 대기권이 어떻게 높은 대기압을 유지할 수 있을까? 그것은 금성에 풍부한 탄소 때문이다. 지구에

위 자외선을 통해서 본 금성 표면이다.
아래 옛 소련에서 보낸 금성 탐사선 베네라호가 촬영한 금성 표면의 사진에 적당히 색을 입힌 것이다. 사진 속의 산 이름은 마트 몬스(Maat Mons)로 화산이다. 금성의 화산들은 금성의 대기권에 다양한 광물과 기체 물질들을 공급하는 역할을 하고 있다.

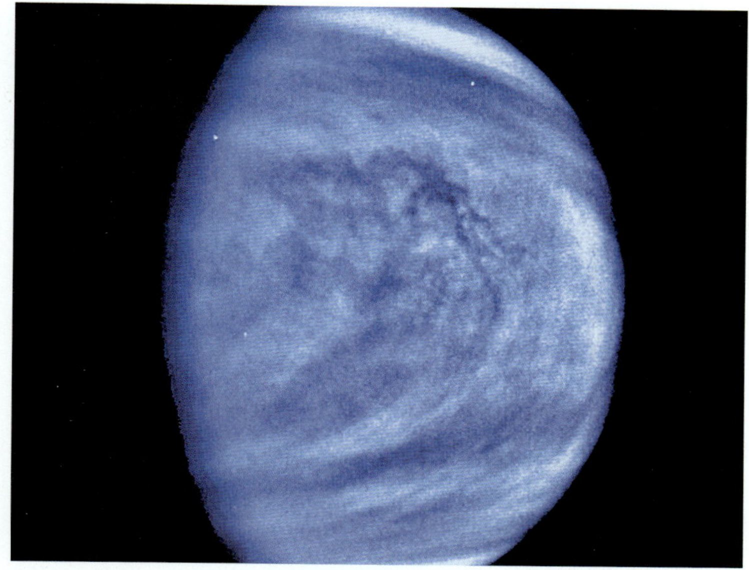

특별한 장비를 사용하여 찍은 금성의 표면이다. 금성의 표면에는 황산으로 이루어진 구름층이 발달하고, 대류 활동이 매우 활발하다.

서는 탄소가 대부분 석회암과 같은 탄산염으로 고체화되어 있지만 금성에서는 탄소가 대기권 속으로 자유롭게 떠다닌다. 만약 지구에서도 탄소가 대기권에 자유롭게 떠다닌다면 금성과 같이 대기압이 매우 높았을 것이다.

대기권 상층의 소용돌이

금성에 착륙한 탐사선들은 금성 대기권에서 아래층을 이루는 대기들이 1–4 km/h 정도의 속력으로 느리게 움직이고 있다는 것을 발견했다. 하지만 상층 대기권은 사정이 달랐다. 자외선으로 관측했을 때 상층 대기권에 있는 구름들은 끊임없이 형성되고 소용돌이치면서 약 300 km/h 속도로 빠르게 움직이고 있었다. 행성 기상과학자들은 이를 '초회전super rotation'이라 부르며, 이 바람은 금성을 약 4일

만에 일주한다. 이것은 금성의 자전 속도에 비해 약 29배 이상 빠른 속도이다.

100–500 km 높이의 대기권에서는 지구의 태풍처럼 끊임없이 소용돌이치고 있는 대기가 관측된다. 행성의 느린 회전 속도에도 불구하고 이 소용돌이들은 적도에서 극 지역들까지 효과적으로 열을 이동시켜 금성의 기온을 지역에 상관없이 균등하게 해준다.

다양한 미스터리

오늘날 금성에는 거의 수증기가 없다. 하지만 오래전 금성에는 상당한 양의 물이 존재했을 가능성이 높다. 그런데 금성에는 지구처럼 오존층이 없다. 그래서 자외선이 금성 표면 근처까지 침투하여 대기권 수증기를 수소와 산소로 분리시키고 물을 점점 사라지게 했을 것이다. 아주 높은 금성 표면의 온도 때문에 질량이 가벼운 수소는 쉽게 우주 밖으로 탈출했을 것이다. 그리고 산소는 탄소와 합쳐져서 이산화탄소나 일산화탄소가 되었을 것이다. 이러한 이유로 금성에는 물이 거의 존재하지 않는 것이다. 반면에 지구는 성층권에 오존층이 분포하여 태양의 자외선이 수증기를 파괴시키는 것을 예방해 주기 때문에 물이 풍부하다. 이것은 정말 다행스러운 일이다.

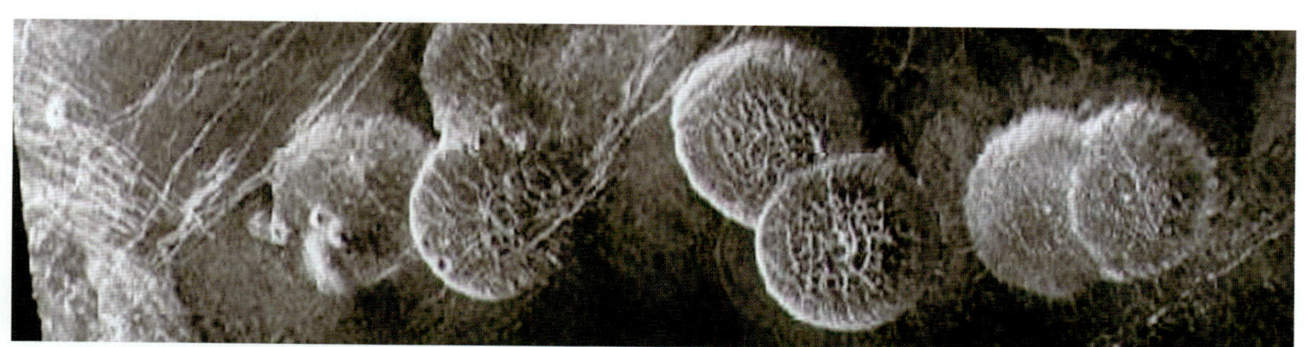

금성의 알파 레지오(Alfa Regio) 지역에 형성된 화산 돔(domes)들의 모습이다. 금성 대기권의 아래층은 숨 막히게 고요하다. 그러나 이런 '팬케이크' 모양의 돔들에서 느린 속도로 폭발이 일어났을 때는 대기층이 조금 흔들린다.

화성의 바람과 물

지구와 가장 가까운 행성이자 지구 지름의 약 절반인 화성은 원시적인 생명체가 살 수 있을 정도의 자연 환경을 가진 행성으로 알려져 있다. 화성과 태양의 거리는 지구와 태양 간의 거리의 반밖에 되지 않기 때문에 표면은 온도가 낮고 건조하다. 그럼에도 불구하고 이 행성에는 다양한 기상 현상들이 일어나고 있다.

두 개의 여름 화성의 자전축 기울기는 지구와 아주 비슷하다화성 : 25.2°, 지구 : 23.5°. 반면에 화성의 공전 궤도는 지구와 매우 다르다. 궤도의 모양이 길쭉한 타원형이어서 화성이 원일점aphelion에 있을 때와 근일점perihelion에 있을 때 태양으로부터의 거리에 차이가 많다. 그 거리의 차이는 약 4천 3백만 km에 이른다.

화성이 근일점에 있을 때 화성의 남반구는 여름에 해당한다. 화성에서 남반구의 여름은 약 158일이고, 북반구의 여름은 약 183일로 남반구보다 길다. 하지만 남반구의 여름이 더 따뜻하여 같은 행성 내에서 지역에 따라 여름의 날씨가 다르게 나타난다.

위 2003년 5월 마스 오비털(Mars Orbiter)호에서 촬영하여 합성한 사진이다. 화성 남반구의 극 지역에 이산화탄소로 구성된 빙원이 보인다.
가운데 마스 오디세이(Mars Odyssey)호가 촬영한 적외선 사진이다. 표면 온도가 조금씩 다른 것은 지형의 구성 물질과 태양을 향해 있는 방향이 다르기 때문이다.
아래 화성 탐사선 패스파인더(Mars Pathfinder)가 촬영하여 지구로 전송한 사진이다. 화성 표면은 바위투성이이다.

화성의 남반구는 따뜻한 여름이 되면, 기온이 수증기가 구름을 형성하지 못할 정도까지 상승한다. 또한 태양에서 온 열에너지는 화성 표면을 가열하여 사막 회오리바람dust devil을 만드는데, 이 중 일부는 화성 표면에서 7–10 km의 높이까지 솟아오르기도 한다. 이것은 지구에서 생기는 가장 큰 토네이도보다 더 높이 발달한 것이다. 사막 회오리바람은 먼지를 대기권 높이까지 날리는데, 이 먼지들은 화성 표면에서 우주로 나가는 열을 차단시키고 표면을 데우는 역할을 한다. 어떤 해에는 먼지들이 모래 폭풍으로 발달하여 행성 전체를 돌기도 한다. 그리고 드라이아이스로 이루어진 남부의 빙원ice cap은 여름철에 고체에서 기체로 승화하여 행성 대기권 기압을 30 % 정도 증가시킨다.

한편 북반구의 여름은 기간은 길지만 상대적으로 온도는 낮아 시원한 여름이라고 할 수 있다. 북반구의 여름은 기온이 낮게 유지되므로 수증기는 구름으로 응축되어 햇빛을 반사시킨다. 이때 얼음 알갱이들은 먼지 입자들 위에도 응축하여 지면으로 떨어진다.

화성의 물은 어디로 갔을까?

협곡, 층을 이룬 지형, 극 지역 빙원의 높이, 그리고 수많은 화성 표면의 지형적인 특징들은 과거에 화성 표면을 흘렀던 물에 의해 새겨진 것이거나 극 지역의 얼음물에 의해 형성된 것으로 보인다. 그러나 오늘날 화성은 대기압이 낮아 물이 매우 빠른 속도로 증발하므로 액체 상태의 물은 존재하기 어려운 환경이다. 하지만 많은 행성학자들은 과거에 화성에는 상당한 양의 물이 존재했을 것으로 생각한다.

오늘날 화성에 물이 부족한 이유 중의 하나는 화성의 자기장이 매우 미약하기 때문이다. 지구의 자기장은 강력하여 태양풍이 지구의 대기권이나 표면에 영향을 미치는 것을 막아 준다. 그리고 지구의 자기장을 침투하는 데 성공한 적은 양의 입자들은 대기권의 상층과 상호 작용하여 이온권을 생성한다. 그러나 화성에는 태양풍을 감속시킬 자체적인 자기장의 세력이 매우 미약하다. 따라서 지구와 비슷한 강도의 자기장을 띠는 화성 남반구의 일부 지역을 제외하고는 대부분의 지역이 태양풍의 직접적인 영향을 받는다. 그러므로 강력한 태양풍에 의해 물 분자들이 수소와 산소로 분리된 후 우주 밖으로 쓸려 나가는 것이다.

계속 연구되어야 할 문제들

화성의 대기권에는 화학 반응이 매우 활발한 물질들이 포함되어 있어서 산화 반응이 잘 일어난다. 화성의 붉은 빛깔은 표면에 분포하는 산화철iron oxide로 생긴 것이다. 즉, 화성 표면에

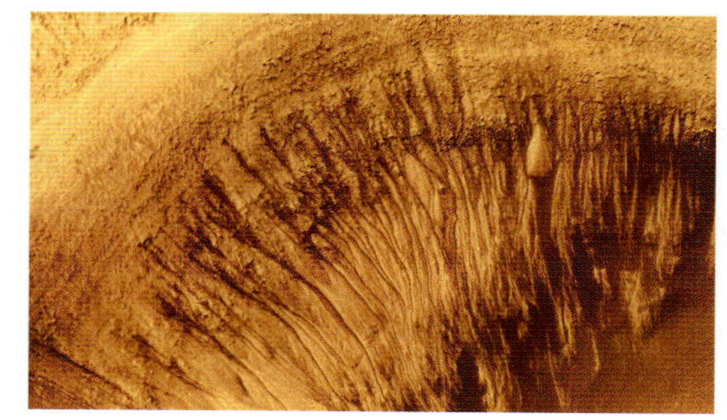

화성 표면의 뉴턴 분화구(Newton crater)이다. 그 안으로 또 다른 작은 분화구가 보인다. 손가락 모양의 이랑들은 물의 흐름을 따라 운반된 퇴적물로 형성되었을 것이다.

철분이 너무 풍부해서 녹이 잘 생긴다는 뜻이다. 만약 화성 표면에 생명체들이 있더라도 이처럼 산화 반응이 활발한 환경에서는 오래 살지 못했을 것이다. 그래서 일부 과학자들은 화성에 생물이 탄생하고 진화하기 어려울 것이라고 주장한다. 그리고 최근에 화성의 모래 폭풍 안에서 전기적인 방전이 일어나고, 그 결과 지구에서 흔히 살균제로 사용되는 과산화수소hydrogen peroxide로 형성된 눈을 만든다는 관측 결과가 나오기도 했다. 이로 볼 때 화성에 액체 상태의 물이 존재하더라도 생물이 생존하기란 매우 어려울 것으로 생각된다. 하지만 이러한 관측 결과와는 별도로 화성의 대기권에서 미량의 메테인을 감지했다. 지구에서 메테인은 대부분 생물로부터 나오기 때문에 혜성의 충돌로 인해 발생할 수도 있겠지만 화성의 지하에 박테리아가 생존하고 있을 가능성이 높은 것으로 추정된다. 이런 추정은 2006년 남아프리카에서, 에너지 공급원이 주변 암석들의 방사성 붕괴radioactive decay밖에 없는 지하 약 3 km의 땅속에서 박테리아의 군집이 발견되면서 더욱 신빙성을 갖게 되었다.

거센 폭풍우가 있는 목성

나란하게 발달한 어두운 색의 띠들과 반대 방향으로 회전하고 있는 밝은 색의 띠들, 또 소용돌이치고 있는 거대한 대적점great red spot 그리고 얇은 고리를 가지고 있는 목성은 매우 매력적인 행성이다. 두 대의 보이저호와 갈릴레오호가 찍어서 지구로 전송한 근접 사진들에서 과학자들은 많은 정보를 얻었다. 목성은 약 75 %는 수소, 약 25 %는 헬륨 및 약간의 메테인, 암모니아, 물 그리고 유황 화합물로 이루어져 있다. 이와 같은 다양한 구성 성분들 때문에 목성 표면이 다양한

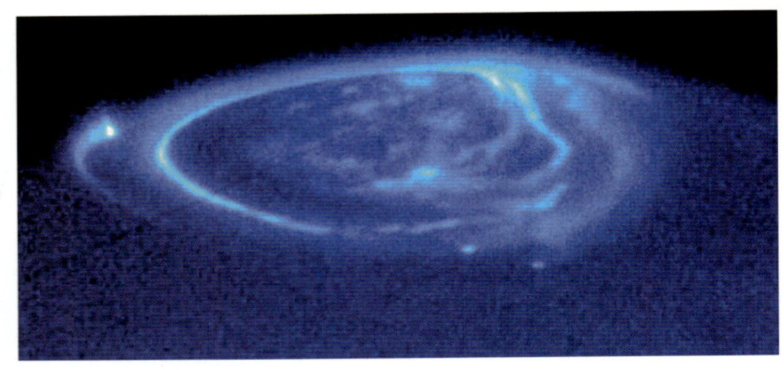

색으로 보인다. 또한 목성 대기권의 서로 다른 색깔들은 깊이와도 관련이 있다. 가장 높은 층은 붉은색, 중간층은 갈색 및 크림색, 가장 낮은 층은 파란색을 띤다.

별이 될 뻔했던 목성 목성은 태양으로부터 받는 열보다 더 많은 양의 열을 내보낸다. 이것은 목성의 내부가 약 20,000 K로 온도가 매우 높기 때문이다. 그래서 얼마 전까지만 해도 과학자들은 목성을 별항성이 될 뻔했던 행성으로 여겼다. 그러나 이것은 조금 과장된 이야기다. 왜냐하면 목성의 핵에서 태양처럼 핵융합 반응이 일어나려면 목성이 지금보다 약 80배 정도는 더 커야 하기 때문이다. 현재 목성의 내부에서 나오는 뜨거운 열기는 중력으로 인한 압축 때문에 생기는 것이고, 핵융합 반응과는 거리가 멀다.

한편 목성을 탐사한 보이저호, 갈릴레오

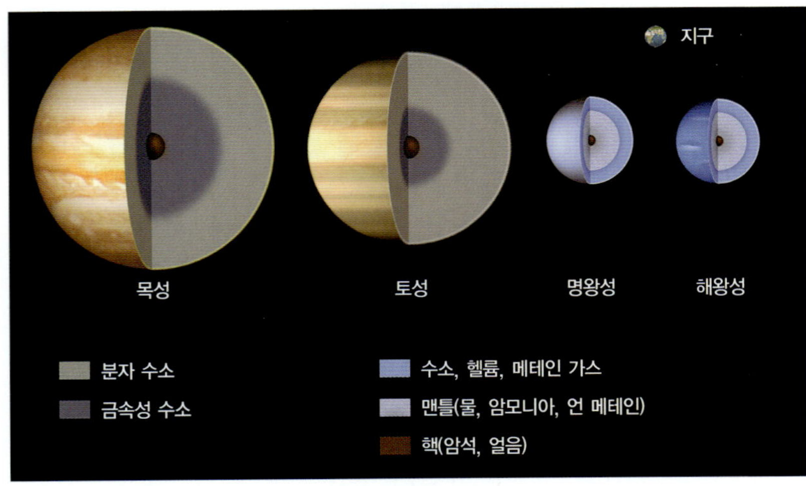

위 적갈색 및 옅은 푸른색 구름들이 목성의 표면을 덮고 있다. 목성 대기권에 발달한 제트 기류의 속도는 약 480 km/h에 이르고, 나란하게 발달해 있는 띠들도 이 속도로 회전하고 있다. 왼쪽 아래의 어두운 점은 목성의 위성 유로파의 그림자이다.
가운데 목성의 오로라 사진이다. 목성의 중력에 이끌려 태양풍 속의 하전 입자들이 극 지역에서 오로라를 발생시킨다. 이것은 지구에서 오로라가 형성되는 원리와 유사하다.
아래 단단한 고체 지각을 가진 지구와는 달리 목성의 표면은 액체 상태를 띤 기체 물질로 이루어져 있다. 이런 사실은 행성과 대기권 간의 경계를 구별하기 어렵게 만든다.

호, 카시니호 등의 행성 탐사선들은 목성의 극 지역들에서 지구의 북극광이나 남극광보다 수백에서 수천 배 강렬하며, 심지어 X선 파동까지 방사하는 오로라를 관측했다. 목성 오로라의 규모는 지구의 오로라처럼 태양풍으로부터 나오는 하전 입자들에 의해 결정된다. 하지만 과학자들은 목성의 오로라에서는 지구의 오로라에서 관측할 수 없는 특징을 발견했는데, 그것은 목성과 목성 위성들 사이의 자기적인 흐름 때문에 생기는 밝은 줄기나 반점들이다. 특히 목성의 위성 중에서 이오^{Io}가 상당한 양의 하전 입자들을 내보내고 있다. 과학자들은 이 하전 입자들이 이오 표면에서 끊임없이 분출하고 있는 화산 때문에 생기는 것으로 생각한다. 또한 목성 대기권의 상층에서는 강력한 번개가 수시로 번뜩이는데, 이것은 목성 대기권의 순환과 관련이 깊은 것으로 추정된다.

대적점 목성의 남반구에 발달해 있는 대적점은 시계 반대 방향으로 회전하고 있다. 그래서 과학자들은 이것을 '역사이클론'이라고 부르며 지구의 사이클론_{지구에서는 사이클론, 허리케인, 태풍 등은 모두 저기압 지대에서 형성}과는 다르게 고기압 지대로 보고 있다. 대적점은 나란히 놓인 지구 두 개만 한 크기이다. 또한 한 번 회전하는 데 4~6일이 걸리며 풍속은 약 400 km/h에 이른다. 대적점은 지금으로부터 약 300년 전 망원경으로 목성을 관측한 천문학자들이 처음으로 발견했다.

한편 냉폭풍^{cold storm}으로 불리는 규모가 작은 흰색 타원형들은 대적점 안으로 흡수되거나 대적점을 돌아 방향이 바뀌며, 서로 합쳐져서 규모가 더 커지기도 한다.

목성 표면에 있는 작은 원 모양의 그림자들은 모두 목성 위성에 의해서 생긴 것들이다. 행성 중앙에 위치한 흰색의 원은 이오에 의한 것이고, 상단 우측의 푸른색 원은 가니메데에 의한 것이다. 또한 칼리스토의 그림자도 관찰할 수 있다. 목성의 위성들은 독특한 대기권과 기상을 갖고 있다.

목성 위성들의 대기권

목성은 작은 망원경이나 쌍안경으로도 관측이 가능한 네 개의 거대한 위성들과 그보다 작은 수십 개의 위성들을 지니고 있다. 메디치의 별(Medician stars)이라고 불리는 4개의 위성들은 모두 자체적인 대기권을 지니고 있다.

목성의 가장 커다란 위성(태양계 전체에서도 가장 큰 위성)인 가니메데(Ganymede)는 수성보다도 크다. 최근에 천문학자들은 표면 가까이에서 산소가 포함된 오존층으로 이루어진 대기권을 발견했다. 하지만 얼마 전까지만 해도 가니메데에는 대기권이 없는 것으로 알려졌다. 가니메데는 자체적인 오로라를 가지고 있을 수도 있으며, 어쩌면 이 오로라가 태양계 위성 중에서 최초로 발견된 것일 수도 있다.

두 번째로 큰 위성은 유로파(Europa)이다. 유로파는 지구의 달보다 약간 크다. 얼음으로 이루어진 표면 아래에는 액체 상태의 물이 존재하는데, 어쩌면 지구보다도 더 많은 양의 물을 담고 있을 수도 있다. 그리고 얇은 산소 층의 대기권으로 둘러싸여 있다.

세 번째로 큰 위성은 칼리스토(Calisto)이다. 칼리스토는 수성보다 약간 작으며 태양계에서 가장 많은 분화구들로 덮인 천체이다. 이산화탄소로 이루어진 외기권이 있다. 이오는 달보다 조금 크고, 태양계에서 지진이 가장 많이 발생하는 천체이며 수백 개의 활화산들을 지니고 있다. 이 화산 중 몇몇은 약 300 km의 높이로 분출물을 내뿜기도 하였다. 이오의 얇은 대기권은 주로 이산화유황으로 이루어져 있으며 칼륨, 산소, 나트륨, 염소가 조금 포함되어 있다.

띠를 두른 토성

토성의 가장 놀라운 특징은 토성을 둘러싸고 있는 아름다운 고리이다. 사실 토성의 표면은 목성보다 다채롭지 못하다. 색깔도 베이지색과 황갈색으로 되어 있어 단순하다.

토성의 대기권은 대부분 수소로 이루어져 있으며 약간의 헬륨, 암모니아, 메테인, 유황 화합물 등도 있다. 유황 화합물 때문에 표면의 색이 노르스름하게 보인다. 토성의 겉모습이 단순하게 보이는 것은 대기권 상층이 두꺼운 스모그로 덮여 있기 때문이며 실제로 그런 것은 아니다. 목성처럼 토성의 구름들도 특정한 높이에 따라 각각 다른 특징을 지닌다. 가장 아래층은 대기압이 지구의 10배에 이르고 얼음 조각으로 이루어져 있다. 그리고 중간층은 대기압이 지구의 5배에 이르고 물이 약간 포함된 암모니아 화합물로 이루어져 있다. 그리고 가장 높은 층은 지구의 대기압과 비슷하며 주로 암모니아로 이루어져 있다. 이 층 위로 우리가 망원경을 통해 눈으로 관측할 수 있는 얇은 스모그 층이 여러 겹으로 덮여 있다.

한편 토성은 목성이나 해왕성과 같이 태양으로부터 받은 에너지보다 더 많은 양의 에너지를 발산하고 있다. 그리고 토성의 밀도는 태양계 행성 중에서 가장 낮은데, 물 밀도의 약 70 %밖에 되지 않는다. 만약에 우주에 토성을 담을 만한

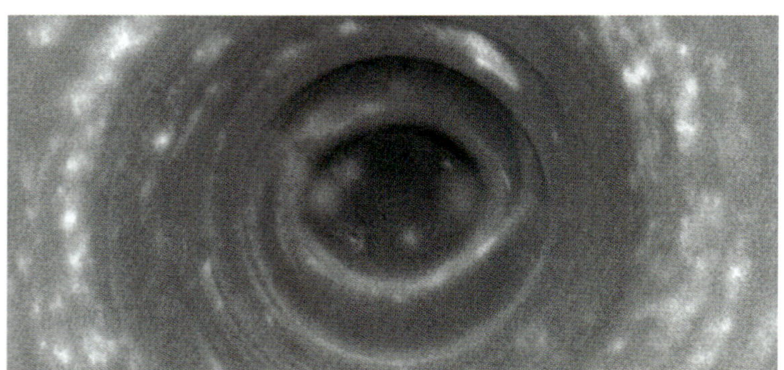

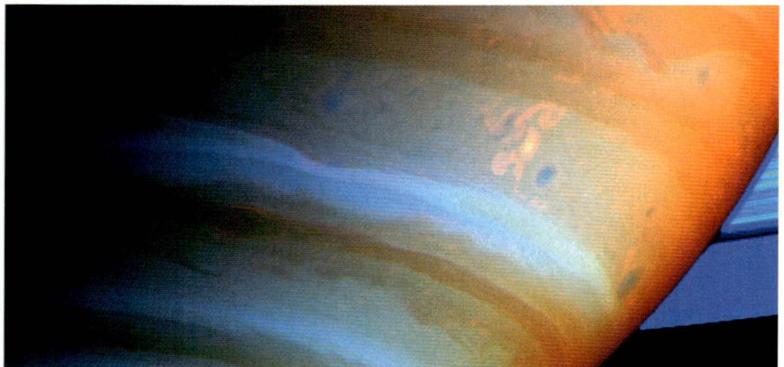

위 1981년에 촬영된 토성과 토성의 고리이다.
가운데 탐사선 카시니호가 촬영한 토성의 폭풍 소용돌이 사진이다. 이 폭풍 소용돌이에는 지구에서 발생하는 태풍처럼 가운데에는 태풍의 눈(eye)과 같은 구조가 있고 그 주위로 구름 벽(eyewall cloud) 그리고 나선팔(spiral arm) 등이 발달한다. 지구의 태풍과 다른 점이 있다면 이 폭풍은 주로 토성의 남극에 고정되어 있으며 바다 위에서 형성되지 않았다는 점이다.
아래 토성 대기권 표면에는 독특한 무늬가 있다. 드래곤 폭풍(Dragon storm)으로 알려진 이것은 복잡한 대류 활동으로 생긴 것이다. 2004년 9월에 찍은 것이다.

목욕탕이 존재한다면 토성은 물에 가라앉지 않고 뜰 것이다.

탐사선 보이저 2호가 토성을 지나갔던 1980년대 초, 토성 표면에는 약 1,700 km/h의 속도로 이동하는 거대한 폭풍이 있었다. 이처럼 강력한 에너지를 가진 폭풍은 대략 토성의 주기로는 1년, 지구의 주기로는 약 30년에 한 번씩 발생한다. 그리고 엄청난 규모의 오로라가 토성의 양

토성 고리를 자외선으로 촬영한 결과 A고리(적색)와 B고리(청록색)들의 구성 성분 간에 뚜렷한 차이가 있음을 암시해 준다. A고리는 폐석과 얼음으로 이루어진 얇은 고리들이고 B고리는 보다 더 큰 깨끗한 얼음덩어리들로 이루어져 있다.

극을 장식하는데, 이 중 어떤 것들은 구름 꼭대기 위로 2,000 km 높이까지도 솟아오른다. 한편, 탐사선 카시니호는 2004년에 토성의 고리들이 토성이나 토성의 위성들과는 독립적으로 대기권을 지니고 있다는 사실을 새롭게 발견했다. 놀랍게도 고리들의 대기권에는 산소 분자가 분포하고 있었는데 그 산소 분자는 지구의 대기권에 있는 것과 같은 종류였다. 토성 고리의 대기권에서 산소 분자가 발견된 것은 태양 빛이 고리를 구성하고 있는 얼음으로부터 승화하는 수증기 분자들을 수소와 산소로 분리시키기 때문으로 추정된다.

토성의 위성 타이탄과 엔셀라두스 토성의 위성 중에서 가장 큰 것은 타이탄Titan이다. 타이탄은 수성보다 크며, 명왕성보다 질량이 크다. 타이탄에는 약 700 km의 두께를 가진 대기권이 발달해 있는데, 대기권의 밀도는 지구의 대기권 밀도보다 60 % 정도 더 높다. 대부분이 질소80 %~90 %로 이루어져 있으며, 그 다음으로 아르곤과 메테인이 많고, 나머지는 이산화탄소, 수증기, 에테인ethane, 일산화탄소 및 기타 수십 가지의 원소와 화합물 등으로 이루어져 있다. 따라서 공기는 유독하기 때문에 지구처럼 숨을 쉴 수는 없다. 이따금씩 구름이 형성되기도 하는데, 그런 구름들로부터 내리는 비는 메테인과 에테인 방울로 구성되어 있을 것으로 추정한다. 메마른 강바닥과 해안선 지형들이 관찰되는 것으로 보아 아주 오래전에는 비가 내렸음을 알 수 있다. 또한 주황색 대기권은 여러 겹의 독특한 연기나 광화학 스모그photochemical smog의 두꺼운 층들로 이루어져 있어서 표면을 흐릿하게 하고 있다. 이것은 과거 지구가 생성되던 원시 대기권과 유사하다.

한편 카시니호는 토성의 위성 중에서 여섯 번째로 큰 엔셀라두스Enceladus의 대기권이 수증기로 구성되어 있다는 것을 발견했다. 엔셀라두스는 지름이 고작 500 km 정도밖에 되지 않으므로 중력이 매우 미약하여 대기권을 유지할 수 없다. 그런데 수증기로 구성된 대기권을 이루

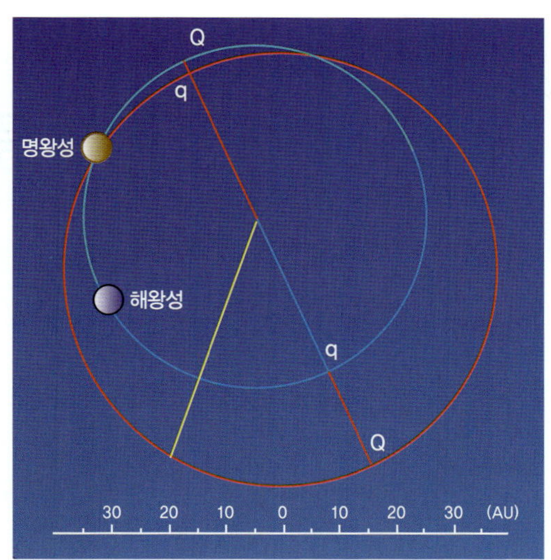

명왕성의 궤도는 매우 길쭉한 타원이므로 태양을 중심으로 한 번 공전하는 데 250년이나 걸린다.

명왕성의 대기권

명왕성의 대기권은 태양을 도는 250년 주기의 공전 중 일부 시기에만 존재한다. 명왕성의 공전 궤도는 화성보다 더욱 길쭉한 타원형이다. 명왕성의 궤도는 길쭉한 타원형이어서 1979년과 1999년에는 궤도 중 일부 구간에서 해왕성보다 더 태양에 가깝게 지나갔다. 명왕성은 태양으로부터 너무 멀리 떨어져 있어서 여름 최대 밝기는 지구의 900분의 1, 겨울에는 지구의 2500분의 1 정도의 밝기를 보인다. 또한 지구처럼 대부분 질소로 이루어져 있고 겨울엔 너무 추워서 미량의 일산화탄소와 메테인을 포함하는 공기가 얼어붙어서 지면으로 떨어져 마치 서리가 선 것처럼 보인다.

최근 명왕성을 연구하던 천문학자들은 명왕성의 대기권이 점점 확장되는 징후를 포착하여 큰 관심을 가지고 있다. 명왕성을 탐사하기 위해 발사된 뉴호라이즌(New Horizon)호가 2015년 명왕성에 도착하면 더 많은 것을 알 수 있게 될 것이다.

고 있는 것은 엔셀라두스 표면에 간헐천geyser이나 화산 등이 분포하고 있거나, 위성 내부로부터 가스 분출이 일어나 지속적으로 대기권에 수증기와 기타 기체들을 보급하고 있기 때문이라 생각된다.

쌍둥이 행성 천왕성과 해왕성

크기도 비슷하고, 겉으로 보이는 색깔도 초록색이 섞인 파란색으로 비슷한 행성인 천왕성과 해왕성은 마치 쌍둥이처럼 보인다. 보이저 2호가 곁을 지나갔을 때도 그렇게 보였다. 해왕성의 대기권에 약간의 일산화탄소가 들어 있지만, 두 행성은 모두 수소, 헬륨, 메테인으로 구성되었다. 또한 두 행성은 암석으로 구성된 지구 정도 크기의 핵을 가지고 있다. 그리고 물과 메테인 그리고 암모니아로 구성된 약간 녹은 얼음 상태의 지각을 가지고 있다. 하지만 대기권에서 일어나고 있는 기상 현상은 상당한 차이가 있다.

뒤집힌 천왕성 천왕성을 관측할 때 가장 놀라운 사실은 천왕성의 자전축이 다른 태양계 행성들과는 다르게 누워 있다는 것이다. 즉, 태양계 행성들의 자전축들은 대체로 태양을 공전하는 궤도면과 직각을 이루고 있는데, 천왕성만 자전축이 약 98°로 기울어져 있어 공전 궤도면에 거의 가로로 누워 있는 상태이다. 그래서 천왕성은 북반구가 여름일 때 북극 지역은 태양을 거의 일직선으로 향한다. 남반구는 겨울일 때 태양을 향한다. 이러한 까닭으로 84년마다 계절이 바뀌는 천왕성은 84년을 주기로 매우 큰 계절의 변화를 보인다. 현재 천왕성은 남반구가 지구를 향해 있다.

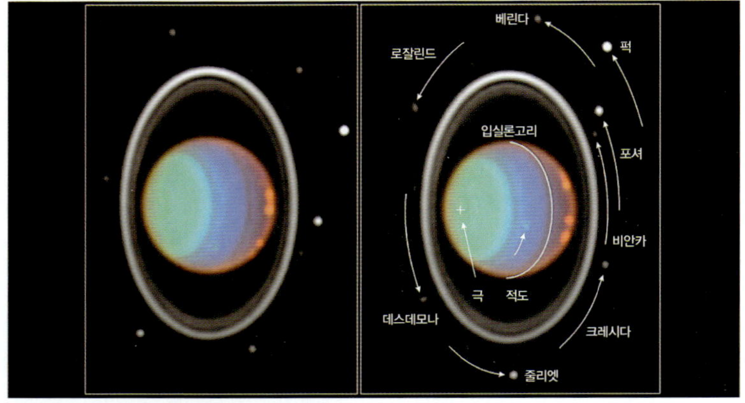

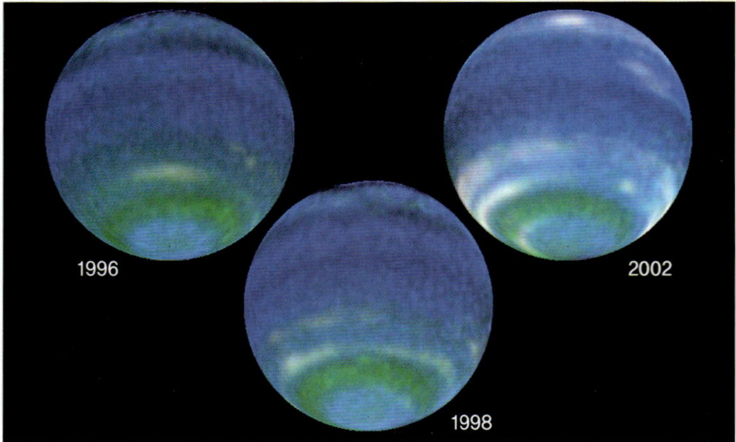

위 1989년 보이저 2호에 의해 촬영된 해왕성 표면 사진이다. 해왕성 표면에서 대흑점이라고 불리는 큰 소용돌이가 관측되었다. 대흑점 근처의 바람은 약 2,000 km/h의 속도로 서쪽으로 불고 있으며, 이것은 태양계 행성 중에서 가장 빠른 것이다.

가운데 천왕성의 표면을 찍은 사진이다. 우측 가장자리에 붉은색의 구름이 발달해 있고, 적도 부근에는 녹색의 구름이 발달해 있다. 구름의 색에 차이가 있는 것은 표면과의 높이 차이 때문인데, 녹색일수록 지표에 가까운 구름이다. 천왕성은 자전축이 공전 궤도면과 거의 나란한데 이 때문에 천왕성에서는 계절의 변화가 극단적으로 일어나고 있다. 북반구가 여름일 때 북극 지역은 태양을 거의 일직선으로 향한다.

아래 허블 우주망원경으로 찍은 해왕성 사진이다. 사진으로 확인할 수 있듯이 해왕성 남반구 대기권에서는 최근 6년 동안 구름의 양과 밝기가 꾸준히 증가했다 해왕성에서 이와 같은 현상이 일어난 이유는 현재 계절적으로 봄에 해당하는 시기로 접어들었기 때문이다.

천왕성은 지구에서 멀리 떨어져 있어서 강력한 분해능을 가진 허블 우주망원경을 통해 봐도 겉모습에서 특별한 변화를 관찰하기란 쉬운 일이 아니다. 지금까지 관측한 사실로 미루어 볼 때 천왕성은 푸른빛을 띤 구름으로 덮여 있을 뿐이다. 하지만 2006년 천왕성이 봄으로 들어서면서 거의 미국만 한 어두운 소용돌이 폭풍이 발견되었다. 또한 매우 빠른 속도로 이동하면서 형태를 바꾸는 여러 개의 구름들도 새로 발견하였다.

다이아몬드로 가득한 해왕성 해왕성에는 목성이나 토성과 같이 적도와 나란한 줄무늬가 발달되어 있다. 그런데 해왕성은 목성이나 토성보다 훨씬 많은 열을 방출하고 있는데, 그 양은 태양으로부터 받는 양의 약 2배에 이른다. 이것으로 보아 해왕성 내부에는 열 공급원이 따로 존재하는 것이다. 그리고 이 열 공급원이 해왕성 표면에서 대류 현상을 일어나게 하고, 지구의 대기권에 있는 해들리 세포와 같은 대기 세포를 발생시키는 것으로 짐작된다. 해왕성 내부에 있는 것으로 추정되는 열 공급원은 메테인을 이루는 탄소 원자와 수소 원자들을 분해시킬 정도로 에너지가 클 수 있다. 이와 같은 사실을 근거로 일부 천문학자들은 해왕성의 충분한 열과 압력이 탄소 원자들을 서로 결합시켜 다이아몬드를 만들 것이라고 생각한다. 이것들이 암석 투성이로 생각되는 해왕성의 핵으로 우박처럼 떨어질 것이라고 주장하기도 한다.

1989년 보이저 2호가 해왕성을 근접 통과했을 때 해왕성 대기권에서 지구만 한 크기로 회전하고 있는 소용돌이 폭풍을 발견했다. 처음에 과학자들은 이것이 목성의 대적점과 유사한 것이라 생각을 했다. 하지만 5

년 뒤 허블 우주망원경을 통해서 관측했을 때는 나타나지 않아 지금은 완전히 사라진 것으로 생각된다.

한편 보이저호는 해왕성 대기권의 상층에서 지구의 권운과 닮은 얇고 긴 구름 사진을 촬영했는데, 이 구름들이 움직이는 속도는 약 2,000 km/h로 태양계에서 가장 빠른 것으로 밝혀졌다. 1980년부터 해왕성은 점점 밝아지고 있는데 이것은 아마도 계절적 변화 때문일 것으로 추정된다. 해왕성의 공전 주기는 약 165년이므로, 이러한 변화는 앞으로 약 40년 이상이 지속될 수도 있다.

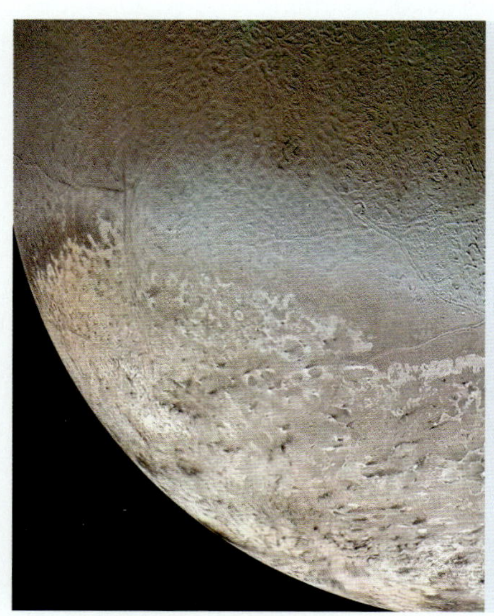

해왕성의 위성 트리톤

해왕성의 가장 큰 위성은 트리톤이다. 트리톤은 행성의 회전과 반대 방향으로 해왕성을 공전하고 있다. 트리톤은 지름이 2,700 km 정도밖에 되지 않는다. 그리고 대기권은 질소와 메테인으로 구성되어 있다. 보이저 2호는 트리톤의 대기권에서 어두운 연기 기둥을 발견하였다. 이것은 트리톤의 표면에는 천문학적인 관점에서 볼 때 매우 어린 것으로 생각되는 간헐천들이 발달되어 있기 때문으로 추정된다. 그러므로 트리톤은 지구와 금성 그리고 이오를 제외하면 현재 화산 활동이 일어나는 몇 안 되는 천체에 속한다.

트리톤에는 1989년 보이저 2호가 통과한 이후로 녹고 있는 빙원이 있는데 이것은 화성처럼 밀도를 증가시키는 요인이 되고 있다. 그래서 일부 과학자들은 트리톤이 지구처럼 온난화 현상을 겪고 있다고 생각한다.

해왕성의 위성 트리톤의 표면 온도는 38 K로 이것은 태양계를 통틀어서 가장 낮은 표면 온도이다. 트리톤의 남극은 핑크색으로 보이는 거대한 빙원으로 덮여 있다.

CHAPTER 12

기상과 기후 그리고 인간 사회

왼쪽 2003년 8월 14일 뉴욕 시가 정전되었을 때 찍은 사진이다. 뉴욕 시를 이루는 건물들의 어두운 윤곽선이 보이고 도로를 달리는 자동차 불빛도 보인다.

위 건축학자들은 인간을 외부 환경으로부터 안전하게 보호하도록 건물을 설계한다. 사진의 건축물은 모스크바에 건설된 다리로 보행자들이 비, 진눈깨비, 눈을 맞지 않고 지나다닐 수 있도록 해준다.

아래 2006년 8월 인도에 큰 홍수가 일어났다. 그래서 남부와 서부에서 650,000명 이상의 수재민이 생겼다. 여성과 아이들이 원조 물자를 받기 위해 줄을 서서 기다리고 있다.

인간들은 모든 것을 통제할 수 있다고 생각한다. 하지만 사실은 그렇지 않다. 그 대표적인 예가 날씨다. 우리는 여름철에 번개가 전기 발전소에 치는 것을 막을 수 없다. 또한 단 몇 분 만에 우리가 사는 집을 초토화시키는 토네이도를 막을 수 없다. 이보다 더 큰 규모로 일어나는 태풍이나 홍수 등도 마찬가지이다.

오늘날 기상 산업은 규모가 매우 크다. 기상 변화로 발생한 자연재해 때문에 많은 사람들과 기업체가 피해를 입었다. 하지만 이를 회복하는 과정에서 토건이나 설계와 관련된 사업체나 목재 업체들은 오히려 큰 이익을 얻기도 한다. 기상 변화를 잘 이용하면 사업에서 큰 성공을 거둘 수 있다. 그래서 이들에게 기상 정보를 제공하는 기상 산업이 새로운 산업 분야로 각광을 받고 있다.

또한 기상은 전쟁의 결과를 결정짓는 전투에 큰 영향을 주기도 했다. 영국이 스페인의 무적함대를 격퇴시킨 것, 미국의 독립 전쟁 중에 조지 워싱턴 George Washington이 겨울에 대대적인 작전을 개시한 것이 좋은 예이다.

인간이 기상을 통제하지는 못하더라도 대기권에 오염 물질을 방출시키면 기상이나 기후에 영향을 미칠 수 있다. 실제로 인류가 직면한 가장 큰 문제 중 하나는 현재 기후 변화의 어느 정도가 인간 활동으로 인한 것일까를 아는 것이다. 그리고 인위적인 기후 변화를 막기 위해 우리가 할 수 있거나 마땅히 취해야 하는 행동이 무엇인지를 알아내는 일은 매우 중요하다.

기상 변화와 산업

기상 변화는 국가 경제에 직접적 또는 간접적으로 많은 영향을 끼친다. 미국 국내 총생산GDP의 3분의 1 정도 매년 3조 달러에 이르는 액수가 기상 변화에 민감한 것으로 추정된다. 기상 변화는 어떤 물건을 언제 사용하는가에 결정적인 변수가 되므로 국가 또는 국제적으로도 상품과 서비스업의 가격 형성에 큰 영향을 미친다. 이런 영향은 연쇄적으로 일어나고, 또 반대로도 일어난다. 선진국의 소비 습관 변화로 일어나는 기상 변화가 궁극적으로는 지구 반대편 나라의 기상에 영향을 끼치기도 하기 때문이다.

기상의 직접적인 영향 세계적인 수준의 스키 시설들이 없었다면 콜로라도와 유타, 스위스의 경제는 어떻게 될까? 매년 수만 명의 관광객들이 눈을 찾아 북반구로 이동한다. 반면에 역시 수만 명의 관광객들이 북반구의 겨울을 피해 온화한 기후를 찾아 플로리다, 스페인 남부, 칸쿤Cancun, 기타 아열대 지역으로 이동한다. 이처럼 이동하는 방향과는 상관없이 겨울에는 수많은 사람들이 항공사, 여행사, 리조트, 레스토랑 등을 이용하도록 만든다.

기상 변화는 이와 같은 레저 산업 외에도 여러 분야에 많은 영향을 끼친다. 조경사들은 주로 봄과 가을에 씨를 뿌리며 여름에는 풀을 베고 다듬

위 콜로라도 텔루라이드(Telluride)에서 스키를 타는 사람들이 좋은 조건의 슬로프를 찾고 있다. 이 지역의 경제는 겨울 휴가객에 많이 의존한다.
가운데 한 남자가 아프리카 케냐에서 수확한 신선한 커피 열매들을 손에 들고 있다. 케냐에서의 커피 열매 흉작은 다른 대륙들에서의 커피 가격과 질에 영향을 미칠 수 있다.
아래 상점에 전시된 수영복을 보면 계절의 변화를 실감할 수 있다.

고, 겨울에는 눈을 치운다. 지붕을 이는 사람들이나, 도로 포장을 하는 인부들, 실외 페인트공들은 비나 눈이 내리지 않는 맑고 따뜻한 날에 주로 일을 한다. 그리고 얼고 녹는 것을 반복하는 주기적인 날씨 변화 때문에 매년 아스팔트가 손상되어 길바닥에 구멍이 생기는 미국의 서부에서는 고속도로 건설 노동자들이 우스갯소리로 '여름'과 '오렌지 배럴'의 계절'만 존재한다고 말한다.

상품들의 가격도 날씨에 따라 달라진다. 상품 시장commodity market에서 판매되는 곡물과 가축들의 가격은 날씨에 따라 생산량이 달라지기 때문이다. 그리고 기록적인 추위는 천연가스, 난방 기름 그리고 섬유 유리 단열재의 가격 급등을 초래할 수도 있다. 반면에 비정상적으로 더운 여름 날씨에는 에어컨 사용이 많아진다. 그러면 전력을 공급하는 회사들은 고객들에게 골고루 전력을 공급하기 위해 전기 에너지의 사용량을 축소시키기도 한다.

기상과 상품 공급의 관계

기상이 경제에 미치는 영향은 상품의 종류에 따라 각각 다르다. 햇볕을 받는 시간이 많아 밝고 건조한 여름철에는 사람들이 바다나 야영지로 많이 몰려든다. 따라서 여름에는 수영복을 판매하는 회사나 사람들이 수영복을 입기 위해 몸을 다듬으러 가는 헬스 센터의 소득이 높아진다. 이것은 헬스 트레이너들의 고용 조건에도 영향을 준다. 또한 패션 산업 분야에서 재능이 있는 수영복 디자이너의 수요를 발생시킨다. 실제로 패션 산업은 모든 컬렉션의 디자인과 공개를 계절의 변화에 따라 시기를 맞춘다.

반대로 추운 겨울이 오면 난방 기름, 스노타이어, 두꺼운 오리털 파카 그리고 핫초코 판매자들의 소득이 높아진다. 관련 업자들이 겨울의 추위를 미리 예견했다면 거위 털과 카카오 열매의 수요도 미리 예측하여 생산량을 늘렸을 것이다.

울타리가 없어진 세계 경제 체제 안에서 지구 반대편에서 일어난 기상 현상은 멀리 떨어진 다른 나라의 경제에도 영향을 미친다. 예를 들어 아프리카나 남아메리카에서 흉작이 발생하여 커피 열매나 설탕 공급이 부족해지면 유럽이나 미국에서 출근길에 모닝커피를 사서 마시는 사람들의 지갑이 얇아지는 것이다.

추운 겨울에 북반구 사람들이 많이 몰려가는 멕시코는 리조트가 잘 발달되어 있다. 이 리조트는 지역 경제의 발전을 촉진시키는 역할을 한다.

• 오렌지 배럴이란 도로 공사 중임을 나타내는 표식이다.

기상 재해로 인한 피해의 규모

기상 변화로 인한 재해는 지방과 국가 경제에 막대한 영향을 끼친다. 미국 국립 기상국의 통계에 따르면 지난 20년 동안에 뜨거운 열* 때문에 숨진 사람들의 숫자가 다른 자연재해로 목숨을 잃은 사람들을 모두 합한 것보다 많다고 한다. 1995년에는 무려 전체 사망자 수의 절반을 차지하기도 하였다. 그 전 30년 동안에는 홍수가 대부분의 목숨들을 앗아 갔다. 또 그 전에는 토네이도와 번개로 인한 사망자 수가 최고였다.

2005년에 미국을 강타한 허리케인 카트리나와 리타는 지금까지 없었던 큰 피해를 주었다. 두 번의 허리케인은 2005년 미국의 삼사분기와 사사분기에 국내 총생산GDP을 0.7 %와 0.5 % 포인트를 떨어뜨렸다. 허리케인은 지역 사업, 학교, 가정, 그리고 병원뿐만 아니라 지방의 전력 공급, 유선 및 무선 통신, 고속도로, 기차 및 항공 등에도 크게 영향을 주었다.

또한 기상 변화로 인한 자연재해는 사람들의 이주 및 정착 패턴을 바꾸기도 한다. 2005년 두 번의 허리케인이 일어난 후 몇 달 동안 루이지애나, 미시시피, 앨라배마에서 집을 잃은 약 75만 명의 사람들이 다른 지역에 정착을 하게 되었다. 이것은 미국 역사에서 1930년대에 일어난 황진** 이후 가장 큰 규모의 이주였다.

위 남극에서 활동 중인 과학자들이 배경 적외선 측정 장비(background infrared measuring instrument)를 조절하고 있다. 과학자들은 기상 변화를 살피고 예측하는 데 이 장비를 사용한다.
아래 NASA 소속의 과학기술자 로베르토 카발레로(Roberto Caballero)가 GOES−L 기상 위성의 냉각 표면 문(cooler cover door)을 시험하고 있다. 미국은 기상을 예측하는 데 막대한 양의 시간과 노동을 투자한다.

기상 예보의 중요성 기상을 예보하는 데는 많은 돈이 들어간다. 기상 예보를 하기 위해서는 인공위성, 거대한 슈퍼컴퓨터, 연구소, 기상 레이더 및 기타 장비, 기상 관측소들 간의 네트워크, 실력 있는 인력 등을 갖추기 위해 투자를 많이 해야 한다.

그동안 미국 국립 해양 대기청NOAA을 비롯한 관련 기관에서 실시한 수많은 연구와 정확한 폭풍 예보는 많은 인명을 살리고, 많은 재산을 보존하여 기상 장비를 구축하는 데 들어간 예산보다 몇 배의 이익을 얻었다. 실제로 미국은 플로리다와 멕시코 만 주변의 다른 나라에도 허리케인 정보를 주어 많은 생명을 구했다. 그리고 토네이도에 의한 사망자 수는 인구 밀도가 높아졌음에도 불구하고 100년 전 수치의 10 %밖에 안된다. 이것은 토네이도를 예보하는 기술이 발전했고, 학교에서는 토네이도에 대한 대비 훈련을 열심히 했으며, 공공장소에 토네이도 대피호 설치를 의무화한 결과라고 할 수 있다. 또한 격렬한 뇌우 경보는 항공기들이 미리 폭풍들을 피할 수 있도록 하고, 어부들이나 레저용 보트를 탄 사람들은 육지로 미리 돌아올 수 있게 해준다. 그리고 심한 서리에 대한 경보는 농부들로 하여금 농작물을 보호할 수 있는 시간적 여유를 벌어 주어 피해를 최소화시켜 준다. 이외에도 홍수와 눈보라에 대한 경보 그리고 열파나 한파에 대한 예보가 있는데 이들도 매우 중요한 역할을 한다.

단기 기상 예보와 더불어 장기 기상 예보도 매우 중요하다. 하지만 장기 기상 예보는 단기 기상 예보보다 훨씬 어렵다. 기상과 학자들과 기후학자들은 현재 언제 엘니뇨나 라니냐가 발생하지를 예측하기 위해 다양한 방법을 연구하고 있다. 그래서 6개월에서 9개월 정도 미리 앞으로 다가올 계절의 온도와 강수량 수준을 예측할 수 있다면 수십 억 달러 이상의 피해를 예방할 수 있을 것이다.

기상 예보는 미국 외에도 멕시코의 농부들, 호주의 양털 생산자, 아르헨티나의 밀 재배자 등에게 제공되고, 다른 나라에도 점점 확대 공급될 것이다. 또한 정확한 기상 예보는 전력 공급 회사들이 각 지역과 가정의 전기 부하량을 예측하고 적정한 양을 할당하는 데 매우 중요한 정보가 된다. 최근 들어서 생명 및 손해 보험 회사들도 기상 변화에 깊은 관심을 가진다. 이들은 보험 상품을 개발할 때 기상 및 기후 변화를 중요한 변수로 포함시키고 있다. 왜냐하면 최근 허리케인을 비롯한 여러 자연재해들의 발생 빈도가 높아지고 있기 때문이다.

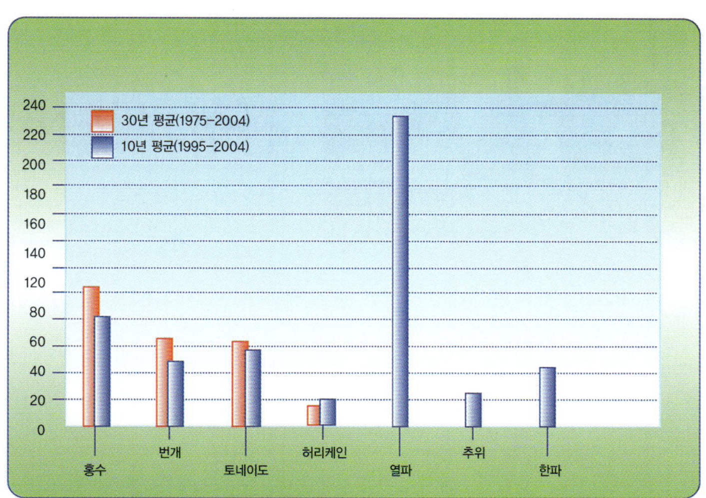

이 표는 미국의 기상 현상으로 인한 사망률을 10년 및 30년 단위로 평균을 낸 것이다. 이것은 허리케인 카트리나와 리타가 발생하기 전 해인 2004년에 만들어졌으며, 높은 열로 인한 사망률이 그 어떤 경향보다 훨씬 높다는 것을 보여 준다.

가브리엘라 페스케리아(Gabriela Pesqueria)가 허리케인 카트리나 난민인 파니 스콧(Fanny Scott)에게 콜로라도로 이주하는 방안을 설명해 주고 있다. 파니 스콧은 2005년의 허리케인으로 인해 집이 파손되어 이주를 해야 했던 75만 명 중 한 명이다.

• 지구의 기온 상승으로 인해 발생하는 가뭄 등의 자연재해를 의미한다(옮긴이).
•• 황사 현상과 비슷하지만, 모래 알갱이 크기가 더 작다(옮긴이).

전쟁과 날씨

기상은 전쟁에서 늘 결정적인 요소였다. 그러나 20세기에 들어서 밤에도 사람이나 항공기를 식별할 수 있는 적외선 망원경과 레이더가 발명된 후부터 전쟁은 밤낮 구분 없이 치러지고 있다. 그러나 이들 장치가 발명되기 전에 전쟁은 주로 적당한 날씨의 낮에 치러졌다. 어떤 사람들은 1588년 영국 군대가 스페인 무적함대의 공격을 이겨낸 것은 날씨의 도움이 컸다고 말한다. 이처럼 날씨 덕분에 전쟁의 승패가 갈린 것은 영국과 스페인 전쟁 외에도 더 있다. 대표적으로 미국 독립 전쟁과 나폴레옹 전쟁을 들 수 있다.

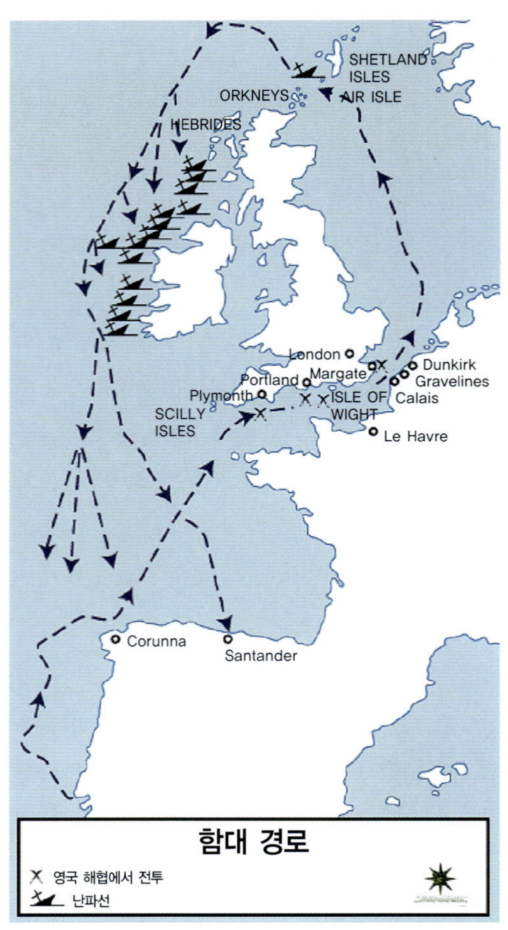

이 지도는 1588년 여름에 영국 해협을 통과하여 아일랜드를 도는 스페인 무적함대의 경로를 나타낸 것이다. 영국으로 가는 도중 대규모 폭풍에 의해 이미 박살이 난 스페인 함대는 북쪽 해안에서 다시 폭풍의 피해를 입어 아일랜드 해변 부근에서 24개의 함선들이 난파당했다.

위 E. 메소니에(E. Messonier)가 그린 그림이다. 나폴레옹과 그의 군대가 눈으로 덮인 러시아 영토를 지나고 있다. 비정상적으로 몹시 추웠던 1812년 겨울 수많은 병사들이 병들어 죽었다. 그래서 나폴레옹의 러시아 원정은 실패했다.

가운데 델라웨어 강을 건너는 조지 워싱턴 장군의 모습을 그린 그림이다. 1776년 겨울은 매우 추웠는데, 덕분에 병사들이 강을 쉽게 건널 수 있었다. 또 강을 건넌 이후에는 질퍽했던 도로가 얼어서 대포를 쉽게 이동할 수 있었다.

1776년 미국 독립 전쟁 지독하게 내리는 겨울의 눈은 미국 독립 전쟁 당시 수많은 전투에서 중요한 역할을 했다. 가장 유명한 사건은 1776년에 조지 워싱턴이 델라웨어 강을 건넌 것과, 그 이후에 발생한 트렌튼 전투 Battle of Trenton일 것이다.

그해 12월, 조지 워싱턴 장군은 오합지졸 농부들로 구성된 5,000명의 병사들을 지휘하고 있었다. 워싱턴 장군은 겨울 주둔지로 방어가 쉬운 펜실베이니아 밸리 포지 Valley Forge를 선택했다. 워싱턴 부대는 이미 많은 병사들이 탈영했고, 21개월 동안 큰 전투에서 이긴 적이 단 한 번도 없었기 때문에 남아 있는 병사들의 사기는 많이 떨어져 있었다. 크리스마스 밤에 워싱턴 장군은 갓 출판된 토마스 페인 Thomas Paine의 '미국의 위기The American Crisis' 라는 책을 병사들에게 읽어주며 사기를 높였다. 그리고 병사들을 세 개의 집단으로 나누었다. 워싱턴 장군은 고요한 한밤중에 델라웨어 강을 건너 뉴저지New Jersey로 들어가 3곳의 영국 진지들을 습격하기로 하였다.

하지만 그날 밤 우박과 진눈깨비 그리고 눈이 쏟아져 내렸다. 급작스러운 기상 변화 때문에 워싱턴 부대는 전진 속도가 매우 느려졌다. 약 270 m를 이동하는데 무려 9시간이나 걸렸다. 그러나 질퍽했던 도로가 단단히 얼어붙어 진창에 빠져 꼼짝 못했던 대포들을 굴려서 운반할 수 있었다. 워싱턴 부대는 트렌튼에 도착했고, 영국군의 지휘를 받는 독일 용병들을 공격했다. 당시 독일 용병들은 휴일에 만취하여 인사불성 상태로 모두 잠들어 있었기 때문에 워싱턴 부대는 90여 분 만에 부대는 1,000명의 적을 포로로 잡는 데 성공했다. 이 과정에서 워싱턴 부대의 병사는 단 4명이 사망했다.

제2차 세계 대전 당시 연합군은 기상이 연합군에게 유리한 날을 선택해 공격했는데, 그날이 바로 1944년 6월 6일이었다. 연합군은 맑은 날씨와 보퍼트 등급으로 3등급에 해당하는 약한 바람이 부는 가운데 성공적으로 공격을 감행하였다.

1812년 나폴레옹 전쟁

1812년 6월 나폴레옹은 러시아의 황제 차르 알렉산더 1세Czar Alexander 1를 굴복시키기 위해 50만 대군을 이끌고 러시아를 침공하였다. 러시아 군대는 '전략적 후퇴'라는 작전을 선택하였고 모두 후퇴하였다. 그들은 전투에 임하지는 않았지만 후퇴하면서 모든 농지들을 태워 프랑스 군대의 식량 공급을 차단하였다. 9월 14일 나폴레옹이 모스크바를 점령했을 무렵 이미 러시아 사람들은 대부분 도망간 상태였다. 전쟁을 치를 상대가 없음을 확인한 나폴레옹은 남아 있는 군대를 이끌고 약 2,400 km의 먼 거리를 이동하여 귀환하기로 하였다. 하지만 그는 러시아의 겨울이 얼마나 추운지를 모르고 있었다. 특히 나폴레옹 군대가 철수하던 1812년의 겨울은 비정상적으로 일찍 시작되었으며 잔혹할 만큼 매우 추웠다. 철수하는 과정에서 프랑스 군대의 병사들은 감기 등의 질병으로 죽었으며 나중에 나폴레옹과 함께 귀국한 병사들은 10,000명 정도밖에 없었다. 이 전쟁으로 나폴레옹은 몰락의 길을 걸었고, 러시아는 건재함을 자랑하였다.

1944년 제2차 세계 대전

독일은 프랑스를 점령하였고, 영국과는 도버 해협을 사이에 두고 대치 중이었다. 아이젠하워Dwight D. Eisenhower 장군과 영국 수상 처칠Winston Churchill은 연합군이 히틀러Adolf Hitler를 물리치기 위해서는 결정적인 전투를 치러야 한다고 생각했다. 1942년 두 지도자들은 불가능해 보이는 작전을 준비했다. 그 작전이란 독일군이 삼엄하게 방어하고 있는 노르망디 해안Normandy coast의 약 34 km에 이르는 모래투성이 해변을 따라 프랑스를 침공하는 것이었다. 바다의 조수가 하루에 두 번씩 오르락내리락했기 때문에 156,000명의 병사들과 탱크, 대포 및 물자들을 착륙시키기 위해서는 부양식 독floating dock이 필요했다. 또한 노르망디 해안은 예측하기 어려울 정도로 날씨 변화가 심한 곳이었다. 침공 작전이 성공하기 위해서는 보퍼트 등급으로 3등급 이하의 바람과 70 % 이상 갠 하늘, 적어도 약 5 km의 가시거리가 확보되어야 했다. 그러므로 성공적인 침투를 하기 위해서는 정확한 날씨 예보가 절대적으로 필요했다.

영국 국립 기상국의 예보로 공격 날짜를 1944년 6월 6일로 확정했다. 원래 6월 5일이 공격 개시일이었지만 풍향과 구름 분포 등의 기상이 연합군에게 불리했기 때문에 24시간 연기한 것이었다. 연합군의 기상 관계자들은 6월 6일 날씨는 맑고 서쪽이나 북서쪽으로부터 부드러운 바람이 불어와 공격하기에는 최적의 조건이라고 예보했다. 그 예보는 적중했고 연합군은 큰 승리를 거두었다.

기상과 문명

많은 학자들이 기상과 기후가 인간의 문명과 문화에 큰 영향을 끼쳤다고 여러 책을 통해 주장했다. 학자들은 대표적인 예로, 오늘날 서구 문명은 온화한 날씨와 적당한 강우량, 매년 나일 강의 주기적인 범람으로 토지에 영양분을 보충하여 풍작을 이루었던 '비옥한 초승달 지대fertile crescent'에서 시작되었다고 한다. 또한 중세의 따뜻한 날씨는 바이킹들로 하여금 더 먼 바다로 나아가 그린란드 육지에 정착지를 건설하게 했고, 유럽 인들이 어선으로 대구cod 떼를 쫓아 많은 돈을 벌게 해주었다.

하지만 그로부터 몇백 년이 지난 후부터는 다시 추워졌다. 유별나게 차가운 한파와 함께 소빙기가 찾아온 것이다. 소빙기가 되자 그린란드는 너무 추워서 사람들이 살 수 없는 곳이 되었고 그곳에 정착했던 유럽 인들을 떠나게 했다. 또한 추운 날씨는 북아메리카에 갔던 수많은 청교도Pilgrim들이 얼어서, 굶어서 아니면 질병에 걸려 죽었던 매사추세츠 플리머스Plymouth에서 잔혹한 겨울을 보내게 했다.

18세기 후반과 19세기 초반에는 화산 활동이 활발했다. 대규모 화산 폭발이 일어난 이듬해는 대기권의 기온이 급감하는 경향을 보였다. 이것은 화산 폭발 때 발생하는 재가 대기권을 떠돌다가 태양 복사 에너지를 차단하는 일을 하기 때문

위 북아메리카에 처음으로 정착한 유럽 인들은 매우 추운 날씨에 시달렸다. 이와 같은 추운 날씨 때문에 초기 청교도들의 사망률은 높은 편이었다. 불행하게도 그들이 북아메리카에 정착을 시작한 시기는 오늘날 소빙기로 알려져 있는 가장 추운 때였다.
가운데 테베의 묘에서 발견된 기원전 2천 년 전의 이 그림은 농사짓는 모습을 보여 주고 있다. 지중해 주변의 적당한 기후와 나일 강의 예측 가능한 범람은 고대 이집트 인들로 하여금 안정된 농업 사회를 만들 수 있게 해주었다.
아래 지구의 평균 기온 변화를 나타낸 그래프이다. 기온이 다시 올라가고 있음을 알 수 있다.

이다. 예를 들어 아이슬란드 라키 Laki 화산에서는 1783년과 1784년에 연속적으로 화산 폭발이 일어났다. 이 화산 폭발은 아주 많은 양의 재와 황산염을 대기권 높이 날려 보내어 태양 복사열이 지표면에 닿기도 전에 반사시켰다. 이와 같은 태양 복사 에너지의 차단으로 북반구의 평균 온도는 1–3 ℃ 정도 낮아졌다. 또한 대기권은 늘 순환하기 때문에 라키 화산의 폭발은 결과적으로 아프리카와 인도의 정상적인 몬순 순환을 약화시켜 나일 강의 흐름을 줄이고 대규모 기근을 촉진시켰다.

1812년부터 1815년까지 약 세 번의 대규모 화산 폭발이 있었다. 이번에는 예전보다 낮은 위도에서 발생했다. 이 중 가장 규모가 컸던 것은 인도네시아의 탐보라 화산 폭발이었다. 탐보라 화산의 폭발로 많은 양의 태양 복사 에너지가 지구로 들어오지 못했기 때문에 1816년 대서양의 양쪽 지역에서는 '여름이 없는 해'를 보내야 했다. 뉴잉글랜드에서는 7월에 서리가 생겼고, 유럽은 매우 추웠다. 또한 많은 양의 비와 눈이 내려 농작물을 망치기도 했다. 그 결과 곳곳에서 굶어 죽는 사람들이 나타났다. 그래서 1816년과 1817년에는 곡물 폭동이 일어났는데, 이 폭동은 프랑스 혁명 이래의 어떤 사회적인 동요보다도 더 난폭했다.

1883년에 있었던 크라카타우 화산의 폭발은 근대 역사상 최악의 화산 폭발이었다. 약 10,000 m³에 해당하는 많은 양의 암석과 재를 대기권으로 분출하였으며, 약 30 m 높이의 쓰나미를 발생시켰다. 성층권으로 내뿜은 화산 분출물로 10년 동안 지구 온도를 낮췄다.

화산과 기상의 연관성

대기 순환은 매우 복잡하여 아직 완전히 이해하지 못하고 있다. 그래서 대규모 화산 폭발이 기후에 미치는 영향도 완전히 알지 못한다. 하지만 최근에 화산 폭발에 대한 깊이 있는 연구로 저위도의 화산(예를 들어 열대 또는 카리브 해 지역에 있는 화산들)들이 고위도의 화산(예를 들어 알래스카나 아이슬란드에 있는 화산들)과는 다르게 기상 변화에 영향을 주고 있다는 것을 알게 되었다.

이와 같은 차이는 적도에서 극 지역으로 흐르는 대기 대순환 때문이라고 추정한다. 열대 화산으로부터 발생한 화산재와 에어로졸들은 남북반구에서 모두 쉽게 극 지역으로 퍼져 지구 전체를 덮는다. 그러나 고위도 화산에서 발생한 재와 에어로졸들은 극 지역 가까이에 주로 머문다. 또 다른 요소는 물질의 부피와 폭발의 강도이다. 워싱턴 주의 세인트 헬렌스 산(Mount Saint Helens)은 라키, 탐보라, 크라카타우, 1912년 알래스카의 노바럽타(Novarupta)보다 적은 양의 재와 에어로졸을 분출시켰다. 또한 비스듬하게 내뿜어서 대부분의 물질들이 대류권의 낮은 층으로 날아가는 데 그쳤다. 그리하여 대부분의 재들은 비나 눈 등에 녹거나 부착되어 대기권에 오래 머물지 않고 빠른 시간 안에 지표로 돌아왔다. 하지만 다른 화산들은 엄청난 세기로 수직 방향으로 폭발하여 상당량의 물질을 성층권 높이까지 날려 보내서 그곳에서 몇 년 동안 떠다니게 했다. 마지막 변수는 재의 양과 황산염의 양이다. 화산재를 구성하는 작은 입자들은 태양 빛을 차단하지만 상대적으로 짧은 기간 안에 다시 지면으로 떨어질 수 있을 정도로 입자가 크다. 반면에 황산염은 대기권 내의 다른 화합물과 결합하여 몇 년 동안 대기권에 떠다닐 수 있는 에어로졸들을 생성할 수 있다. 태양빛을 가장 많이 반사시켜 냉각 현상을 일으키는 에어로졸들이 바로 이런 종류들이다.

어두워진 하늘

제트기가 지나가면서 만드는 비행운과 도시의 스모그, 그리고 화산 활동으로 분출되는 물질들이 갖는 공통점은 무엇일까? 그것은 지구를 어둡게 하는 것이다. 또한 햇빛을 반사시켜 지구의 온도를 떨어뜨린다.

몇 가지 증거들 오늘날 지면에 닿는 햇빛의 양은 50년 전보다 많이 줄어든 것으로 보인다. 이 사실은 1950년대부터 1990년대까지 여러 분야의 과학자들이 했던 다양한 관측 결과로 알아낸 것이다. 대표적인 관측 실험은 물의 증발량 측정이었다. 과학자들은 주변 지역의 열 ambient heat과 습도 그리고 풍향이나 풍속 등을 통제한 상태에서 햇빛을 직접 비치게 하여 물이 얼마나 증발하는지를 측정했다. 이 측정은 약 40년 동안 꾸준히 실시되었으며, 증발량이 감소하고 있다는 결과를 얻었다. 이것은 지면에 도달하는 햇빛의 양도 감소하고 있음을 의미한다. 햇빛이 감소한 양의 세계 평균값은 약 5 %였고 지역마다 조금씩 달랐다. 미국의 경우에는 줄어든 햇빛의 양이 약 10 %, 홍콩의 경우는 무려 37 %에 이르렀다.

최근 과학자들은 증발량의 감소가 대기 습도의 증가와 관련이 깊다는 것을 밝혀냈다. 온난화 현상은 물의 순환을 촉진시켜 습도를 상승시켰고 그 결과 증발량이 줄어들었을 가능성이 높다. 또 다른 주요 단서는 2001년 9월 11일 미국 뉴욕에서 일어났던 테러 공격 후에 얻었다. 단서는 테러에 사용되었던 4대의 비행기가 추락한 후 3일 동안 나타났다. 3일 동안 미국의 모든 민간 비행기들에게 비행 금지령이 내려졌다. 그래서 미국의 하늘에는 비행기가 날아다니면서 만드는 비행운이 전혀 형성되지 않았다. 그 3일 동안 과학자들은 전국의 수백 곳에서 기온을 측정했는데, 마침 뚜렷한 경향이 나타났다. 일일 최고 기온과 최저 기온 사이의 차이가 최고 1 ℃까지 증가한 것이다. 비행운이 실제로 대기 중의 온도 변화에 큰 영향을 끼친다는 것을 보여 주는 명백한 증거였다.

위 제트기가 만드는 비행운은 햇빛을 반사시켜 지구의 온도를 떨어뜨린다.
아래 홍콩은 스모그가 많이 일어나는 대표적인 도시이다. 스모그가 만드는 어두운 구름은 지구 온난화에 영향을 미치고 또한 인간을 포함한 생물들의 생존에 큰 문제를 일으킨다.

해석 에어로졸은 햇빛을 가려 지상을 어둡게 한다. 또한 에어로졸은 대기 중의 수증기들을 응결시켜 구름을 만드는 구름 핵의 역할을 한다. 그러므로 에어로졸이 많이 방출되면 하늘은 어두워지고 구름이 자주 형성되는 것이다. 이렇게 형성된 구름은 거울과 같이 햇빛을 우주로 반사시킨다. 결론적으로 에어로졸은 지면에 닿는 햇빛태양 복사 에너지의 양을 줄이는 데 복합적으로 작용하는 셈이다. 지면에 닿는 햇빛의 양이 감소하면 물의 증발량도 따라서 감소할 것이다.

구름은 햇빛을 반사시켜 낮의 온도를 낮춘다. 그러나 밤에는 구름이 지표로부터 복사되는 적외선지구 복사 에너지을 다시 지면으로 되돌려 기온을 높인다. 따라서 미국에서 비행기 테러가 있고 난 후 비행운이 없어진 3일 동안 낮에는 기온이 높아졌고, 밤에는 기온이 낮아져서 일일 최고 기온과 최저 기온의 차이가 벌어진 것이다.

함축적 의미 에어로졸로 대기가 오염되고 온난화 현상이 더욱 심해지면 구름의 양이 증가하게 될 것이다. 그러나 구름은 햇빛을 가려 지면을 어둡게 만들고 기온을 떨어뜨린다. 그렇다면 에

인도 북부 지역 상공 위에 형성된 연기는 주로 인간의 산업 활동으로 발생한 오염 물질로 구성되어 있다. 에어로졸 오염은 인간과 동식물의 건강을 위협하며 지구를 어둡게 만든다.

어로졸과 구름은 지구 온난화를 중화시키는 일을 할 수 있을까? 과학자들은 그럴 수도 있고 아닐 수도 있다고 대답한다. 대기 중 에어로졸의 양이 증가하여 구름의 넓이가 넓어지면 구름이 햇빛을 많이 반사하여 낮에는 지구를 냉각시킬 것이다. 그러나 이런 현상은 결코 바람직하지 않다. 스모그 에어로졸 때문에 형성된 구름은 근본적으로 오염 물질들로 범벅이 된 구름이라고 할 수 있기 때문이다. 이런 구름에서 내리는 비는 대부분 산성비일 것이고 중금속이 다량으로 포함되어 있을 가능성이 높다. 그러므로 지구 온난화에 대한 해결책으로 에어로졸 구름을 형성하는 스모그 방출을 용인하려는 생각은 매우 어리석은 것이다.

어떤 기후학자들은 에어로졸 구름의 존재가 지구 온난화를 감소시켰다고 주장하기도 한다. 뿐만 아니라 에어로졸 구름이 없어지면 지구 온도가 매우 빠른 속도로 상승할 수도 있기 때문에, 에어로졸 구름 형성을

막는 일보다는 이산화탄소 및 기타 온실 효과 기체들을 먼저 제거하는 것이 더 중요하다 생각한다. 하지만 이들의 생각에는 많은 의문이 든다. 그 이유는 에어로졸로 인해 하늘이 어두워지는 현상암화 현상이 전 지구적이라기보다는 지역적으로 일어나기 때문이다. 암화 현상은 선진국들이 많이 있는 위도 지역에서 심하고 사람이 살지 않는 지역에서는 거의 일어나지 않는다. 지구 암화 현상은 1990년대부터 역전된 것으로 보인다. 왜냐하면 유럽 국가들과 일본, 미국 등의 선진 국가들이 에어로졸 방출량을 감소시켰기 때문이다.

인간이 기후에 미치는 영향

작년 한 해 동안 우리가 자동차와 난방기에 넣은 휘발유나 석유의 양이 얼마나 되는지 계산해 보자. 또 여러분의 가족이 쓰고 버린 '일회용' 플라스틱 병이나 스티로폼으로 만든 용기, 비닐 봉지의 양이 얼마나 되는지 생각해 보자. 그리고 냉방이나 조명을 위해 집에서 사용한 전력량이 얼마나 되는지 알아보자. 그 양을 모두 알았으면 그 수치에 지구에 살고 있는 60억 인구의 수를 곱해 보자. 현재 전 지구적으로 소모되고 있는 천연자원의 양이 얼마나 되는지 알게 될 것이다. 또 이 양은 앞으로 인구의 증가와 함께 점점 더 늘어날 것이다.

지구에 탄화수소가 석유나 석탄의 형태로 존재하지 않았다면 우리 인간은 휘발유나 플라스틱, 많은 화학제품을 사용하지 못했을 것이다. 중생대에 퇴적된 이후 석유와 석탄은 수천만 년 이상 땅속에 묻혀 있었다. 하지만 오늘날 100년도 안 되는 기간 만에 엄청난 양의 석유와 석탄이 채굴되어 산업 사회를 지탱하는 원료로 사용되었다. 석유와 석탄을 사용한 후에 배출되는 많은 폐기물이 대기권으로 방출되고 있으며, 그중에서 이산화탄소나 메테인과 같은 기체는 온실효과를 일으키고 있다. 오늘날 대기권의 이산화탄소 농도는 지난 400,000년 만에 최고를 기록하고 있으며 어쩌면 홀로세^{Holocene era} 전체에서

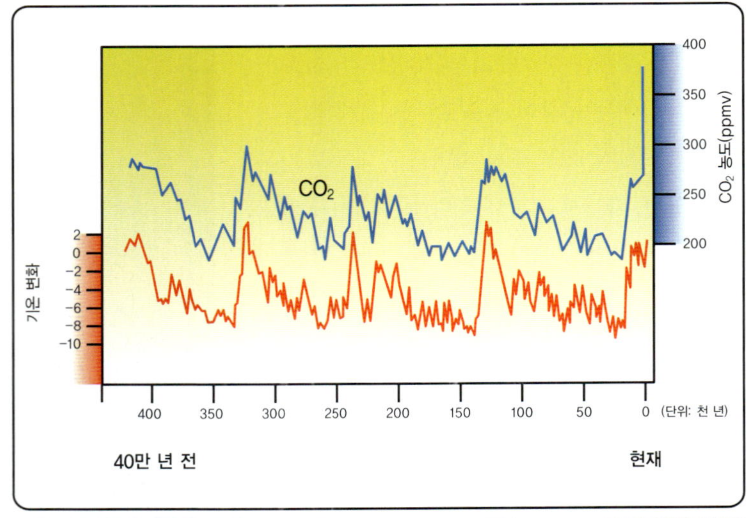

위 지나친 일회용 포장지의 사용은 석유 사용량을 늘린다. 또한 이들이 분해되려면 적어도 50년 이상의 긴 시간이 걸린다. 그동안 우리 후손들은 일회용 포장지로 더럽혀진 땅에 살게 될 것이다. **가운데** 2001년 기후 변화 정부 간 위원회(IPCC)에서 만든 그래프이다. 지난 45만 년 동안 지구의 기온과 이산화탄소의 증가량이 나타나 있다. **아래** 이 표지판은 엑시트 빙하(Exit Glacier)가 1978년 지점으로부터 후퇴한 것을 나타낸다. 빙하가 줄어드는 일은 지구 온난화의 직접적인 증거이다.

미국인들이 캐시미어 스웨터를 많이 사용하면서 캐시미어의 방목 규모가 커졌다. 아라산 고원의 스텝 초원은 캐시미어 염소들의 대표적인 방목지였고, 캐시미어 염소들의 증가는 아라산 스텝 초원들을 파괴하였다. 그 결과 아래 왼쪽 사진에서처럼 베이징에 심각한 모래 폭풍들이 일어났다.

수요 + 공급 = 사막화?

세계 무역은 지구 전반의 기후에 영향을 미친다. 대표적인 예가 1990년대 미국의 할인 매장들을 점령한 저렴한 캐시미어 스웨터였다. 미국인들은 값싼 캐시미어 스웨터를 엄청나게 사들였고 결과적으로 중국에서는 스웨터의 생산량이 급등하였다. 캐시미어 스웨터 수요의 급등은 캐시미어를 제공하는 염소들의 수요도 증가시켰다. 이 염소들은 아라산 고원(Alashan plateau)의 스텝 초원(Steppe grasslands)에 방목되어 길러지고 있었는데, 그수가 몇 년 사이에 갑자기 늘어나 초원을 황폐화시켰다. 염소들의 발굽은 부드러운 식물 뿌리들을 부수었고, 초원의 풀들은 먹이로 사라졌다. 그래서 중국과 몽골 대초원을 덮고 있던 잔디밭들이 점점 사라졌고, 1994년과 1996년 사이에 고비 사막의 넓이는 네덜란드의 땅 넓이만큼 확장되었다.

최근 중국은 사막화의 결과로 모래 폭풍에 시달리고 있다. 주기적으로 베이징과 북한까지 집어삼키는 모래 폭풍들은 발생 횟수가 4배 이상 증가했다. 1950년대에는 연간 5회 정도에 머물렀던 모래 폭풍의 빈도가 최근에는 격주로 발생하고 있다. 여러 개의 대규모 모래 폭풍들이 발생하여 아시아의 먼지가 미국의 워싱턴과 오리건, 아이다호까지 날아갔다. 특히 브리티시컬럼비아 주 거주민들에게 건강상의 문제가 생겼으며, 가시거리를 대폭 감소시키기도 했다.

도 최고를 기록할 수도 있다.

일부 과학자들은 1960년대부터 이런 경향에 대해 우려했다. 그러나 그동안 확실한 과학적 증거가 부족하여 이견이 많았다. 하지만 1990년대부터 세계적으로 나타난 징후들은 지구 온난화 현상이 확실하게 일어나고 있음을 보여 주었다. 그린란드의 빙원과 남극 빙하의 감소, 알래스카와 티롤Tyrol 그리고 킬리만자로Kilimanjaro에서 빙하들이 녹는 현상이 그 징후였다.

용어 풀이

ㄱ

강우(rain)

떨어질 수 있을 정도로 무거워진 물방울 형태의 강수

검습계(psychrometer)

두 개의 온도계를 나란히 비치해서 이슬점과 습도를 측정하는 장비. 한 개는 건구를 그리고 나머지 한 개는 습구를 장착하여 각각 증발 속도를 측정한다.

과냉각(supercooling)

물(또는 다른 종류의 액체)이 고체로 변하지 않은 채 정상적인 어는점 이하로 냉각되는 현상. 보통 얼음 결정화를 위해 핵의 역할을 해주는 에어로졸 등이 없을 때 일어난다. 구름 내 물방울의 과냉각은 매우 흔하며 눈의 형성과 얼어붙는 비의 형성도 수많은 기상 과정들에 있어서 중요하다.

구름 바닥(cloud base)

물방울 또는 빙정의 구름 입자들로 이루어진 구름의 가장 낮은 층. 일부 구름의 바닥은 특정 고도에서 평평하게 보인다.

굴절(refraction)

빙정이나 빗방울과 같은 매개체를 통과하는 빛이 파장의 방향뿐만 아니라 진폭까지도 변화하는 현상으로, 백색광이 무지개 스펙트럼의 색깔들로 펼쳐지게 만든다.

권운(cirrus, 약자 Ci)

주로 얼음의 빙정들로 구성된 대류권 상층의 구름. 안개 같은 흰색의 줄무늬나 흰색 섬유질과 같은 모습을 띤다.

극 세포(polar cell)

고위도에서 상승하고 극 지역에서 하강하는 공기로 이루어진 지구의 대류 세포

기단(air mass)

형성하는 지역의 표면 특성들을 닮으며, 균등한 온도나 수분을 지닌 커다란 공기 덩어리

기상, 날씨(weather)

수분에서 수일까지의 단기적인 대기권 상태(온도, 습도, 기압, 바람, 구름이 덮인 정도, 강수)

기압계(barometer)

주위 공기의 대기압을 측정하는 장비

기후(climate)

장기간에 걸쳐 주어진 장소의 기상 조건과 변동 특성

ㄴ

난운(nimbus)

과거에는 비를 생성하는 모든 구름들을 지칭하던 이름이었지만, 현재는 비를 생성하는 여러 종류의 구름들을 묘사하기 위해서 접미사 또는 접두사로 사용되고 있다(예컨대 난층운(nimbostratus), 적란운(cumulonimbus) 등).

ㄷ

대기 광학(atmospheric optics)

대기권의 속성들로 발생하는 광학 현상들을 연구하는 학문이다. 태양 광선과 물방울, 빙정들 간의 상호 작용 또는 먼지와의 상호 작용을 통해 발생하는 무리, 신기루, 무지개 등을 예로 들 수 있다.

대기압(pressure, atmospheric)

중력에 의해 공기가 지표로 눌리면서 생기는 압력 또는 수직적인 공기의 기둥에 의해 가해지는 무게이다. 기압계로 측정하고 '기압(barometric pressure)'으로도 불린다. 기상 시스템에 따라 지구 지역마다 수치가 다양하다.

대류(convection)

액체나 기체에서 일어나는 열에너지를 전달하는 방법. 대기권에서 대류는 수직적인 에너지의 이동에 가장 주요한 수단이다.

대류권(troposphere)

대기권에서 가장 낮은 층이다. 가장 많은 수분을 담고 있으며 가장 많은 기상 현상들이 발생한다.

대류 세포(convection cell)

대류권 내에 조직된 대류의 기본 단위이다. 대표적인 예로는 적도로부터 태양 에너지를 극 지역으로 운반하는 뇌우 세포, 해들리 세포, 페렐 세포 그리고 극 세포들을 들 수 있다.

라니냐(LA NIÑA)

적도 부근의 동태평양에서 대략 2–7년마다 불규칙적으로 재발하는 해수면 온도의 냉각 현상. ENSO의 추운 단계이기도 하다.

레저부아(reservoir)

물질을 저장할 수 있는 공간. 호수는 물의 레저부아이고, 나무는 대기권 내 탄소의 레저부아가 된다.

ㅁ

마운더 극소기(MAUNDER minimum)

1645년에서부터 1715년까지 태양의 표면으로부터 흑점들이 사실상 완전히 사라졌던 기간으로, 대략 14세기–18세기까지 지속되었던 소빙기와 일치한다.

몬순(monsoon)

계절이 변하면서 함께 변하는 무역풍. 보통 우기와 건기를 교차적으로 일으킨다.

무빙(rime)

과냉각 물방울이 차가운 물체와 충돌하여 급속도로 얼어붙는 우윳빛 빙정. 공기 내 수증기 분자들의 직접적인 승화로 형성되는 서리와는 다르다.

무역풍(trade winds)

북반구에서는 북동(서쪽으로)쪽에서 불고 남반구에서는 남동(서쪽으로)쪽에서 부는 우세한 아열대 및 열대 바람 시스템

물의 순환(hydrologic–water cycle)

대양과 육지로부터 물이 증발하여 대기권에서 돌다가 강수의 형태로 떨어진다. 그리고 땅 위를 흘러 대수층을 보충하고 결국 순환을 다시 시작하기 위해 바다로 돌아가는 과정이다.

ㅂ

반사(reflection)

빗방울, 눈, 구름, 빙정과 같은 매개체의 외부 또는 내부 표면에서 빛의 방향이 바뀌는 현상. 빛의 일부가 흡수될 경우 반사는 빛의 파장의 진폭(밝기)을 바꿀 수도 있다(빛이 바다로부터 반사할 때와 같이).

복사(radiation)

전자기적 복사열(빛, 열)이 물질이 없는 빈 공간 사이(예컨대 태양에서 지구까지)로 전달되는 물리적인 과정

분점(equinox)

3월 21일과 9월 22일경에 해당하는 날로 태양이 천구의 적도를 교차하는 봄과 가을의 첫날

빛의 산란(scattering, light)

빛이 에어로졸이나 또 다른 개체를 통과하면서 모든 방향으로 퍼지는 현상. 태양 광선은 태양광이 공기 내 먼지 입자들에 의해 산란되기 때문에 눈으로 관측이 가능한 것이다.

ㅅ

산악성(orographic)

산 또는 산맥이 바람의 흐름, 구름, 온도, 습도 및 강수와 같은 기상 현상에 미치는 영향

서리(frost)

온도가 서리점(이슬점이 빙점 이하일 때 사용되는 용어) 이하로 떨어진 결과 승화에 의해 물체 위에 형성되는 빙정

성층권(stratosphere)

높이에 따라 온도가 증가하는 대류권과 중간권 사이의 대기권. 수직적으로 안정된(잔잔한) 층이며, 오존층이 존재하는 곳이다.

순환(cycle)

마지막 상태가 시작 상태와 동일한 과정을 말한다. 개방형과 폐쇄형이 있다. 개방형으로는 지구가 태양으로부터 에너지를 받고 우주로 에너지를 내보내는 에너지 순환 과정이 있다. 폐쇄형으로는 원자나 분자들이 끊임없이 재활용되는 물, 탄소, 산소 순환이 있다.

습도(humidity)

공기 중 수증기의 절대적 또는 상대적 측정치이다.

습도계(hygrometer)

대기 습도를 측정하기 위한 기계

승화(sublimation)

액체 단계 없이 얼음이 수증기로 바로 변하는 물리적인 과정이다.

싸락눈(graupel)

겉모양 때문에 '약한 우박(soft hail)' 또는 '타피오카 눈(tapioca snow)'으로도 불린다. 대략 2–5 mm 폭의 둥근 모양 또는 원뿔 모양의 결정을 하고 있는 눈이다.

ㅇ

에어로졸(aerosols)

공기와 같이 기체에 분산된 미세한 액체 방울 또는 고체 입자(안개, 연무, 연기 포함). 물의 응축이나 얼음이 형성되는 과정에서 핵의 역할을 하기 때문에 매우 중요

엘니뇨(EL NIÑO)
적도 가까이의 동태평양에서 대략 2-7년마다 불규칙적으로 재발하는 현상으로 수온이 급상승하는 것을 말한다.

엘니뇨 남방진동(EL NIÑO-southern oscillation, ENSO)
동태평양에서의 엘니뇨의 해수면 온도 상승 효과와 해수면 위의 대기압이 변동하는 패턴 간의 연쇄 작용을 일컫는 용어. 또한 ENSO는 지구의 다른 지역들에서의 온도, 강수 및 공기 순환의 변칙들과도 연합되어 있다.

열권(thermosphere)
중간권과 외기권 사이에 위치하는 대기권의 한 층으로, 이온층 일부를 포함하기도 한다.

오로라(aurora)
가끔 밤사이에 고위도와 중위도에서 나타나는 발광 현상. 태양에서 날려 오는 전기를 띤 입자가 지구의 자기장에 끌려오면서 지구 대기권 상층의 공기 분자와 반응하여 빛을 낸다.

오존(ozone)
3개의 산소 원자로 된 분자 물질로, 거의 무색(약간 푸르스름한)의 기체이다. 흔히 번개가 공기를 이온화시킬 때 대기권 저층에서 생성된다. 성층권에서 오존은 파괴적인 자외선으로부터 지구를 보호하는 데 큰 역할을 한다.

온도(temperature)
온도계로 측정된 열에너지. 일상적으로 열이나 추위와 동의어로 잘못 사용되지만 절대 동일하지 않다.

온도계(thermometer)
온도를 측정하기 위한 장비

온실 효과(greenhouse effect)
대기권을 이루고 있는 이산화탄소, 수증기 등이 지구 복사 에너지를 외계로 방출하지 못하도록 하여 지구의 기온을 높이는 효과

온실 효과 기체(greenhouse gas)
온실 효과를 발생시키는 지구 대기권 내의 기체들. 특히 이산화탄소, 메테인, 수증기 등이다.

외기권(exosphere)
지구 대기권의 가장 외부 층으로서 분자(대부분 태양으로부터 미량의 헬륨 및 기타 원자들)들이 우주로 탈출할 수 있는 유일한 층이기도 하다. 공기가 없는 것으로 알려진 달이나 수성도 외기권은 있다.

우박(hail)
콩알만 한 크기에서부터 야구공 크기까지의 얼음덩어리로, 주로 적란운(뇌운)과 같은 대류운에서 떨어진다.

워커 세포(WALKER cell)
적도 부근의 태평양을 걸친 공기 순환과 대기압의 패턴이다. 그 변동(남방진동이라 불리는)은 엘니뇨라 불리는 동태평양에서 주기적으로 용승하는 따뜻한 물과도 연관성이 있는 것으로 알려져 있다.

응결(condensation)
수증기가 이슬, 안개 또는 구름 등의 액체 상태로 바뀌는 물리적인 과정

이류(advection)
대기권의 운동에 의해 영향을 받는 대기 속성(열, 수분, 화합물, 난기류 포함)들의 수평적인 운반

이슬(dew)
온도가 이슬점(이슬이 형성되는 온도) 이하로 떨어져서 잎, 잔디 또는 기타 물체들에 응결되는 물

이온권(ionosphere)
상당량의 이온과 전자들이 담긴 층. 중간권과 열권이 나란히 놓여 있고, 지구 주위의 우주 방향으로 수백 킬로미터 뻗어 있는 대기권의 지역이다. 기상에서보다 라디오 신호 수신에 더 중요한 역할을 한다.

이온화(ionization)
외부 전자로부터 중성 원자들이나 분자들을 분리시켜 음전하와 양전하 이온을 남길 수 있는 물리적 과정들

ㅈ

자외선(ultraviolet)
강력한 전자기 복사 에너지로 가시광선의 보라색 파장보다는 짧고 X선보다는 길다. 태양 복사 에너지의 9 %가 자외선이며, 이것은 성층권에서의 오존층 형성을 포함한 복잡하고 중요한 상호 작용을 지구 대기권과 하고 있다.

잠열(latent heat)
물질이 단계를 바꾸면서 흡수하고 방출하는 에너지의 양. 잠열은 얼음이 녹거나 물이 증발할 때 흡수되며, 수증기가 물방울이나 빙정으로 응축할 때 방출된다. 잠열은 태양 에너지를 적도로부터 극 지역으로 전환시키는 데 있어 매우 중요하다.

적외선(infrared)
붉은색 가시광선 파장보다는 길고 극초단파 열 복사선보다는 짧은 전자기 복사선

적운(cumulus, 약자 Cu)
대류권의 어느 고도에서든지 형성될 수 있는 구름이다. 상승하는 돔 모양으로 되어 있으며 마치 콜리플라워와 흡사하다.

전도(conduction)

개별적인 분자들의 운동으로 발생하는 열과 에너지의 이동

제트 기류(jet stream)

대류권 상층에서 고속으로 부는 바람으로 흔히 페렐 세포와 극 세포의 경계에서(극 제트 기류) 발견되지만, 때로는 페렐 세포와 해들리 세포들 간의 경계(아열대 제트 기류)에서도 발견된다.

중간층(mesosphere)

대기권의 중간층이자 가장 추운 층으로, 성층권과 열권 사이에 위치하고 이온권의 일부를 포함한다.

증발(evaporation)

액체가 기체로 변하는 물리적인 과정. 응결의 반대

ㅊ

층운(stratus, 약자 St)

하층운의 하나로 비교적 구름 밑면이 일정하다.

침적(deposition)

수증기가 액체 단계를 거치지 않고 얼음으로 변하는 물리적인 과정

ㅋ

코리올리 힘(CORIOLIS force)

지구의 자전으로 발생하는 가상적인 힘이다. 북반구에서는 공기 입자들을 우측(시계 방향)으로 휘게 하고, 남반구에서는 좌측(시계 반대 방향)으로 휘게 한다. 또한 허리케인과 기타 기상 시스템들의 저기압 순환을 일으킨다.

ㅌ

태양 흑점(sunspot)

가끔 지구의 크기보다도 크게 발달한다. 상대적으로 어두워 보이는 태양 표면 위의 현상으로 자기 폭풍 때문에 발생한다. 흑점의 숫자는 대략 11년의 주기로 증감하며, 태양의 자기적 활동 및 태양 표면의 분출과 연관되어 있다.

ㅍ

페렐 세포(FERREL cell)

대류권 내의 대기권 순환 패턴. 해들리 세포와 극 세포 사이의 혼합 지대로도 알려져 있으며, 온기와 수분을 적도에서 극 지역으로 운반하는 것과 관련되어 있다.

ㅎ

한랭, 온난, 정체, 폐색 전선

(front-cold, warm, stationary, occluded)

서로 다른 밀도를 가진 두 개의 기단 간의 접점 또는 경계로서, 보통 기온과 습도에서도 차이를 보인다. 한랭 및 온난 전선들은 차가운 기단과 따뜻한 기단의 앞쪽 경계면들이며, 정체 전선은 근본적으로 정지 상태인 두 개의 표면 기단들 사이에 존재한다. 폐색 전선은 한랭 전선이 온난 전선과 겹쳐져 있다.

해들리 세포(HADLEY cell)

대류와 지구의 자전으로 추진되는 대류권 내의 대기 순환 패턴으로, 적도 부근에서 상승하는 따뜻한 공기와 아열대 부근에서 하강하는 공기로 구성되어 있다.

해양 컨베이어 벨트 또는 열염 순환(ocean conveyor belt 또는 thermohaline circulation)

오늘날의 기후를 결정하는 바닷물의 3차원적인 순환. 순환 내의 운동은 적도에서 태양열과 강수에 의해 생긴 표면 부근의 담수로 추진되며, 대양을 통한 열 운반량의 대부분을 차지한다.

회절(diffraction)

틈 또는 빛의 파장에 가까운 입자를 스쳐 지나갈 때 빛이 퍼지는 광학적 효과

더 읽을거리

도서

Aguado, Edward, and James E. Burt. *Understanding Weather and Climate*. Upper Saddle River, N.J.: Pearson Prentice Hall, fourth edition, 2007.

Bluestein, Howard B. *Tornado Alley: Monster Storms of the Great Plains*. New York: Oxford University Press, 1999.

Burroughs, William J., Bob Crowder, Ted Robertson, Eleanor Vallier-Talbot, and Richard whitaker. *A Guide to Weather*. San Francisco: Fog City Press, 1996 (latest edition 2005).

Burt, Christopher C. *Extreme Weather: A Guide and Record Book. New York:* W.W. Norton Co., 2004.

Egan, Timothy. *The Worst Hard Time: The Untold Story of Those who Survived the Great American Dust Bowl*. New York: Houghton Mifflin, 2006.

Greenler, Robert. *Rainbows, Halos, and Glorie*s. New York: Cambridge University Press, 1980.

Huler, Scott. *Defining the Wind: The Beaufort Scale, and How an 19th-Century Admiral Turned Science into Poetry*. New York: Three Rivers Press, 2004.

Intergovernmental Panel on Climate Change, *IPCC Third Assessment Report-Climate Change 2001* (fourth assessment report due out in 2007; other reports on the ozone layer, Carbon dioxide, and other climate-related subjects also available), www.ipcc.ch/pub/online.htm

Lamb, H. H. *Climate, History and the Modern World*. London: Routledge, 1982, reprinted 1997.

Laskin, David. *The Children's Blizzard* [blizzard of 1888]. New York: Harper Perennial, 2004.

Ludlum, David M. *National Audubon Society Field Guide to Weather*: New York: Alfred A Knopf, 1991 (eleventh printing, 2002).

Meinel, Aden, and Marjorie Meinel. *Sunsets, Twilights, and Evening Skies*. Cambridge: Cambridge University Press, 1983.

Minnaert , M.G.J. *Light and Color in the Outdoors*. New York: Springer, 1992 (the latest in a whole series of reprints of a classic early twentieth-century book).

Monmonier, Mark. *Air Apparent: How Meteorologists Learned to Map, Predict, and Dramatize Weather*. Chicago: University of Chicago Press, 1999.

Naylor, John. *Out of the Blue: A 24-hourSkywatcher's Guide*. Cambridge: Cambridge University Press, 2002.

Ochoa, George, Jennifer Hoffman, and Tina Tin. *Climate: The Force That Shapes Our World-and the Future of Life On Earth*. London: Rodale International Ltd., 2005.

Oliver, John E.,ed. *Encyclopedia of World Climatology*. Dordrecht, Netherlands: Springer, 2005.

Rauber, Robert M., John E. Walsh, and Donna J. Charlevoix. *Severe and Hazardous Weather*. Dubuque, Iowa.: Kendall/Hunt, 2002.

Schmidlin, Thomas W., and Jeanne Appelhans Schmidlin. *Thunder ill the Heartland: A Chronicle of Outstanding Weather Events ill Ohio*. Kent, Ohio: Kent State University Press, 1996.

Schneider, Stephen H., ed. *Encyclopedia of Weather and Climate*. New York: Oxford University Press, 1996.

University of Washington, *El Niño and Climate Prediction*, Reports to the Nation on Our Changing Planet, www.atmos.washington.edu/gcg/RTN/rtnt.html

Williams, Jack. *The Weather Book*. New York: Vintage Books, 1992.

웹사이트

American Meteorological Society. *Glossary of Meteorology.*
Allen Press, 2000 | amsglossary.allenpress.com/glossary

Arctic Climate Impact Assessment | amap.no/acia

Arctic Monitoring and Assessment Programme
www.amap.no

British Meteorological Office guide to cloud types
www.metoffice.gov.uk/publications/clouds/index. html

Intergovernmental Panel on Climate Change
www.ipcc.ch (established by the World Meteorological
Organization and the United Nations Environment Programme;
see www.ipcc.ch/about/about.htm for background)

JetStream: the U.S. National Weather Service Online School for
Weather | www.srh.noaa.gov/jetstream

National Climatic Data Center
www.ncdc.noaa.gov/oa/ncdc.htrnl

National Hurricane Center | www.nhc.noaa.gov

National Severe Storms Laboratory, Norman, Oklahoma
www.nssl.noaa.gov

National Snow and Ice Data Center
www.nsidc.colorado.edu

"Ozone Depletion," U.S. Environmental Protection Agency |
www.epa.gov/ozone

Pew Center on Global Climate Change
www.pewclimate.org

SnowCryslals.com—gorgeous photography of snowflakes and a
good bit of chilly science
www.its.caltech.edu/~atomic/snowcrystals

U.S. Army Corps of Engineers, Cold Regions Research and
Engineering Laboratory | www.crrel.usace.army.mil

Build your own backyard weather station from household items;
instructions appear at several sites:

Center for Innovation in Engineering and Science Education |
www.k12science.org/curriculum/weatherproj2/en/
activity1.shtml

DiscoverySchool.com | school.discovery.com/lessonplans/
activities/weatherstation/ airwaterboth.html

Franklin Institute | www.fi.edu/weather/todo/todo.html

Miami Museum of Science
www.miamisci.org/hurricane/weatherstation.html

잡지

Weather Royal :Meteorology Society | www.rmets.org

NOAA Magazine. National Oceanic and Atmospheric
Research | www.magazine.noaa.gov

Weatherwise. Heldref Publications | www.weatherwise.org

기관

American Meteorological Society | www.ametsoc.org

European Meteorological Society | www.emetsoc.org

The Royal Meteorological Society | www.rmets.org

World Meteorological Organization | www.wmo.ch

스미스소니언 박물관에서

스미스소니언 박물관에서 워싱턴 D.C.에 있는 세계에서 가장 큰 박물관이자 연구 시설인 스미스소니언 박물관은 19개의 박물관들과 국립 동물원으로 구성되어 있다. 매년 2천 4백만 명의 관광객들이 1억 4천 2백만 개의 전시물들 중 일부만을 진열하는 스미스소니언 전시회를 방문한다.

박물관이 제일 유명하지만 스미스소니언은 알래스카에서부터 남극까지 다양한 종류의 연구소 네트워크를 운영하며, 현장에서도 직접 연구소와 실험실을 설치하여 운영하고 있다. 이런 시설들은 대기의 조건, 천문학, 생태계 역학 그리고 기상과 기후가 사회에 영향을 미치는 방식에 초점을 맞추어 지구의 변화와 환경 생물학을 연구하는 학자들과 학생들에게 풍부한 연구 기회들을 제공한다.

미국 기상 패턴에 대한 연구는 초기부터 스미스소니언 박물관이 중심적인 역할을 하였다. 1850년대에 스미스소니언은 수백 개의 전신국들로부터 기상 정보를 수집하였다. 이런 관측 네트워크는 미국 국립 기상청의 설립으로 이어졌다.

미국 국립 항공 우주 박물관 www.nasm.si.edu 미국 국립 항공 우주 박물관에는 최초의 기상 위성인 타이로스–1 Tiros-1의 원형을 포함한 다양한 기상 관측 항공기들이 전시되어 있다.

1960년에 발사된 타이로스–1은, 당시 넋을 잃

워싱턴 D.C. 내셔널 몰(National Mall)의 스미스소니언 미국 국립 항공 우주 박물관

위 11월 일출 때 멋진 실루엣을 나타내는 스미스소니언 건물의 외곽선들이다.
아래 기상 위성 타이로스-1(TIROS-1)은 1960년 4월 1일에 발사되었고 무사히 그 임무를 완수하여 미국 최초로 성공한 기상 위성이 되었다. 현재는 국립 항공 우주 박물관에 진열되어 있다.

게 하는 지구 기상 시스템의 사진들을 촬영하여 기상 전문가와 기상과학자들을 놀라게 했다. 이 위성은 3개월 동안 궤도를 공전하면서 다양한 구름 패턴과 여러 가지 기상 현상들을 촬영하여 수천 개의 이미지를 지상으로 전송하였다. 덕분에 오늘날 텔레비전 뉴스에서 인공위성 사진을 흔하게 볼 수 있게 되었다.

스미스소니언 환경 연구 센터 www.serc.si.edu

스미스소니언 환경 연구 센터SERC는 연안 지역의 환경 연구로 세계에서 가장 앞선 연구 기관이다.

체사피크 만Chesapeake bay과 로드 강Rhode river의 해안에 위치한 11,340 m² 넓이의 시설에서 연안 생태계와 관련된 다양한 문제들을 연구한다. 주요 연구 주제는 오염, 기후 변화 그리고 외부로부터 유입된 종들의 확산과 인간으로 인한 환경 변화의 영향이다. 이러한 변화들은 육지와 바다에서 일제히 발생하기 때문에 과학자들은 생태계의 한 지점에서 변화가 그 생태계의 요소에 어떤 영향을 미치는지를 조사하고 있다.

연구 센터에서 탐사하는 지역은 숲, 농경지, 목초지, 담수 습지대, 갯벌, 그리고 강어귀이다. 연구 시설은 기계 탑, 숲 캐노피 탑, 기상학 관측소, 이산화탄소 보관소, 온실, 햇빛이 차단된 육묘실, 실험적 정원, 어살, 수질 연구소들을 포함한다. 사회봉사와 교육은 SERC 임무의 커다란 요소로 대중과 학생들에게 실제 체험과 통신 교육 기회를 모두 제공한다.

스미스소니언 협회 도서관 속의 SERC는 지구 변화, 환경 과학, 경관 생태학 그리고 환경 이슈들의 주제를 다루는 책과 정기 간행물들을 구비하여 연구소 및 현장에서 모든 교육과 연구를 지원해 준다. 체사피크 만과 그 주변 환경과 관련된 '체스피키아나Chesapeakiana' 라는 별도의 소장물도 갖추고 있다.

스미스소니언 열대 연구소 www.stri.org

약 3백만 년 전에, 파나마 지협Isthmus of Panama이 바다로부터 솟아올라 대서양과 태평양 간의 장벽을 만들었다. 이 사건은 지구의 기후와 그 지역 해양 군락의 진화 및 생태에 큰 영향을 주었다. 지협의 양쪽에 현장 연구소를 둔 스미스소니언 열대 연구소STRI는 두 대양 간의 차이와 변화를 조사하는 데 매우 유리하다.

체사피크 만에 있는 와이 섬(Wye island)의 해안선. 스미스소니언 환경 연구 센터는 워싱턴 D.C.에서 약 40 km 떨어진 체사피크 만의 서쪽 해안을 따라 위치해 있다. 연안 환경은 스미스소니언 환경 연구 센터의 가장 중요한 연구 주제이다.

바로 콜로라도 섬(Barro Colorado island)은 파나마 운하(Panama canal) 북쪽 끝에 있는 가툰 호수(Gatun lake)에 있다. 스미스소니언 열대 연구소의 빨간 지붕들은 북동 해안의 만에서부터 내륙으로 펼쳐진 짙은 초록색 캐노피를 통해서만 살짝 볼 수 있다(사진 오른쪽 상단). 1924년부터 스미스소니언 박물관에 의해 관리되어 온 바로 콜로라도 섬은 열대 숲과 그 속에 사는 동물, 식물들을 연구하기 위한 세계 최고의 장소 중 하나이다.

• 숲 캐노피 탑 : 숲의 나뭇가지들이 지붕 모양을 한 곳에 설치된 탑

감사의 글 및 사진 출처

모든 책은 여러 사람들의 손을 거쳐 완성되는데, 이 책 또한 예외가 아니었다. 그래서 감사를 드려야 할 분들이 매우 많다. 먼저 이 책을 출판할 수 있도록 기회를 준 힐라스 출판사(Hylas Publishing)의 Aaron Murray와 Eilzabeth Mechem에게 감사드린다. 그리고 날카로운 비평과 조언을 아끼지 않았던 켄트 주립 대학교의 Tom Schmidlin에게 감사를 드린다. 또한 여러 가지 지식들과 사진 자료를 제공해 준 Les Cowley에게 감사를 드린다. 국립 태양 관측소(National Solar Observatory)의 Dave Dooling, 프리랜서 과학 사진작가인 Karl Esch, 맥킨지 앤드 컴퍼니(McKinsey & Company)의 Dennis Swinford, 앤드류 공군 기지(Andrews Air Force Base)의 Craig B. Waff에게 감사를 드린다.

무엇보다 특히 감사한 것은 많은 인터뷰를 해주고, 수많은 참고 도서들을 제공해 준 지구 기상학과 외계 기상학 관련 웹사이트 운영자들이다. 웹사이트에는 이미 많은 사실들이 잘 정리되어 있었고, 그 자료들은 이 책을 집필하는 데 매우 유용하게 활용되었다.

또한 늦은 밤까지 식은 샌드위치를 먹으면서 함께 고생한 나의 딸 Roxana와 애완견 Garrison에게 특별한 고마움을 전한다.

켄트 주립대학교의 Thomas W. Schmidlin과 국립 항공 우주 박물관(National Air and Space Museum), 지구와 행성 연구 센터(Center for Earth and Planetary Studies)에서 일하는 Andrew Johnson에게 감사를 드린다. 스미스소니언 비즈니스 벤처스(Smithsonian Business Ventures)의 Katie Mann, Carolyn Gleason과 수석 브랜드 매니저 Ellen Nanney, 콜린스 레퍼런스(Collins Reference)의 편집 주간 Donna Sanzone과 편집자 Lisa Hacken, 편집 보조 Stephanie Meyers께 감사드린다. 그리고 히드라 출판사(Hydra Publishing)의 대표 Sean Moore와 출판 디렉터 Karen Prince, 수석 편집자 Elizabeth Mechem, 편집 디렉터 Aaron Murray, 아트 디렉터 Brian MacMullen과 디자이너 Erika Lubowicki, Ken Crossland, Eunho Lee, Pleum Chenaphun, 편집자 Sylke Jackson, Marcel Brousseau, Ward Calhoun, Suzanne Lander, Rachael Lanicci, Michael Smith, Amber Rose, 그림 자료 검색 담당 Ben DeWalt, 색인 담당 Jessie Shiers, 내셔널 지오그래픽 협회의 Wendy Glassmire, 포토 리서처스(Photo Researchers, Inc.)의 Harriet Mendlowitz, Chris, Sophia, Linda Carroll께도 감사드린다.

사진 출처

사진을 제공한 기관의 약자와 원래 이름은 다음과 같다.

IS-Istockphoto.com; IO-IndexOpen.com; BS-Bigstockphoro.com; SS-Shutterstock.com; JI-Jupiter Images; AP-Associated Press NOAA-National Oceanic and Atmospheric Administration; NGS-National Geographic Society; NWS-National Weather Service; NSFC-Marshall Space Flight Center; WORF-Window Observational Research Facility; CBW-Cambridge Bay Weather; USWB-United Sates Weather Burear; GSFC-Goddard Space Flight Center; NMNH-National Museum of Natural History; GWAP-Global Warming Art Project; GISS-Goddard Institute for Space Studies OAR-Oceanic and Atmospheric Research; ERL-Environmental Research Laboratories; NSSL-National Severe Storms Laboratory; USDC-United States Department of Commerce; USAF-United States Air Force; LoC-Library of Congress; MSSS-Malin Space Science Systems; JPL-Jet Propulsion Laboratory; LPI-Lunar and Planetary Institute; KSC-Kennedy Space Center; ESA-European Space Agency EO-Earth Observatory; USDA-United States Department of Agriculture; BARC-Beltsville Agricultural Research Center; NHC-NASA Health Council; JTWC-JointTyphoon Warning Center

(t=맨 위, b=맨 아래, l=왼쪽, r=오른쪽, c=중간)

도입부
v NGS/Klaus Negge vi PR/Keith Kent 1t NGS/Richard Olsenius 1b NGS/Eichard Olsneius 2 IS/Hector Mandel 3t NGS/Norbert Rosing 3br NGS/Maria Stenzel

Chapter 1 공기로 채워진 바다
4 SS/Nick Stubbs 5t SS/Marja-Kristina Akinsha 5b SS/Mark Atkins 6tl SS/William Attard McCarthy 6br NASA/MSCF 7tl SS/Painted Lens 7r SS/Andrejs Zavadaskis 8tl SS/Jonathan Larsen 8bl Pleum Chenaphun 9 NASA 10tl NASA/WORF 10b Photos.com/JI 11 Pleum Chenaphun 12tl SS/Anna Galejeva 12bl NASA 13ttl NOAA 13br SS/Carl Jani 14tl SS/Igor Talpalatski 14l SS/Bataleur 14r AP/Andy Newman 15tr SS/Tony Strong 15bl Public Domain 16tl SS/Photomediacom 16r Public Domain 17tr AP/John McConnico 17b NGS/Ralph Lee Hopkins

Chapter 2 기상학의 기원
18 Public Domain 19t BS/Joan E. 19b NGS 20tl SS/Trevor Allen 20bl Clipart 20r Wikipedia/Fenners 21 Pleum Chenaphun 22tl Wikipedia/David R. Ingram 22l Wikipedia/Cyclopaedia 22r Wikipedia/Daderot 23 AP/Pat Roque 24tl SS/Scott Rothstein 24t NOAA/Sean Linehan 24b Public Domain 25t SS/T. W. 25bl NOAA 25br REDRAW 26tl SS/Bulgar Wladimir 26t Wikipedia/CBW 26b SS/Magri 27bl IS/Deniel Tero 27r SS/Jakob Metzger 28tl NOAA/Mel Nordquist 28l NOAA 28tr NOAA 28br NOAA 29 NOAA/USWB 30tl NOAA 30l NOAA 30tr NASA 31 SS/Taolmor 32tl NGS/Bo Brannhage 32bl NOAA 32br Wikimedia/Jacobst 33 Public Domain

Chapter 3 우주와 지구의 날씨
34 NASA/GSFC 35t NASA/JPL 35b SS/Raymond C. Truelove 36tl NASA 36bl NASA 36r Public Domain 37 Pleum Chenaphun 38tl NASA 38bl Pleum Chenaphun 39 IS/Brian McEntire 40tl BS/Smokovski Skopje 40bl SS/Mares Lucian 40r Pleum Chenaphun 41t NASA 41br NGS/Bill Hatcher 42tl SS/Vasconcelos 42tr NASA 42br PR/Mark Garlick 43 NGS/Beverly Joubert 44tl NASA/JPL 44bl Pleum Chenaphun 44r SS/Kaulitzki 45 NASA/JPL 46tl NASA 46r NASA 46bl SI/Alfred F. Harrell 47 NASA

Chapter 4 기상과 기후
48 SS/Derek Fitzer 49t SS/Gabriel Openshaw 49b IS/Karen Morrill-McClure 50tl IS/Michel de Nijs 50r NGS/Raymond Gehman 51tl NGS/Carsten Peter 51tr NGS/Paul Nicklen 51cl NGS/Sisse Brimberg 51cr NGS/Steve Winter 51bl NGS/Phil Schermeister 51br NGS/Norbert Rosing 52tl IS/Juan Carlos Pires 52tbl SS/Iamanewbee 52bl SS/Jason McCartney 53tl NASA 53tr NASA 53b AP/Shahrzad Elghanayan 54tl SS/ANP 54bl PR/Andrew Syred 55tr SS/Nik Niklz 55b Pleum Chenaphun 56tl SS/Marcus Brown 56bl AP/Rajesh Kunar Singh 57 Pleum Chenaphun 58tl SS/Bychkov Kirill Alexandrovich 58r IS/Nicola Stratford 58b SPL 59tr PR/Ed Adams/Montana State University 59b NASA/GISS

Chapter 5 거대한 대기권 순환
60 NGS/O. Louis Mazzatenta 61t SS/Keith Levit 6lb Photos.com/JI 62t SS/Galyna Andrushko 62b NGS/Raymond Gehman 63tr Wikipedia/Dante Alighieri 63b NMNH 64tl IS/Dave White 64b USGS 65tr PR/Andrew Syred 65b NGS/Sisse Brimberg 66tl SS/Rober Kohlruber 66b GSFC/NASA 67tr SS/Lars Christensen 67b photos.com/JI 68tl SS/Michael Rosa 68tr Ken Crossland 68bl NGS/Darlyne A. Murawski 69 NASA/GSFC 70tl SS/Ingvar Tjostheim 70br Ken Crossland 71tl IS/Maxime VIGE 71tr Photos.com/JI 72tl SS/Ian Bracegirdle 72br Photos.com/JI 73t NGS/Annie

Griffiths Belt **73**b NGS/James P. Blair

Chapter 6 기상 현상이 일어나는 원리
74 NOAA **75**t Photos.com/JI **75**b Photos.com/JI
76tl SS/Coverstock **76**r Ken Crossland **77**tr PR/
Gordon Garradd **77**bl IS/Ian Johnson **78**tl NWS
78br PR/Jack Fields **79**t NASA **79**r IS/Andrew
Penner **80**tl NOAA **80**bl NOAA/OAR/ERL/
NSSL **81**tl NASA/JPL **81**br IS/Mlenny **82**tl IS
Alexander Kolomietz **82**r NOAA **82**tl IS/Hilary
Brodey **83**tr RST **83**b AP **84**tl IO/DesignPics Inc.
84bl Ken Crossland **85**tr AP/Bullit Marquez **85**b
NGS/Casten Peter **86**tl SS/Stanislay Khrapov **86**b
NASA/NHC/JTWC/Gary Padgett **87**tr NASA/
Jesse Allen/MODIS Rapid Response Team **87**br
NOAA/NWS/OPC **88**tl AP/Nick Ut **88**cr Den
Crossland **88**br NGS/Michael Lewis **89**
Wikipedia/Surrealplaces **90**tl NGS/H. Takeuchi
90tr NOAA/Gerhard Schott **90**br SS/Pichugin
Dmitry **91**tl AP/Divyakant Solanki **91**br
Wikipedia **92**tl NOAA **92**cl AP/Siddharth
Darshan Kumar **92**bl PR/Chris Sattlberger **93**
NOAA/NWS

읽을거리
94tl PR/Julian Baum **94**c LoC **95**tl SPL/PR **95**bl
Public Domain **96**bl NOAA/USWB **96**c LoC/
Arthur Rothstein **97**l NASA **97**bc AP/Osamu
Honda **97**br AP/John Brazemore **98**t NGS/Peter
Carsten **98**bl PR/Jim Reed **98**br PR/Jim Reed **99**tr
PR/Chris Sattlberger **99**b PR/Chris Sattleberger
100 NASA/GSFC/PR **102**tl AP/Clifford
Grabhorn **102**tr AP/Clifford Grabhorn **102**b
NGS/Paul Nicklen **103**t AP/NASA **103**b Ken
Crossland **104** NASA/PR **105**t PR/NASA **106**b
Ken Crossland **107**tr NGS/Annie Griffiths Belt
107l PR/NOAA **107**b USDC/NOAA **108**t
NGS/Peter Carsten **108**bl NGS/Peter Carsten
108br Ken Crossland **109**t Ken Crossland **109**bl
PR/Geospace **109**br PR/Susan McCartney

Chapter 7 구름
110 Photos.com/JI **111**t NASA/Liam Gumley
SSEW/University of Wisconsin−Madison **111**b
SS/Eric Gevaert **112**tl Photos.com/JI **112**bl IS/
Amy Kimball **113**tl IS/Irina Efermova **113**br IS/
Victor Melniciuc **114**tl SS/Trout55 **114**b Trudy E.
Bell **115** Ken Crossland **116**tl IO/AbleStock **116**bl
Photos.com/JI **117**tr PR/Magrath/Folsom **117**b
NSG/Carl Heilman II **118**tl IS/Frances Twitty
118tl NOAA/NWS Collection **118**bl NGS/
George Grall 119tl IO/FogStock LLC **119**r Trudy
E. Bell **120**tl USAF **120**l Trudy E. Bell **121**tl PR/
Pekka Parviainen **121**br PR/David Hay Jones

Chapter 8 강수
122 NGS/Stephen Alvarez **123**t NGS/Raymond

Gehman **123**b PR/Ken Thomas **124**tl NGS/
James P. Blair **124**r Pleum Chenaphun **124**bl
Photos.com/JI **125** NGS/Peter Krogh **126**tl Johann
Schneider **126**b NGS/Raymond Gehman **127**t SS/
Alexander O. Omelko **127**b Trudy E. Bell **128**tl
Wikipedia/Alex Buirds **128**r NGS/Tom Murphy
128br PR/Stephen Dalton **129** PR/Gordon
Garradd **130**tl Trudy E. Bell **130**r AP/Charles
Miller **130**br Wikipedia/Barfooz **131**t NOAA/
NWS **131**b NOAA/NWS/NOS/Sean Linehan
132tl NGS/Stephen Alvarez **132**br SS/Brykaylo
Yuriy **133**c Ken Crossland **133**tl USDA/BARC
133t NOAA/NWS **133**tr NOAA/NWS **133**bl
NOAA/NWS **133**b USDA/BARC **133**br
USDA/BARC **134**tl Wikipedia/Soon Chun Siong
134bl PR/Kenneth Libbrecht **134**tr USDA/BARC
134r USDA/BARC **134**br USDA/BARC **135**
NGS/Soon Chun Siong **136**tl NSG/Paul Nicklen
136t NGS/Gordon Wiltsie **136**b NGS/Sarah Leen
137tl NGS/Richard Olsenius **137**br FogQest/
Tony Makepeace **138**tl NGS/Dean Conger **138**r
Ken Crossland **139**tl NGS/Gordon Wiltsie **139**tr
NGS/Paul Nicklen **139**br NGS/Karen Kasmauski

Chapter 9 매우 비정상적이고 난폭한 기상 현상
140 PR/Kent Wood **141**t AP/Dave Martin **141**b
PR/Reed Timmer and Jim Bishop/Jim Reed
Photography **142**tl NGS/Peter Carsten **142**r
NGS/Gordon Wiltsie **143**tr NGS/Maria Stenzel
143bl Ken Crossland **144**tl PR/Kent Wood **144**bl
PR/Pekka Parviainen **145**tl NGS/James L. Amos
145br PR/Jim Reed **146**tl NGS/William Albert
Allard **146**b AP/K.N. Choudary **147**tl PR/Eric
Nguyen **147**br Pleum Chenaphun **148**tl PR/NOAA
148br Pleum Chenaphun **149**tr NOAA/NWS **149**b
PR/NASA **150**tl PR/Simon Fraser **150**r Pleum
Chenaphun **151**tl NOAA **151**br AP **152**tl AP/
Adam Butler **152**tr PR/NOAA **152**br AP/Antonio
Lima **153** AP/Eyal Warshavsky **154**tl PR/NOAA
154bl AP/Eyal Warshavsky **155**t Pleum
Chenaphun **155**b Pleum Chenaphun

Chapter 10 대기권에서 볼 수 있는
멋진 자연 현상들
156 NGS/Norbert Rosing **157**t NGS/Maria
Stenzel **157**b SS/Roman Krochunk **158**tl
IS/AVTG **158**bl PF/Alfred Pasieka **159**tl Ken
Crossland **159**br IS **160**tl Photos.com/JI **160**b
NGS/Stephen St. John **161**tl PR/SPL **161**br PR/
Pekka Parviainen **162**tl SS/Wolf Design **162**b
NGS/Jodi Cobb **163**tr PR/Pekka Parviainen **163**b
Marko Rikonen **164**tl Photos.com/JI **164**r Trudy
E. Bell **164**b Ken Crossland **165**tr Wikipedia/
Fir0002 **165**b Photos.com/JI **166**tl SS/Catherine
166r PR/Frank Zullo **167**tr PR/Gordon Garradd
167bl Wikipedia/_64 **168**tl Wikipedia/Erik Axdahl
168r Photos.com/JI **169**bl Wikipedia/

Lieutentant(j.g) **169**br Wikipedia/Joseph N. Hall
170tl Trudy E. Bell **170**c Pleum Chenaphun **170**b
Trudy E. Bell **171** NPS/Norbert Rosing

Chapter 11 태양계 행성의 기상 변화
172 NASA **173**t NASA **173**b NASA **174**tl NASA
174r NASA/JPL/North **175**tr NASA **175**bl
NASA/Mark Robinson **176**tl NASA/JPL **176**b
NASA **177**tl NASA/JPL **177**b NASA/JPL **178**tl
NASA/JPL/MAIN **178**c NASA/JPL **178**b
NASA/JPL/University of Arizona **179** NASA/
JPL/MSSS **180**tl NASA/JPL/University of
Arizona **180**c NASA/John Clarke/University of
Michigan **180**bl NASA/LPI **181** NASA/ESA/E.
Karkoschka/University of Arizona **182**tl
NASA/PR **182**tr NASA **182**br NASA/JPL/SSI
183tl NASA/JPL/University of Colorado **183**tr
Ken Crossland **184**tl NASA **184**tr NASA **184**br
NASA/L. Sromovsky and P. Fry/University of
Madison−Wisconsin **185**tr NASA/JPL **185**bl
NASA/JPL

Chapter 12 기상과 기후 그리고 인간 사회
186 AP/Frank Franklin II **187**t SS/Cloki **187**b
AP/Ajit Solanki **188**tl SS/Eric Limon **188**tr NGS/
Michael Lewis **188**br SS/Stephen Coburn **189**
Photos.com/JI **190**tl NGS/Maria Stenzel **190**c
NASA/KSC **191**tr Ken Crossland **191**bl AP/
David J. Phillip **192**tl Public Domain **192**bl
USMA **192**r LoC **193** AP/US Army **194**tl Clipart/
JI **194**tr PR/Mary Evans **194**br Robert A. Rhode
195 LoC/Harper's Weekly **196**tl SS/Richard C.
Bennett **196**br AP/Vincent Yu **197** NASA **198**tl
SS/Paul Prescott **198**tr Ken Crossland **198**br PR/
Yva Momatiuk and John Eastcott **199**c SS/Falk
Kienas **199**bl AP/Greg Baker

스미스소니언에서
206 SI/Eric Long **207**t SI/Dane A. Penland **207**b
NOAA/Mary Hollinger **208** NASA/EO

표지
IO/Ablestock **배경:** Digitalvisions

사이언스 101 기상학

지은이 • Trudy E. Bell
옮긴이 • 손영운
펴낸이 • 조승식
펴낸곳 • 도서출판 이치 SCIENCE
등록 • 제9-128호
주소 • 142-877 서울시 강북구 수유2동 240-225
www.bookshill.com
E-mail • bookswin@unitel.co.kr
전화 • 02-994-0583
팩스 • 02-994-0073

2010년 5월 10일 1판 1쇄 발행
2013년 8월 20일 1판 3쇄 발행

값 14,000원
ISBN 978-89-91215-27-6
978-89-91215-14-6 (세트)

＊잘못된 책은 구입하신 서점에서 바꿔드립니다.
＊이 도서는 (주)도서출판 북스힐에서 기획하여 도서출판 이치사이언스에서
출판된 책으로 (주)도서출판 북스힐에서 공급합니다.
142-877 서울시 강북구 수유2동 240-225
전화 • 02-994-0071 팩스 • 02-994-0073